文科物理

——生活中的物理学

主　编　宋　峰
副主编　陈宜生　孙佩雄　禹宣伊

科学出版社
北　京

内 容 简 介

物理学对培养学生的逻辑思维能力和创新能力、提高学生的科学素养，具有难以替代的作用。本书一方面按照普通物理学的知识结构体系编排内容，另一方面注意避免繁琐的公式和枯燥的概念，重在介绍原理和应用，使读者既能体会到物理学的结构严谨、知识缜密，又能了解物理学在社会发展、人类生活、科学实践等诸多方面的应用。全书共 9 章，涵盖了力学、热学、电磁学、光学、近代物理等内容，每章后附有习题。

本书可作为高等院校文理科学生的物理课选修教材，以及各专业学生学习大学物理和专业物理课的补充阅读材料，也可供各类人士阅读，以拓宽知识面，提高科学素养。

图书在版编目(CIP)数据

文科物理/宋峰主编．—北京：科学出版社，2013

ISBN 978-7-03-036442-5

Ⅰ.①文…　Ⅱ.①宋…　Ⅲ.①物理学-高等学校-教材　Ⅳ.①O4

中国版本图书馆 CIP 数据核字(2013)第 008796 号

责任编辑：窦京涛 / 责任校对：宋玲玲

责任印制：赵　博 / 封面设计：迷底书装

科学出版社 出版

北京东黄城根北街 16 号

邮政编码：100717

http://www.sciencep.com

保定市中画美凯印刷有限公司印刷

科学出版社发行　各地新华书店经销

*

2013 年 3 月第　一　版　开本：720×1000 B5

2025 年 7 月第十三次印刷　印张：16 1/2

字数：315 000

定价：49.00 元

（如有印装质量问题，我社负责调换）

序

随着科技的发展，人们认识到全民的科学教育对于科学的持续进步至关重要。大学物理显然是一门很好的素质教育课程，因此越来越多的高校增设了文科物理课，而打消部分学生尤其是部分文科学生在心理上对于物理的畏惧，消除由于高等数学知识的欠缺导致的困难和隔阂尤为重要。

由南开大学宋峰教授等主编的《文科物理》教材，覆盖了从基本粒子到宇宙天体、从经典物理到近代物理的知识，刻意避开了繁杂的公式推导。全书物理图像清晰、物理知识准确、应用事例典型，在保持物理思维和严谨的同时，注重趣味性、可读性，语言通俗易懂、深入浅出。在探究问题的过程中，让学生学会拨开繁杂的表面现象，看到问题的本质，体会、秉承物理学“简单即美”的理想和信念，从中发现诗意的光芒、音乐的旋律，体会到“物含妙理总堪寻”的快乐。

该书的立意一方面希望读者能够通过阅读该书掌握一定的物理知识、拓宽知识面，另外一方面则希望通过讲述物理规律发现的历史过程、揭示实际生活中存在现象的本质、介绍物理在现代高新科学技术中的应用等方式，将物理规律的发现和应用物理规律的思维方式呈现在读者面前，培养学生的逻辑思维能力。这对于学生科学素养的提高和科学世界观的形成，具有积极作用，如可以正确判断并揭露伪科学、认识到社会问题与科学技术(包括物理学)的联系、物理学对其他科学的辐射和影响等。现在求学的学生中有一部分人将来会成为各行各业的领导者，只有正确地掌握科学技术应用的方向，才能够以有益的方式使用科学技术赋予人类的强大能力，实现可持续发展的目标。

“细推物理须行乐，何用浮名绊此身”，这是一本有特色的好教材，我很高兴为该书作序，并希望读者能够由此终生保持对科学的兴趣。

天津大学　教授
中国科学院院士
2012 年 5 月 23 日

前　言

物理学在人类文明和社会进步中起到了巨大的作用。因为有了热力学，才有了蒸汽机，进而才有了第一次产业革命，从而人类从农耕社会进入工业社会；因为有了电磁学，才有了电力系统和设备，才有了各类电器，进而有了第二次工业革命；因为有了光学和电磁学，才有了通信系统，人类进入了信息时代，进而有了第三次工业革命。现在新能源新材料时代到来了，核能、太阳能跟粒子物理、光学、电学密切相关，各种新材料的基础也是物理学。

可以毫不夸张地说，我们今天的生活，离不开物理学。从照明用的电灯、到通信用的电话、再到出行用的汽车，都是因为有了物理学而被发明出来的。没有了伟大科学家们在物理方面的贡献，没有物理学，就没有我们现在的社会进步和幸福生活！

目前我国高校在大力推行文化素质教育，文化素质包括人文文化素质和科学文化素质。我们编写本书，就是希望为科学文化素质教育作一点贡献。在编写中，一方面注意到物理学的严谨性和逻辑性，另一方面注意到可读性。希望通过学习本书，让读者既能够掌握一些物理知识，又能了解物理的逻辑思维方式和研究方法。

本书由南开大学、天津大学、天津师范大学、天津大学仁爱学院共同编写。具体的编写分工如下：第 1 章（宋峰）、第 2 章（续宗成、陈宜生）、第 3 章（陈宜生、续宗成）、第 4 章（吴亚非、陈宜生）、第 5 章（王明霞、孙佩雄）、第 6 章（禹宣伊）、第 7 章（邢冬梅、孙佩雄）、第 8 章（喻纯旭、宋峰）、第 9 章（邢冬梅）。

全书由宋峰、陈宜生、孙佩雄、禹宣伊修订并统稿。

编　者

2012 年 4 月

目　　录

第1章　绪　论

人天生就有好奇心。我们每个人都有这样的记忆，很小的时候，看待我们周围的事物，总想知道其组成、工作原理，要问一句为什么，有不少人还拆过家里的钟表电器，想一探究竟，当然很少有能够成功的，而且大多数人还免不了被家长责骂，这是因为我们不知道里面的物理原理。长大后有些人的好奇心变淡了，但是还有一些人在这种好奇心的驱使下，继续探索，发现了很多物质的结构、性质等特点，经过千百年来的努力，终于建立了一门比较完整的科学体系——物理学。物理学是研究物质的基本结构、性质、运动、相互作用的自然科学。现在物理学已经渗透到自然科学的各个领域，应用于科学技术和人类生活的各个方面，同时，在建立和使用物理学的过程中所形成的科学方法和思维方式，深刻地影响着人类对物质世界的认识和人们的日常行为与社会生活。

1.1　物理发展概况

1.1.1　古代自然哲学与物理科学

我们很多物理老师都是博士，英文称为 Ph. D，比如本书主编在名片上的英文名就是在我的名字前加上 Ph. D。跑到国外，人家一看这个头衔就非常客气，尤其是一些没有拿到博士学位的人更是尊敬，称呼中一口一个博士。Ph. D 是 philosophy doctor 的缩写，有些同学要问了，明明是物理学博士，为什么挂上哲学呢？那是由于在科学体系建立之初，人们将数学、物理、化学等理学学科看做是哲学的一个分支，此后就约定俗成了。那为什么认为物理隶属于哲学呢？原因无外乎两个。其一，人类从远古的蛮荒时代开始，就在不停地关注着身边的物质运动和物质的结构，有很多智者总在观察着、思考着，最早的比较系统地观察自然现象和提出物理方面的设想的都是一些哲学家；其二，物理学的研究方法和思维方式确确实实与哲学分不开，需要用哲学的方法，比如建立物理模型（建模）时需要去伪存真、去粗取精，需要抓住主要矛盾，在思考物理问题和进行物理实验时需要运用多种逻辑思维方式。

公元前5世纪，西方的自然哲学家泰勒斯首次成功地预报了日全食，此后他的学生毕达哥拉斯(他提出的毕达哥斯拉定理就是我国所说的勾股定理)首先使用了“哲学”这个词，他认为宇宙是球形的，在宇宙的中心是“中心火”，太阳、地球、月亮、星星都围绕这个“中心火”旋转。德谟克利特提出了万物由原子组成，而原子是物质不可分割的最小微粒的观点，他还提出了惯性运动的思想，认为原子在虚空中因为没有阻力会一直不停地做直线运动。

公元前3世纪，希腊的苏格拉底、柏拉图等哲学家出现了，他们的哲学思想影响了很多人，柏拉图建立了一所学院“阿卡德米”(academy，后来引申为学会、科学院)，亚里士多德就是他的学生，亚里士多德给后人留下了大量著作，内容涉及自然科学和社会科学的方方面面，他强调观察和实验，首次提出了“物理学”的概念。他明确提出了宇宙的“地心说”，认为世界万物均由水、火、土、气四种元素组成，天上则充满了轻而透明的以太。

那个时候，还没有真正意义上的物理学，但是这些伟大的哲学家们提出的观点和哲学思想成为了物理学发展的财富。随着物理学的不断完善，我们越来越发现物理学与哲学之间的密切关系，物理学的思维方式和科学方法论，都是离不开哲学的，同时物理学也很好地诠释了哲学。

在中国古代，尤其是春秋战国时，百花齐放、百家争鸣，各种学说中孕育着物理思想，因为战争而出现的一些武器如战车、云梯等也跟物理原理密不可分，不过没有能够形成较为系统的体系，儒家思想一直传承下来了，不过似乎跟物理的关系不是那么密切。

1.1.2 经典物理的建立和发展

公元前3世纪，亚里山大大帝的大将托勒密在埃及建立了一个新的王朝，建立了人类历史上第一个科学院“亚历山大科学院”，为科学研究者提供了科研和生活经费，极大地促进了科学的发展，欧几里得、阿基米德等著名数学和物理学家都在此学习和工作过。欧几里得几何学不仅给出了大量数学知识，给出的一套逻辑思维方法，对于数学、物理学、哲学等都产生了极为重要而深远的影响。阿基米德最先把数学引进到物理学中，他在数学和物理领域作出了重大贡献，在物理上他发现了“杠杆原理”和“浮力定律”。

公元前30年，托勒密发展了亚里士多德的地心说，建立了一个比较严密的以地球为中心的学说，被教会所推崇，统治了西方大约1500年，也就是说，在500多年前，人们还认为地球是宇宙的中心，太阳和其他星系都围绕着地球旋转，而现在我们的小学生都知道地球绕着太阳转。可见教会的力量多么强大，另一方面，也可以发现，人类的认知过程是不断发展的，不总是一下子就知道事实真相的，而是需要一个螺旋式的上升过程。随着教会的兴起，欧洲进入了封建社会，对科学不再尊崇，罗马皇帝和天主教徒们烧掉了30万册希腊书籍、杀害了亚历山大科学院的科学家、关闭学校（和发生在中国的焚书坑儒何其类似呀，只是秦朝的焚书坑儒发生得更早，知识没有更多地积累传承下来，或许这是中国科技未能更好地发展的重要原因之一吧！），从此，欧洲的科学之光黯淡下去，一些学者不得不逃往东方，来到两河流域。此后，阿拉伯和中国的科学得到了发展，穆斯林数学家和物理学家阿尔·海塔姆出版了光学著作，对光的传播和眼睛生理学作了综合；穆斯林哲学家伊本·巴加（Ibn Bajja）对亚里士多德的运动概念进行了考察，使后来的学者特别受益；意大利的伯拉修斯（Blasius）撰写了关于静力学和流体静力学的论文《论重量》。此外，无论是印刷术、炼丹术、指南针等技术，都是物理学等相关科学发展的明证。

公元1500年前后，郑和七下西洋，哥伦布到达美洲，造船与航海术得到了巨大的发展。1522年，麦哲伦完成了环球航行，证明地球是圆的。此后，哥白尼在古希腊毕达哥拉斯提出的"中心火"理论基础上提出了"日心说"，布鲁诺、伽利略等支持该观点，受到了教会的迫害。

欧洲进入漫长的教会统治阶段，人们的科学思想受到了禁锢，但是科学的步伐是阻挡不住的。在"日心说"提出之后，第谷、开普勒经过多年的观测，发现了行星运动定律。伽利略通过著名的比萨斜塔实验（这只是一个传说，实际上没有任何证据表明这个实验的进行，但是伽利略进行了很多实验，证明了落体运动规律），向人们宣示了自由落体运动定律。他还确认了惯性定律，认为静止和匀速直线运动都是属于惯性运动。伽利略的另外一个贡献是他提出了"相对性原理"（其实中国汉朝的《尚书纬·考灵曜》中的"地恒动而人不知，譬如闭舟而行不觉舟之运也"就是相对性原理的表述）。

1643年1月4日（新历，如果按照旧历，则是1642年12月25日），伟大的牛顿（I. Newton，1642～1727）诞生了，物理的新纪元开始了。1665～1666年的一年半时间内，牛顿相继发现了力学三定律、万有引力定律、微积分、色彩理论，27岁成为了剑桥大学三一学院的教授，30岁成为英国皇家学会会员，45岁时发表了《自然科学之数学原理》，全面阐述了绝对时空观、惯性系、力学三定律、万有引力定律、叠加原理，这本书被看成经典物理的《圣经》。到65岁的时候，牛顿又出版了《光学》，阐述了光的反射折射和色散等现象，提出了光的微粒说。

在牛顿之前与之后的一段时间里，在力学和运动领域，荷兰物理学家与天文学家惠更斯（C. Huygens，1629～1695）发现了单摆定律和动量守恒定律，英国物理学院卡文迪许（H. Kavendish，1731～1810）测定了引力常数，胡克（R. Hooker，1635～1703）发现了弹性定律，法国数学与物理学家帕斯卡（B. Pascal. 1623～1662）发现了密闭容器中压强通过液体传递的帕斯卡原理。在热学领域，德国物理学家盖里克（Otto von Guericke）制作了第一个真空泵，英国科学家玻意耳（R. Boyle，1627～1691）出版了《空气的弹性》，研究了空气的性质。在电磁学领域，英国科学家格雷（S.

Gray,1666～1736)研究了静电,将材料分为导体与绝缘体,法国物理学家杜费(C. Dufay)出版了他的静电学研究成果《电学六篇》,区分了正负电荷及其作用力。

牛顿等人的贡献,为经典物理学大厦打下了坚实的基础,而且在力学方面,已经建立了基本体系。在此基础上,人们在热学、电磁学、光学等诸多领域作出了大量贡献,终于建立了完整的经典物理体系。

牛顿力学的普及极大地推动了工业革命(1750～1899 年),纺织机和蒸汽机相继出现并被不断改进。瓦特(J. Watt,1736～1819)在蒸汽机的改进上作出了巨大贡献,使得蒸汽机被用于火车轮船和工业设备,机器替代了人力和畜力,促进了交通业和制造业的发展。1789 年,法国大革命的风暴席卷全国乃至整个欧洲,欧洲各个国家陆续从封建社会进入资本主义社会,政府对于科学的投入加大,科学家不断出现,对科学研究的热情持续高涨。

经过一段时间的热学、力学、电磁学的研究,人们认识到了能量守恒与转化的规律,发现了"热力学第一定律",此后在研究能量的转化方向中,又发现了热力学第二定律,在温度的研究上,得到了热力学第三定律。热力学离不开微观分子的运动,因此,热学的研究也就从研究大量微观粒子的分子运动论发展到统计物理学。

在电磁学方面,经过安培(A. Ampère,1775～1836)、伏特(A. Volt,1745～1827)、奥斯特(H. Oersted,1777～1851)、法拉第(M. Faraday,1791～1867)等人的不断探索,人们已经把对电与磁的最原始的认识予以扩展,并发现了电与磁之间的联系。最终,麦克斯韦(J. C. Maxwell,1831～1879)在前人研究的基础上,给出了描述电磁规律的电磁方程组,把电与磁完美地统一起来,并预言了光波也是一种电磁波,他撰写的《论电与磁》建立了完整的电磁场理论,这本书在电磁学上的功绩和牛顿的《自然哲学之数学原理》在力学上的作用可以相互媲美。电磁学的发展,推动了发电机、电报、电话、电灯等电器的发明。

光学的研究也一样得到了发展,从牛顿提出的微粒说到后来惠更斯等人的波动说,再到电磁理论(光是一种电磁波,电磁理论也是光的理论基础),人们对于光的理论知识和实用技术的掌握越来越完善。玻璃的发现与工业化生产,显微镜、望远镜(包括天文望远镜)等仪器的出现,都对人类生活带来巨大影响。

在几千年的历史长河中,尤其是近五百年来,物理学界涌现了无数英雄人物,他们辛勤工作、勤于思考、勇于探索,为物理学大厦的建设添砖加瓦。到了 19 世纪末,物理科学与相关技术都得到了巨大发展,极大地拓宽了人类的思维方式和方法,推动了社会的进步,改善了人类的生活,整个物理世界呈现出一派欣欣向荣的气象。因此,在 1900 年 4 月 27 日,在英国皇家学会新世纪的第一次年会上,时任皇家学会会长、著名物理学家开尔文(L. Kelvin)勋爵在发言中回顾了物理学在过去取得的辉煌成绩后,豪情满怀地说:"物理学的大厦已经建立起来,未来的物理学家只需要做些修修补补的工作就可以了。"

1.1.3 近代物理的发展

开尔文勋爵虽然踌躇满志地说物理的大厦建立起来了，不过作为一个优秀的物理学家，他当然注意到了当时出现的一些新的物理现象，所以，他补充道，在物理大厦建立起来的同时，明朗的天空中还飘着两朵乌云，这两朵乌云分别与黑体辐射和迈克耳孙试验有关。

1870年，德国赢得了普法战争，从法国得到了大量赔款和煤矿铁矿含量颇多的两个省，德国人在战争中知晓钢铁工业无论对于战争还是对于民用都是至关重要的，所以他们迫切需要研究和发展钢铁冶炼技术。在炼钢中炉温的控制很重要，于是对于热辐射的研究就提到了重要的位置。与此同时，早已经完成工业革命的英国也在改进炼钢技术，因此很多德国和英国的科学家们研究热辐射(黑体是研究热辐射的模型)，但是以经典理论为基础提出的理论，都无法与实测数据吻合，比如当时维恩(W. Wien，1864～1928)提出的模型，在短波段与试验数据符合得很好，在长波段则偏离很大。瑞利(T. B. Rayleigh)与金斯(J. H. Jeans)的模型则正好相反，在长波段与试验数据符合得很好，而在短波段则偏离很大，与实际测量值完全不符合，根据瑞利-金斯模型，短波段的辐射会相当大，如果真是如此，太阳(是一种热辐射源)在短波长的紫外波段的辐射会很大。我们现在夏天出去，都要抹上防晒霜，以防紫外线的辐射对人体的伤害，这是因为人类过去的无知，过度开发和排放，让天上吸收紫外光的臭氧层出现了几个洞，以致于更多的紫外光辐射到地球表面来了，为了保护皮肤，保护健康，我们不得不使用防晒霜来隔断紫外线。而如果太阳的辐射真的像瑞利-金斯模型所说的那样，波长越短，则辐射越强，估计多厚的防晒霜都隔不断紫外辐射了，那将会对地球上的生命带来灭顶之灾，所以科学家们把这个问题称为“紫外灾难”。这就是开尔文爵士所说的明亮的天空中飘浮着的一朵乌云。

热辐射的实验数据和理论模型不符合，是实验有问题吗？可实验已经有很多人在很多场合做过了，数据是可以很好地重复的，证明是没有问题的。那显然是理论模型出了问题，是因为建立模型时过度地去粗取精，忽略了不该忽略的地方，还是因为科学家们太粗心，在推导过程中出了错误，还是什么其他原因？

瑞利-金斯模型是严格地从电动力学和统计物理学的经典理论推导出来的，别说，瑞利还真是在推导过程中犯了个小错误，他在公式中少写了个系数，不过很快就被金斯给纠正了，所以这个公式就命名为瑞利-金斯公式了。维恩呢，则是从热力学经典理论出发，推导出了维恩公式。经过很多科学家的仔细、认真的检查，没有发现维恩公式和瑞利-金斯公式在推导过程中的错误。

这就奇怪了，难道是有什么看不清的东西在作怪？这时大名鼎鼎的法兰西科学院院士普朗克(M. Planck，1858～1947)决定出手，1900年底，他凭借自己扎实的数学和物理知识，给出了一个符合实验数据的、正确的公式。普朗克创造性地提出了能量子的概念，认为热辐射的能量是一份一份的、是分立的而不是连续的，从而给出了热辐射的理论公式，正确地揭示了辐射现象。爱因斯坦、玻尔、康普顿等先后采用这种量子观点，解释了光电效应、原子光谱、康普顿散射等实验现象。此后，一批年轻的科学家们发展了量子论，一门崭新的科学——量子力学诞生了。从某种意义上说，是黑体辐射的乌云带来了量子力学。

那么开尔文勋爵所指的另外一朵乌云是什么呢？

由于成功地观察到了光的干涉和衍射现象，人们普遍认为光是一种波动，电磁波理论出现后，人们进一步认识到光是一种电磁波。当时人们认为，光作为波，就应该有载体，这个载体就是所谓的以太，以太无处不在、无孔不入，无色透明，弹性极好。光波就是以太的弹性振动。迈克耳孙实验表明以太完全被地球带动(即相对于地球静止)，这与经典力学中认为的以太必须不被地球所带动的结论完全相反！这就是明朗的天空上的另外一朵乌云。

这朵乌云带来了相对论。1905年，年轻的爱因斯坦在他的论文《论运动物体的电动力学》中抛弃了以太论和牛顿的绝对时空观，宣告了相对论的产生。

相对论和量子力学，是近代物理的主要内容。

1.1.4 物理与新兴学科

物理学的发展，是人类探索自然、了解自然的欲望使然，也是生产力发展推动的结果，反过来也加深了人类对自然界的了解，促进了生产力的发展。物理学本身也产生了很多新的分支。

物理学对于其他学科具有深远的影响，物理学科的设备、实验与理论方法、思维模式，是其他众多学科发展的基础。物理学的“数学化”带动了科学的“数学化”，使得各学科更加严谨简洁，便于交流。

随着物理学本身的发展、物理学与其他学科的渗透交融，也带来了很多新的学科，如信息物理学、生物物理学、材料物理学等等。物理的研究带动了电子、计算机、汽车业、航空、航天、能源等众多领域的研究。

1.2 物理对人类文明和人类生活的推动与影响

从上面讲述的有关物理学发展的大概历史来看，我们可以发现，人类的文明与进步离不开物理学，物理学的发展也依赖于社会文明。当人们重视物理学，物理学就会得到迅速发展，并反过来促进社会的文明和进步。社会的发展与进步又极大地改变了我们的生活。没有力学基本定律的发现，没有望远镜和各类探测器的发明，人类就不可能观察遥远的星际、不可能登月、不可能探索太空，也就不能够很好地了解我们生活的宇宙。没有热学的研究，就不可能出现高效热机，那么我们现在生活中不可或缺的汽车、火车等交通工具只可能在我们的梦里。没有电磁学的进展，我们将没有电灯电话。没有量子力学，就没有激光，而激光在CD、激光加工、激光医疗等领域改变了人类的生活。

可以说，没有物理学的发展，就没有我们今天人类的文明，也就没有我们今天的生活。下面我们撷取几个片断，来了解物理学对人类文明的推动，和对人类生活的影响。

1.2.1 日心说的确立

日心说的确立无疑是人类文明进步的一大象征。从公元初古希腊的文明衰败起，大约1500年的时间，教会占据了统治地位，束缚了人们的思想，物理学的发展几乎止步不前，社会长期处于封建状态，几乎没有什么太多的进步。直到15世纪，哥白尼、布鲁诺等发展了古希腊哲学家提出的日心说，让人们更加深刻地认识到我们赖以生存的地球、太阳系，而更为重要的是，使得广大科学家们跳出了封建教会的思想禁锢，第谷、开普勒、伽利略等相继在天文和物理学等领域做出了重要发现，从而开创了物理学的新篇章，揭开了物理学和整个自然科学的序幕。日心说的确立，启动了人类向文明社会迈进的步伐。

1.2.2 电磁波和通信

18～19世纪，电磁学得到了长足发展，电与磁的各种规律及相互之间的作用都得到了发现，基于这些发现，麦克斯韦理论体系建立起来了，新的发明不断涌现，发电机、电动机、电灯相继出现，这些极大地推动了工业革命，改变了人类的生活方式，提高了人类的生活质量。

人类的生活中离不开相互之间的通信，在物理学发展之前的漫长岁月里，人们只能通过人力或畜力去传达信息，或通过烽火来传达简单的信息。一直到电磁理论建立起来，人们发现电磁波可以传递信号，相继发明了电报、电话等通信方法，随着激光和光纤技术、无线网络技术等的发展，光通信技术、无线通信技术、网络通信技术等已经走入人们的生活之中，今天我们能够用手机以很低廉的价格随时拨打电话，能够通过计算机访问互联网，无一没有物理学的功劳。

1.2.3 航空航天

今天，我们可以乘坐飞机日行千里，也能够漫游太空，能够在遥远的天空发回探测器拍摄到的图片，这该归功于物理学的进步。飞机能够在空中悬浮并飞行，归功于空气动力学、热学的发展；牛顿力学的三个宇宙速度，让我们知道了要离开地球和太阳系的引力，要达到多少速度；光电探测器让我们可以探测到我们希望知道的信息;无线电波让我们能够传递各种信息。

1.2.4 交通工具中的物理学

交通工具的不断进步也极大地改变和影响了人类的生活,而任何一种交通工具与物理学的发展都是分不开的。以汽车为例,汽车的轮子做圆周运动,汽车的机械结构受力情况,碰撞时力的分散,离不开力学;汽车的心脏——发动机,利用的则是热学中的热机循环。

1.2.5 物理学渗透到生活的方方面面

除了以上列举的例子,其实物理学已经渗透到我们生活的方方面面了。无论是房屋的建造与装修(需要用到力学、光学、声学等方面的知识),冰箱(需要用到电磁学、热学等方面的知识)、电视(需要用到电磁学、光学等方面的知识)、洗衣机(需要用到电磁学、力学等方面的知识)、微波炉与光波炉(需要用到电磁学、光学等方面的知识)、节能灯(需要用到光学、电磁学等方面的知识)等各种家用电器,还有DVD(需要用到光学等方面的知识)、手机(需要用到电磁学、光学等方面的知识)、MP4(需要用到电磁学、光学、声学等方面的知识)等休闲娱乐品,都与物理学的基本原理密切相关。没有物理学,就不可能有新的技术,也就不可能有这些高端产品。没有物理学,就没有我们今天的幸福生活。

1.3 物理的主要领域和物理的分支

根据物质存在的不同形式和运动形式,可以将物理学分为不同的分支。随着实践的发展和深入,人类认知水平的不断提高,物理学的内容也在不断增长,已有的物理学分支不断完善,新的物理学分支陆续形成。

根据物理学的发展和研究内容,可以将物理学大致分为以下几个分支。

1.3.1 经典力学

经典力学研究宏观(相对于原子等微观粒子而言)低速(相对于光速)物体运动时的现象和规律。我们日常生活中接触到的物体都是由大量原子和分子组成的,是宏观物体,这些宏观物体的运动速度远小于光速,即使是超音速飞机,其速度也才是光速的百万分之一。

牛顿三定律和万有引力定律是低速宏观运动物体的基本规律,是经典力学的基础。早在19世纪,经典力学已经是物理学中一个成熟的分支,再细分下去,经典力学包含质点力学、刚体力学、分析力学、弹性力学、流体力学、塑性力学、结构力学等等。声学也可以说是经典力学的一个分支,是研究振动与波(机械运动中的一种重要运动形式)的产生、传播、转化、吸收等作用的科学。

经典力学在汽车制造、建筑、桥梁、能源、航空、机械、水利、矿山建设、测量等诸多领域起到了极为重要的作用。经典力学的一些原理和方程,也应用到近代物理如量子力学中。

1.3.2　热学、热力学和经典统计力学

热学研究热的产生和传导,研究物质在热状态下的性质和这些性质随着热状态的变化而如何变化,研究热现象的本质和普遍规律。

热力学是一种关于热现象的能量学说,是一种唯象的理论,更多地从宏观上用经典力学中的功能方法进行研究。而物质是由大量原子分子组成的,要深入研究热现象的本质,就必须研究大量微观粒子的运动规律,实际上不可能做到对每一个微观粒子的行为都予以研究,我们可以只研究这些大量粒子的平均行为,从而就产生了统计力学。统计力学是研究物质中大量微观粒子组成的宏观物质的性质和行为的统计规律的一门科学。

热学的研究揭示了能量守恒、热平衡、热循环等基本规律,热机是热学研究的一大成果,在工业生产和人类生活中起到巨大作用。

1.3.3　经典电磁学与电动力学

经典电磁学研究宏观电磁现象和客观物体的电磁性质。人们很早就了解了电与磁各自的基本规律,到了19世纪才发现了两者内在的联系和规律。麦克斯韦方程组表达了电磁现象的基本规律。由于电磁场对带电粒子有力的作用(洛伦兹力),麦克斯韦方程组和洛伦兹力构成了经典电动力学的基础。

电磁学包括静电场、稳恒电场、涡旋电场、直流电与交流电、磁场、电磁感应、电磁波等内容。电工学、电子电路、信号与系统等学科也都是在电磁学和电动力学的基础上发展起来的。

电磁学的研究对生产力的发展起到了巨大的推动作用,促进了人类文明的发展,极大地改变了人类生活,电动机、发电机、电灯、电话等,无一不是电磁学和电动力学发展的产物。

1.3.4　光学

光学是研究光的性质及其与物质相互作用的科学。光是电磁波的一种,其波长只占据电磁波家族中很小的一段,但是由于人眼能够看到这个波段,因此对于光学的研究特别早,也特别引人注目。光学的研究也充满了戏剧性,从微粒说到波动说,再到波粒二象性,历经几百年,引发了无数科学家为之争论,最终为量子力学的诞生起到了积极的作用。对光的认识过程,很好地阐释了人类认知过程的基本

规律。

1960 年发明了激光,更是将光学研究和应用推向了新高潮。光学可以大致分为:几何光学、波动光学、量子光学、现代光学等。其中波动光学和量子光学也统称为物理光学;现代光学包括非线性光学、信息光学、纤维光学、统计光学、傅里叶光学、激光光学等等。

光学方法是研究大至天体小至分子原子结构的非常有效的方法,不仅在物理学科各分支,在其他学科如化学、生命科学等领域也是重要的手段。

1.3.5 相对论力学

相对论力学研究高速(与光速可以比拟)运动物体的运动规律,又可以分为狭义相对论和广义相对论。狭义相对论中,空间和时间是密切联系的统一体,空间距离是相对的,时间也是相对的。狭义相对论否定了以太的概念,肯定了电磁场是一种独立的、以特殊形式存在的物质。经典力学中的绝对时空观只是相对论力学在低速时候的一种近似。狭义相对论提出的质量和能量之间的关系,在核能研究和实验中得到了证实,对于研究微观粒子、核能源等起到了很大作用。

广义相对论中,认为空间、时间的弯曲结构决定于物质的能量密度、动量密度在空间、时间中的分布,而空间时间的弯曲又反过来决定物体的运行轨道。万有引力效应是时间、空间弯曲的效果。经典力学是在引力不强、时间空间弯曲不大的情况下的特例。广义相对论对研究天体的结构和演化、宇宙的结构和演化具有重要意义。

1.3.6 原子物理学与分子物理学

原子物理学研究原子的内部结构、运动规律、性质,及其与电磁场、电磁波相互作用及原子之间相互作用的规律。主要研究范围有:原子的电子结构、原子光谱、原子之间或与其他物质相互作用过程。分子物理学研究原子如何结合成分子,分子的内部结构、内部运动状态,分子的电学、磁学、光学等物理性质,并以此为基础研究气体、液体、固体的物理性质,特别是与热现象有关的物理性质。

经过相当长时间的探索,直到 1920 年后,人们才对原子本身的运动规律和内部结构有了一定的了解,建立起了原子物理学。原子物理学对激光的发明和发展起到了很大作用,激光出现后,反过来又促进了原子物理学的研究,提高了实验精度。1950 年以后,原子物理学的研究进入了一个新的时期,一些相关的分支出现了,如射频与微波波谱学等。

分子物理学以分子为研究对象,研究分子的内部结构、运动规律、性质,及其与电磁场、电磁波相互作用及原子之间相互作用的规律,分子物理学与物理学的其他分支如原子物理学、凝聚态物理学等联系密切。分子光谱是用来研究分子结构的一种重要手段，提供了大量的分子结构和分子动力学方面的知识，是历史上证实量子理论的重要依据。

通过对原子和分子的研究，人们更深刻地掌握了物质的微观结构，对于人们认识世界改变世界、提高认知水平起到了巨大的促进作用。同时原子分子物理学的研究促进了新的物理领域的发展，正是在研究原子物理学的时候，人们创立了量子力学。

由于原子和分子都是微观粒子，用经典物理学来研究原子分子物理的时候遇到了不可克服的困难。量子力学和量子电动力学是原子物理学和分子物理学的基本理论。

1.3.7 量子力学 量子电动力学 量子统计力学

量子力学研究微观粒子的运动规律，是研究原子、分子、凝聚态物质、原子核和基本粒子的结构和性质的基础理论。量子力学是近代物理学的基础理论之一，不仅在物理学中，而且在化学等其他学科和近代技术中得到了广泛应用。

量子力学与经典力学的差别表现在粒子的状态和力学量的描述及其变化规律上，还表现在力学量所取的形式上。当粒子的大小由微观过渡到宏观时，它所遵循的规律也就由量子力学过渡到经典力学，可以说，经典力学是量子力学的极限情况。

量子电动力学是相对经典电动力学而言的，是采用量子理论来研究经典电动力学中的问题。

量子统计力学是以量子力学为基础的统计力学，在研究大量微观粒子的规律时必须使用量子统计力学。

量子力学的发展开创了近代物理的新时代，正是有了量子力学，很多微观现象得到了解释，涌现出很多新的发现和发明。现代很多技术如激光技术、大规模集成电路技术等都应该归功于量子力学。没有量子力学的理论上的突破，这些新技术则无法实现。

1.3.8 固体物理学

固体物理学研究固体的性质及其微观结构和各种内部运动，以及这些微观结构与内部运动同固体的宏观性质（力学、热学、光学、电磁学性质等）的关系。固体中含有大量的微观粒子（原子、分子、电子等），他们服从量子力学和量子电动力学的规律，因此量子力学是研究固体物理的主要工具。固体物理又可以分成多个分支，如晶体学、金属物理学、半导体物理学、电介质物理学、磁性物理学、低温物理学等等。

固体物理对于技术发展有很巨大的作用，比如有了晶体管，才有了集成电路技术；有了具有特定性质的金属和玻璃等材料，才有塑料钢、记忆合金等材料。这些在我们的日常生活中都已经得到了广泛的应用。

1.3.9 原子核物理学

原子核是比原子更深一个层次的物质结构。原子核物理学研究原子核的性质、内部结构、内部运动、内部激发状态、衰变过程、裂变过程及它们之间的反应过程。原子核结构是一个比原子结构更为复杂的研究领域,粒子加速器的发明和裂变反应堆的建成加速了对原子核物理的研究。中子物理、放射物理都得到了发展。原子核物理的研究已经产生了重要的社会效果,如放射性同位素在生命科学、农业中已取得广泛应用,受控约束核聚变将给人类提供新的能源。原子弹也是原子核物理的研究成果的具体体现。

1.3.10 等离子体物理学

等离子体物理学是研究等离子体的形成及其各种性质和运动规律的科学。等离子体态是指含有足够数量的自由带电粒子,有较大的电导率,其运动主要受电磁力支配的物质状态。宇宙中的大部分物质都处于等离子体状态,如闪电、激光、太阳及其他恒星、围绕地球的电离层等。因此研究等离子体对于我们认识宇宙具有重要意义。

1.3.11 粒子物理学

目前研究所能够探测到的物质结构最深层次的研究统称为粒子物理学,也称为高能物理学。人们一度以为电子和质子是基本粒子,不可再分,后来又发现了夸克、中子,以及几百种不同种类的粒子,这些微观粒子是配成对的,粒子在一定条件下能产生和湮灭。粒子物理学使人们对于物质有了更深层次的认识,在理论上对量子场论的建设起到了推动作用。同时,也促进了人们建立一个将电磁作用、粒子间的弱相互作用以及强相互作用统一起来的大统一理论。

1.4 基本物理量和国际单位制中七个基本单位

经典力学中的三个最基本的物理概念是:质量、空间和时间。质量是物质本身的量的度量,其单位是千克、克等。时间从过去流向未来,与空间没有关系,空间向四面八方延伸,与时间也没有关系,空间是三维的,经常用 x,y,z 三个方向的坐标来具体描述空间某一点的位置,用距离来描述空间中某两点之间的长度。热力学中,基本的概念是温度,它表征物体的冷热程度。电磁学中的基本量是电流,代表单位时间内通过导体某截面的电荷量,其单位为安培、毫安等,光学中发光强度是一个基本物理量,另外一个基本物理量是物质的量,它与原子量有密切关系。

在物理学中，为了表明所测量物理量(如长度)的大小，必须有一个特定的单位如米。历史上，对同一个物理量曾经有不同的单位，如长度采用尺、海里、英尺等作为单位。时间的单位有小时、分、秒、时辰等。温度的单位有摄氏度、华氏度、开尔文等。发光强度单位是坎德拉，物质的量以摩尔为单位等等。

由于很多原因，对于同种物理量，其单位有很多，比如，长度的单位有米、微米等(称为米制)，还有英尺、海里、码等(称为英制，主要在英联邦国家使用，目前只有美国等少数国家在继续使用)。为了统一，人们确立了一个标准单位，叫做国际单位制(SI)。长度的国际单位为米，其英文字母表示为 m。其他的单位可以通过一定的关系进行换算，如 1 纳米$=10^{-9}$米，1 英寸$=2.54$ 厘米$=0.0254$ 米。质量、时间、电流、热力学温度、物质的量、发光强度的国际单位分别是千克(kg)、秒(s)、安培(A)、开尔文(K)、摩尔(mol)、坎德拉(cd)。

物理学中有很多物理量，这些物理量之间相互有联系。比如，电流、电压、电阻这三个物理量之间就有一定的联系，它们并不都是独立的，如果知道了某个电阻的电流，就可以知道其电压。我们选取一些互相独立的物理量作为基本物理量，其他的物理量都可以由这些基本物理量推倒出来，称为导出量。基本物理量有七个，分别是(括弧内为它们的国际单位)：长度(米)、质量(千克)、时间(秒)、电流(安培)、热力学温度(开尔文)、物质的量(摩尔)、发光强度(坎德拉)。所有其他的物理量都可以通过这七个基本量推导出来，比如动能 $E=\frac{1}{2}mv^2$，其中 m 为质量，是基本物理量；v 为速度，不是基本物理量。我们可以进一步推导：$E=\frac{1}{2}mv^2=\frac{1}{2}m\left(\frac{s}{t}\right)^2$，长度 s、时间 t 则都是基本物理量。动能 E 的单位焦耳也可以由这几个基本单位表示出来：$1\mathrm{J}=\frac{1}{2}\mathrm{kg}\cdot\left(\frac{\mathrm{m}}{\mathrm{s}}\right)^2$。事实上，每一个物理量都可以由七个基本物理量推导出来，每一个物理量的单位都可以由七个基本量的单位推导出来。将一个物理量表示为基本物理量的幂次之乘积，称为该物理量的量纲。

1.5 在文科类学生中开设物理课程的必要性

我国高中教育文理分科，进入大学后又偏重于专业知识教育，导致学生的知识结构单一，不利于综合思维能力的培养，不利于扩大知识面，因此文化素养偏差。国家对此已经采取了措施，通过在大学里增加选修课来扩大学生知识面，提高文化素养。但是要注意到的是，文化素养不仅仅是文科知识方面的素养，也应该包括科学方面也就是我们通常所说的理科方面的素养，也就是说，我们要开设大学语文、音乐欣赏这类的课程，同时也应该开设数学、物理、生物等方面的基础课程，提高学生们在科学方面的基本素养，开设这些课程的目的不是为了培养他们成为某个科学领域的专家学者或者技术人员，而是让他们了解基本的科学常识，了解这些科学课程的一些发展状态，掌握一些科学的思维方式和科学方法，打下科学发展观的良好基础。有资料表明，美国的中学生的科学素养在全世界是比较差的，这与他们在小学和中学的教育要求不严格有关系，但是美国成年人的科学素养在全球是最高的，因为美国的大学入学率很高，而美国大学都开设了科学方面的课程，并且要求学生必须选修其中的一些课程以达到一定的学分。

通过物理学的学习，可以培养哪些科学素养呢？我们认为最主要的有两条：其一是通过物理学的学习，能够大致掌握物理的最基本的常识，从而了解物理在人类社会进步中所发挥的巨大作用，知晓一些生活中遇到的大量设施设备及生活用品中包含的物理知识。其二因为物理具有清晰的物理图像，特别重视逻辑思维，物理中某些学科分支和整个物理的发展本身也反映了人类的认知过程，所以通过物理的学习，可以训练逻辑思维能力，掌握一些学习和科学探索的方法与手段，这些对于个人的成长是很有益处的。

本书的目的其实也是两个，一方面给广大文科类学生和读者介绍一些物理基本知识及其应用，另外一方面，让他们掌握物理思维方式，了解人类对事物的认知过程。为了系统和连贯性，我们本书采用传统物理教科书的分类方法，将物理内容分成经典物理和量子力学两个部分，前一部分主要讲述力学、热学、电磁学和光学方面的内容，后一部分量子力学则介绍量子力学的基础知识。考虑到文科类学生的数学基础，以及本书的目的不是为了教会学生去做题，我们在全书中力求少用公式，除极个别情况外，不用高等数学知识。

第2章　力　　学

力学是物理学中发展较早的一个分支，古希腊著名的哲学家亚里士多德曾对"力和运动"提出过许多观点，他关于落体的一些观点与真理相去甚远，但是他的著作一度被当作古代世界学术的百科全书，在西方有着极大的影响，以致他的很多错误观点在长达2000年的岁月中被大多数人所接受。

16世纪以后，人们开始通过科学实验，对力学现象进行定量的研究。许多物理学家、天文学家，如哥白尼(N. Copernicus，1473～1543)、布鲁诺(G. Bruno，1548～1600)、伽利略(G. Galilei，1564～1642)、开普勒(J. Kepler，1571～1630)等，做了很多艰巨的工作。力学逐渐摆脱传统观念的束缚，取得了很大的进展。英国科学家牛顿在前人研究和实践的基础上，经过深入思考和数学计算，提出了力学三大定律和万有引力定律，把天体的运动和地球上物体的运动统一起来，建立了系统的经典力学理论。

世界万物，大到宇宙中的星系，小到微观世界中的粒子无不处于永恒的运动中，在物体的各种运动形式中，最简单最基本的一种是物体位置的变化，这种运动形式称为机械运动。

由表及里，本章先介绍如何描述物体的机械运动，然后阐述机械运动的规律——牛顿三定律，并提升到更高层次的理解——动量守恒定律和能量守恒定律，最后介绍力学带来的近代科技成就——飞机、火箭与人造卫星等。

2.1　物体运动的描述

如何描述物体的运动？画家用色彩鲜艳的画作来描述；音乐家用悦耳动听的旋律来描述；物理的描述则是要告诉人们什么时刻物体在什么位置，各时刻运动的快慢和方向，这种描述虽然缺少浪漫和情感，但却是**定量**的全过程的描述。

2.1.1　描述前的准备工作

1. 繁中求简——质点模型

现在假设要描述远处小汽车的运动，它的运动看来是很复杂的，四个车轮在转动，大量机器部件在运转，披着流线型的车身。如果要顾及所有细节，那真是无从下手，如坠雾海！但你会看到小汽车本身的尺寸远小于它离描述者的距离，小汽车每一点运动虽有差异，但有共同的运动，即每一点都有向同一方向运动的整体速度v。何不取其主舍其次，将小汽车简化成质量为m、具有整体速度v的一个质点，这质点变成了汽车的替代物。将这样一个大的物体变成质点，意味着忽略了物体的形状和大小，忽略了物体的内部运动。这样做从方法论上说叫做**建立模型**，简称**建模**，即将复杂问题简单化；从哲学上说叫抓主要矛盾。

质点是抽象的物理模型，不是任何时候都可把物体视为质点的，能否把物体看作质点应视问题的性质而定。人类居住的地球绕太阳公转，同时又在自转。对于人类来说，地球是一个球状庞然大物，但是地球离太阳的距离非常遥远，地球本身的大小与它到太阳的距离半径约为6.37×10^6m 比较起来就显得非常渺小了。因此，研究地球绕太阳公转时，地球的大小和形状就可以忽略，从而可以把地球看成是一个“点”，但考察地球自转问题时就不能把地球看成一个“质点”了。

在生活中，我们常常说你站在什么立场上说话。描写物体运动的问题也有个立场问题，这个立场就是指在描述物体运动、研究物理问题时你选择什么参照物。

2. 动中选静——确定参照物

小船在河里顺流而下，船上的人说船是静止的，河岸上的树是运动的，而岸边钓鱼的老者却认为船是运动的，树是静止的，为什么会存在截然相反的结论呢？这就是因为立场不同，即选择的参考系不同。

宇宙中万事万物都是永不停息地运动着的，没有绝对静止的物体。平时，我们说某个物体是运动的还是静止的，都是相对另一物体而言。因此要描述物体的运动，就必须选择另外一个视为静止的物体做参考，这个用来参考的物体称为**参考物**。这样做的好处是能将物体的运动清理出次序来。

显然，选择不同的参照物，对物体的运动会得出不同的描述。船上的人说船是静止的，河岸上的树是运动的，是以船作为参照物，而岸边钓鱼的老者认为船是运动的，树是静止的，他选择了大地作为参照物。如果研究地面上物体的运动，一般选择地面或相对于地面静止的物体作为参照物。

要对物体的运动做定量的描述，还必须在参考系上建立合适的坐标系。

3. 取来尺和钟——建立坐标系

你开车去赴约，朋友问你汽车在哪里？你说在南京路的一个建筑物的下面。听的人可不一定能够确定到底在哪里。其实你完全可以精确地告知你汽车的位置。如果南京路是一条平直的马路，你把南京路的起点O作为原点，沿马路放一把有刻度的无限长钢尺，将原点 O 处尺的刻值定为 0，以此为界，一边的值为正，另一边的值为负，如图 2-1(a)所示将它称为 x 轴，再在钢尺上贴上一个箭头表示 x 轴的方向(由负到正)，也可用称为单位矢量的字母 $\boldsymbol{i}$ 来表示这个方位，它的大小是 1，只是表示沿 x 轴的方位，这样就构成了一个坐标系。然后你告知朋友你的汽车的 x 值，则对方就能够明白你的汽车的精确位置了。当然马路不太可能是平直的，而且汽车不会就在一条马路上。那也好办，只要在原点 O 处再放一把垂直于 x 轴的贴箭头的尺，称为 y 轴，它的方向用单位矢量 $\boldsymbol{j}$ 表示，如图 2-1(b)所示，便构成了一个二维坐标系。告知汽车的(x, y)坐标，就能立即知道汽车的位置了。

如果是飞机呢，要描述它某个时刻在空中的位置，只要再在 O 处放一把与 x，y 轴垂直的第三把尺，称为 z 轴，z 轴的方向用单位矢量 $\boldsymbol{k}$ 表示，如图 2-1(c)所示，这样便构成了一个三维坐标系。用物体所在点的坐标值(x, y, z)表明物体的确切位置，再用一个钟表记录下在此处的时间 t，就可实现对运动的描述了。顺便提醒，只有建立坐标系才能将物体位置与数字联系起来，实现对运动的定量描述，故不能小视建立坐标系这件事。

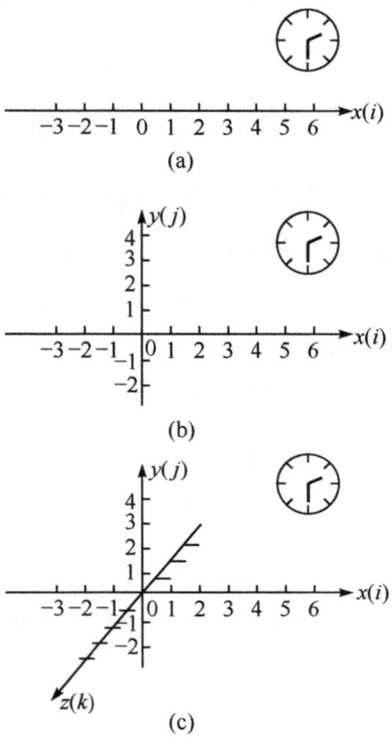

图 2-1 坐标系

人与人之间要进行沟通和理解，必须有共同的语言文字和共识的概念，没有这些，就会造成“对牛弹琴”的局面，概念还是进行逻辑思维的节点，没有概念不可能有逻辑思维。物理学是很重视概念的，它通常以物理量的形式来表达各种概念。为了描述物体的运动，还要引入附着有物理概念的物理量。

2.1.2 描述物体运动的物理量

某个登山者，在探险时迷路了。好在他还有通信工具，可以向救援者求救，救援者会问他在什么地方。这时，他如果告诉对方，说自己在一个开满鲜花的山谷里，或者说在一条清澈见底的潺潺流水的小溪边，对方都不能准确地知道他的位置，这时诗情画意帮不了他了，物理才能帮他。他必须建立一个坐标，比如说，以市政府广场前旗杆为原点，正北方向为 x 轴，正东方向为 y 轴，向上方向为 z 轴，然后告知自己的位置(x, y, z)。不过他肯定没有量过自己到原点的距离，也很难告知 x，y，z 的具体数值。好在，现在已经有设备可以帮助他，这就是全球定位系统

(GPS)。有了GPS,他就能知道自己的位置了,还可以输入自己要去的目的地,屏幕上会马上显示一条回家的路径,他可以沿此路径往回走,GPS还会不断提示他是否偏离方向,为他导航!GPS利用了很多物理基本原理和技术,想要弄明白,首先要建立下面这些概念。

1. 描述物体位置的物理量——位矢

如上所述,以直角坐标系为例,可以用一组坐标值(x,y,z)表示一个三维运动质点的位置,括号中的三个数分别表示x坐标、y坐标、z坐标的值。在二维中,则可以用(x,y)来描述二维运动质点的位置,如图2-2所示。x和y是具体的数,只表明大小而与方向无关的量称为标量,如温度、能量等。有些物理量既要表明大小也要表明方向,如力和速度等,称为矢量。

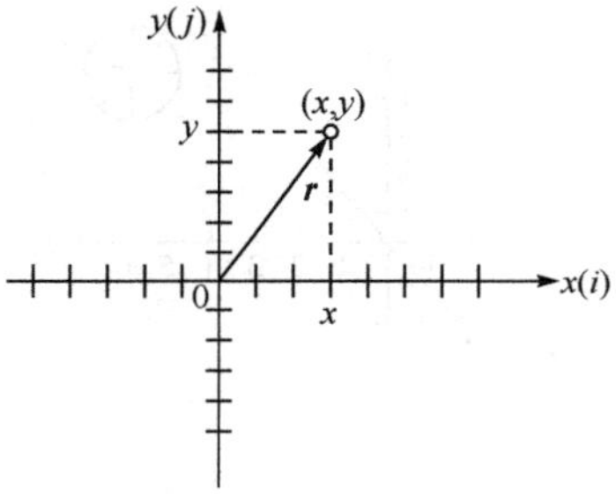

图2-2 坐标与位矢

利用矢量这一工具由坐标原点向质点所在位置画一个有向线段$\boldsymbol{r}$(称为**位矢**)来表示质点所在的位置。坐标(x,y,z)——正好是位矢$\boldsymbol{r}$在坐标轴的投影或分量。坐标和位矢都能表示物体的位置,质点的位矢可以用它在各个坐标轴的投影值x,y,z给出。位矢可以表示为

$$\boldsymbol{r}=x\,\boldsymbol{i}+y\boldsymbol{j}+z\boldsymbol{k} \tag{2-1}$$

在日常生活和工作中,人们总是自动地在确定自己和周围物体的位置,否则即便在家里也会撞得鼻青脸肿。保卫祖国领空的飞行员要锁定敌机目标,导弹部队的战士要跟踪来袭的巡航导弹,不管是锁定还是跟踪,都要准确地实时地确定一个活动目标位置(位矢或坐标),即不但能够确定目标有多远,而且还能确定其所在方向。

2. 描述物体位置变化的物理量——位移

前面所说的那个求生者要到达的位置是固定的。可有时候会遇到别样情况,追逐的目标物体的位置总是在不可预测地变化着,如要不断地确定位置变化的大小和方向,我们引入一个物理量**位移**$\Delta\boldsymbol{r}$来表示,如图2-3(a)所示,t时刻到$t+\Delta t$时刻质点的位移$\Delta\boldsymbol{r}$,是由t时刻质点位置指向$t+\Delta t$时刻质点位置的一个矢量。位移$\Delta\boldsymbol{r}$是矢量,它在坐标轴上有投影或分量,由式(2-1)可得位移与坐标变化的关系

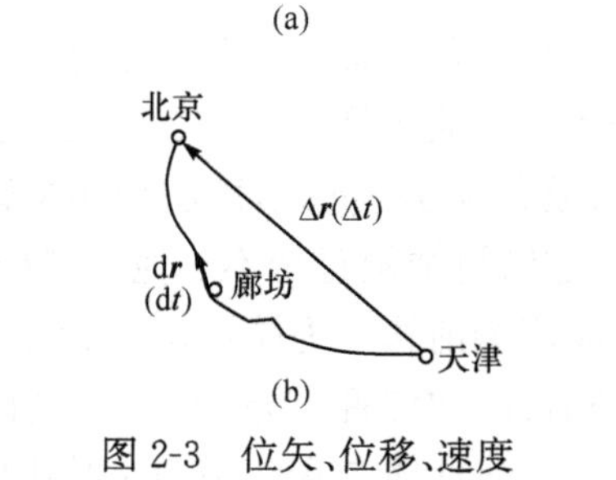

图2-3 位矢、位移、速度

为 $\Delta \boldsymbol{r}=\Delta x\boldsymbol{i}+\Delta y\boldsymbol{j}+\Delta z\boldsymbol{k}$(对二维运动 $\Delta z=0$),要注意位移与路程的区别。路程 Δs 是质点运动轨迹(图中虚线所示)的长度,路程只有大小,无方向可言,是标量。

一个人从北京去上海,可以选择不同的交通方式,可以坐飞机,也可以坐火车,还可以先乘汽车到天津,然后乘轮船。在诸多方式中位移相同,都是从北京画到上海的一个矢量,但路程不同。

由图 2-3(a)可知,已知某一时刻 t 的位矢 $\boldsymbol{r}(t)$ 和 Δt 时间内位移 $\Delta \boldsymbol{r}$,利用平行四边形法则可求出用位矢 $\boldsymbol{r}(t+\Delta t)$ 表示的下一时刻$(t+\Delta t)$的位置。飞行员只要不断确定敌机在 Δt 时间内位移 $\Delta \boldsymbol{r}$,就可以锁定敌机开火。要确定位移 $\Delta \boldsymbol{r}$ 需要先搞清楚飞机 t 时刻运动的快慢和方向,引入描写物体运动快慢和方向的物理量是必要的。

3. 描述物体运动快慢和方向的物理量——速度

从天津站到北京站画一个带箭头的矢量便代表天津到北京的位移 $\Delta \boldsymbol{r}$,坐快车从天津到北京要花时间 $\Delta t=1$ 小时,坐高铁要花时间 $\Delta t=0.5$ 小时,要快一倍,位移 $\Delta \boldsymbol{r}$ 一定,完成位移所花时间 Δt 与运动快慢成反比。花费同样的时间 Δt,位移 $\Delta \boldsymbol{r}$ 越大,运动越快。用质点位移 $\Delta \boldsymbol{r}$ 与发生这个位移所用时间 Δt 的比值来表示这段时间物体运动的平均快慢和方向,称为**平均速度**,即

$$\bar{\boldsymbol{v}}=\frac{\Delta \boldsymbol{r}}{\Delta t} \tag{2-2}$$

平均速度是矢量,方向与位移 $\Delta \boldsymbol{r}$ 的方向相同,平均速度的大小与取平均的时间间隔有关。

天津到北京火车的平均速度只粗略反映火车在津京间运动的快慢和方向,不能反映火车在中间某位置(比如廊坊站)或某时刻 t 运动的快慢。能精确地知道物体在某时刻或某一点运动的快慢和方向吗?你要想知道火车在廊坊站运动的快慢和方向,参照图 2-3(b),可在廊坊记录火车经过的一段无限小位移 $\mathrm{d}\boldsymbol{r}$ 和经历此小位移的无限小时间 $\mathrm{d}t$,然后仿照式(2-2),就可得出火车通过廊坊站 t 时刻的速度

$$\boldsymbol{v}(t)=\frac{\mathrm{d}\boldsymbol{r}}{\mathrm{d}t} \tag{2-2a}$$

它能精确地反映火车在廊坊时刻 t 运动的快慢和方向,称为**瞬时速度**,简称**速度**,用$v(t)$表示。速度的方向与位移 $\mathrm{d}\boldsymbol{r}$ 方向相同。当 $\mathrm{d}t$ 很小很小时,$\mathrm{d}\boldsymbol{r}$ 的方向与运动轨迹的切线方向一致,所以速度方向为运动轨道切线方向,或说速度的方向就是物体运动的方向。现在汽车上有一个速度仪表,显示的是瞬时速度,一脚油门下去,可以达到 60km/h 甚至 120km/h;汽车的行车电脑里也有一个速度值,这个速度是平均速度,一般在比较拥堵的城市里,平均速度难以超过 20km/h。交警是根

据汽车的瞬时速度来处罚司机的，所以你不必用“我从北京到天津花了四个小时，怎么会超速?”之类的话来搪塞交警了。

按速度定义式(2-2a)，速度是单位时间的位移，因此已知 t 时刻位矢 $\boldsymbol{r}(t)$ 和速度 $v(t)$，便可求得往后时刻的位矢。

在国际单位制中，速度的单位为米/秒(m/s)。速度也是矢量，既有大小也有方向，所以在坐标轴上也有投影和分量，记为 v_x, v_y, v_z，速度矢量与分量的关系可写为

$$\boldsymbol{v}=v_x\boldsymbol{i}+v_y\boldsymbol{j}+v_z\boldsymbol{k}$$

瞬时速度的大小称为**速率**。自然界中物体的速率相差很大，光在真空中的传播速度为 3×10^8 m/s，地球绕太阳的运动速率为 3×10^4 m/s，大陆板块漂移的速率为 1×10^{-9} m/s。

4. 描述速度变化快慢的物理量——加速度

在现实生活中，一般情况下，物体的速度是随着时间发生变化的，时刻 t 的速度记为 $\boldsymbol{v}(t)$，时刻 $t+\Delta t$ 的速度记为 $\boldsymbol{v}(t+\Delta t)$，在 Δt 时间内，速度的变化为

$$\Delta\boldsymbol{v}=\boldsymbol{v}(t+\Delta t)-\boldsymbol{v}(t)$$

在物理学中用速度的变化量 Δv 与发生这一变化所用的时间 Δt 之比来表示速度变化的快慢和方向，称这为**平均加速度**，即

$$\bar{\boldsymbol{a}}=\frac{\Delta\boldsymbol{v}}{\Delta t} \tag{2-3}$$

平均加速度因所取平均的时间 Δt 不同而有差别，所以在讲平均加速度时，一定要指出是哪一段时间内的平均加速度。

为了精确地描述某时刻 t 速度变化的快慢和方向，可采用与引入瞬时速度一样的方法来引入瞬时加速度。令 Δt 趋于无限小(即 $\Delta t\rightarrow \mathrm{d}t$)，对应速度的变化量为 $\mathrm{d}\boldsymbol{v}$ 与对应的无限小时间 $\mathrm{d}t$ 的比值称为物体的**瞬时加速度** $\boldsymbol{a}(t)$，简称加速度，即

$$\boldsymbol{a}(t)=\frac{\mathrm{d}\boldsymbol{v}}{\mathrm{d}t} \tag{2-3a}$$

按加速度定义式(2-3a)，可知加速度是单位时间内速度的变化量，所以，已知 t 时刻速度 $\boldsymbol{v}(t)$ 和加速度 $\boldsymbol{a}(t)$，便可求此后某时刻的速度。

在国际单位制中，加速度的单位为米每二次方秒，用符号表示为 $\mathrm{m/s^2}$。

由于速度是矢量，因此不但速度大小变化会引起速度变化 $\Delta\boldsymbol{v}$，从而产生加速度，而且速度方向变化也会引起速度变化 $\Delta\boldsymbol{v}$，从而也产生加速度，如匀速率圆周运动就是这种情况。加速度也是矢量，在坐标轴上也有投影或分量。

有了上述这些由物理量表达的物理概念，便可对运动进行逻辑思考，并实现对运动全过程的描述。

2.1.3　运动全过程的描述——运动函数

不要对函数这词心存恐惧，其实函数就是对两个量之间一一对应关系的一种数学表示，它的优点是简洁而富有内涵。对物体运动的全面描述即告知别人，物体什么时间在什么地点。下面举实例，看如何来实现。

1. 直线运动

运动物体通过的路径叫做物体的运动轨迹。运动轨迹是一条直线的运动，叫做直线运动。直线运动是物体运动中较简单的运动。物体作直线运动时，物体的位移、速度、加速度的方向始终在同一条直线上。

较简单的直线运动包括匀速直线运动和匀变速直线运动。

设想有小汽车（视为质点）在平直公路上作直线运动，可以用表 2-1 记录它经历相同时间所处的位置坐标 x。表中 $t=0$ 时的坐标值 $x=x_0=2\text{m}$，称为初位置。

表 2-1　小汽车的 t 与 x 对应关系表

t/s	0.0	1.0	2.0	3.0	4.0	5.0	6.0	7.0	8.0	9.0	10.0	11.0
x/m	2.0	7.0	12.0	17.0	22.0	27.0	32.0	37.0	42.0	47.0	52.0	57.0

图 2-4(a)将各时刻质点位置标记在 x 坐标轴上，可见质点在任何相等时间内的位移 $\Delta \boldsymbol{r}=\Delta x\boldsymbol{i}$ 是相同的，当然速度 $\boldsymbol{v}(t)$ 就恒定不变了，称这种运动为**匀速直线运动**。我们也可以 t 为横坐标 x 为纵坐标来表明二者的这种一一对应的时空关系，如图 2-4(b)所示。在 x-t 图上，二者有(直)线性关系，这种描述方式比用表格的方式要直观。但两种描述方式都显得有些复杂。按图 2-4(b)可以用一个称为斜率的量 $\dfrac{\Delta x}{\Delta t}$ 来表示直线的倾斜程度，物理上看，它正是匀速直线运动的速度 v，这样，可以得出位置坐标 x 与时间 t 一一对应的函数表达为

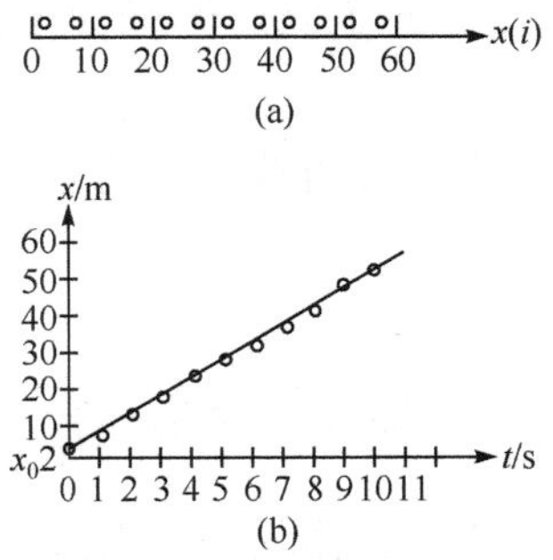

图 2-4　匀速直线运动

$$x=x_0+vt \tag{2-4}$$

这称为匀速直线运动的**运动函数**。它表述了运动的全过程，能精确地告诉你质点什么时刻在什么地方，也告诉你运动的特征：直线，速度(v)不变，加速度为 0，初位置为 $x_0=2\text{m}$，它包含了运动的全部信息。探月工程设计师之所以能够准确控制嫦娥二号卫星的运行轨道，是因为已经确定了卫星的运动函数。类似地，我们可以得到前面那个小汽车的运动函数是

$$x=2+5t$$

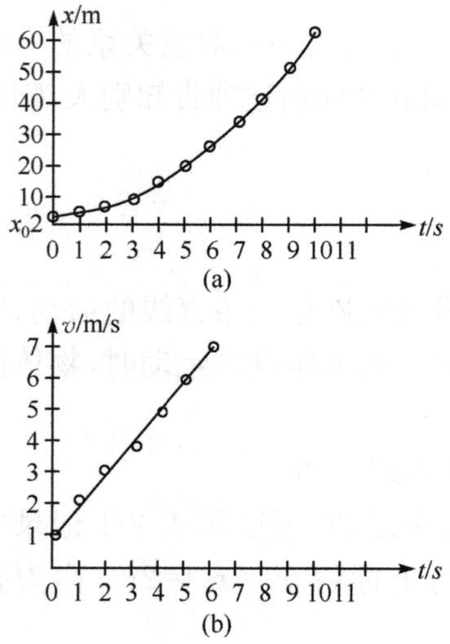

图 2-5 匀变速直线运动

后面又来了一辆汽车，如可以记录下它的 x-t 对应关系，画成图，就是图 2-5(a)，与匀速直线运动的 x-t 图不同，它不是线性关系了。将图中曲线切成许多小段，每一小段可近似看作直线(注意这种"以直代曲"的方法以后常用到)，这些小直线段的斜率 $\frac{\Delta x}{\Delta t}$ 各不相同，说明不同时刻速度不同。由图 2-5(a)可得速度 v 与时间 t 的关系，如图2-5(b)所示，这个 v-t 图是线性的，它的斜率 $\frac{\Delta v}{\Delta t}$ 是不变的。从物理上看这斜率就是加速度 a，它表明每秒内速度的增量为恒量，加速大小和方向都不随时间而改变的直线运动，称为**匀变速直线运动**。由图 2-5(b)，可得匀变速直线运动的速度时间的函数关系为

$$v=1+t$$

式中 1(m/s)是 $t=0$ 时的速度，称为初速度 v_0，第二项的系数 1(m/s^2)是加速度 a。

匀变速直线运动的速度函数一般表示为

$$v=v_0+at \tag{2-5}$$

匀变速直线运动的运动函数为

$$x=x_0+v_0t+\frac{1}{2}at^2 \tag{2-6}$$

图 2-5(a)的运动函数便是 $x=2+t+\frac{1}{2}t^2$。

在地面附近的自由落体运动、上抛、下抛运动，就是匀变速直线运动，这时加速度 $a=g=9.8(m/s^2)$，g 称为**重力加速度**。如果取物体下落的起点为坐标原点 O，取 y 轴向下的方向为正方向，则自由落体的运动函数和速度函数可分别表示为

$$y=\frac{1}{2}gt^2, v=gt$$

2. 曲线运动

除了直线运动，在现实生活中，我们接触更多的是另一类运动——曲线运动。曲线运动是普遍的运动情形，小到微观世界(如电子绕原子核旋转)，大到宏观世界(如天体运行)都存在的运动形式。生活中如投标枪、铁饼、跳高、跳远等均为曲线

运动。

物体运动的轨迹为曲线的运动称为曲线运动。较简单的曲线运动是平抛运动和圆周运动。

以一定的速度水平抛出一物体，在空气阻力可以忽略的情况下，物体所做的运动称为平抛运动，要描述平抛这种曲线运动应同时记录两个坐标值(x,y)。如图 2-6所示也可用位矢来表示，质点到哪里，位矢的箭端就跟到哪里，箭端在坐标轴上的投影(x,y)描述了两个直线运动，这说明曲线运动可以分解成直线运动的叠加，复杂问题可分解成简单问题的叠加来处理。平抛运动在水平 x 轴上没有加速度，在竖直方向 y 轴有向下的加速度 g，故平抛运动是水平方向的匀速直线运动和竖直方向的自由落体运动的叠加，而且两方向的运动具有等时性。平抛运动的运动函数可写成

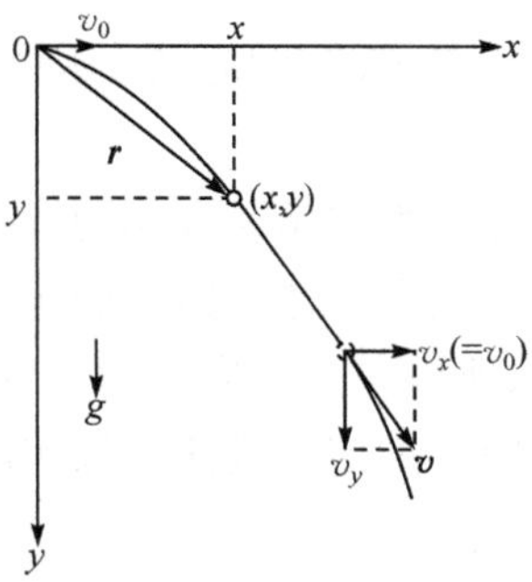

图 2-6 平抛运动

水平匀速直线运动 $x=v_0t$

竖直匀变速直线运动 $y=\dfrac{1}{2}gt^2$

由上面的运动函数，给定一个时刻，就可算出抛体的坐标(x,y)，用以确定其位置。自然亦知此时位矢 $\boldsymbol{r}$，对应的速度函数为

$$(x\ 向分速度)v_x=v_0$$
$$(y\ 向分速度)v_y=gt$$

速度v 的方向是轨道的切线方向，它的大小(速率)$v\neq v_x+v_y$，如图 2-6 所示，用勾股定理来计算速率 $v=\sqrt{v_x^2+v_y^2}$。

物体沿着圆周的运动是一种常见的运动。如机器上的飞轮转动时，轮上各点(转轴中心除外)都在作半径不同的圆周运动；电风扇工作时叶片上的点也在作圆周运动；汽车行进时，车轮一方面在作直线运动，另一方面也在作绕轴的圆周运动。

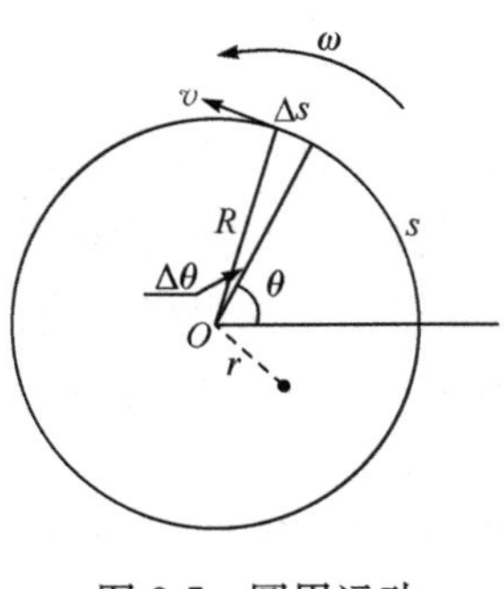

图 2-7 圆周运动

质点作圆周运动时，如果在任意相等的时间内通过的弧长相等，即在任意时刻质点的速率都相等，这种运动称为匀速率圆周运动，简称为**匀速圆周运动**。

图 2-7 表示一个绕 O 点转动的半径为 R 的圆盘，盘上半径 r 不同的质点在同样时间间隔 Δt 内转过的弧长 Δs 是不等的，所以半径不同的质点的速率是不同的，但转过的圆心角 $\Delta\theta$ 是相同的，所以$\dfrac{\Delta\theta}{\Delta t}$是相同的，我们将这个比在 Δt 趋于零的极限值称为角速度 ω。它

的大小表示每秒转过的角度，单位是弧度每秒，以 rad/s 表示。不过日常生活中常说的转速 n 指每分钟转多少圈(r/min)，它与角速度 ω 的换算关系是

$$\omega(\text{rad/s})=\frac{2\pi n}{60}(\text{r/min})$$

由圆弧 Δs 与圆心角 $\Delta\theta$ 的关系 $\Delta s=r\Delta\theta$，可得速率与角速度的关系为

$$v=\omega r$$

转盘上每点角速度相同，质点到圆心的距离越大速率越大。

质点在作匀速圆周运动时，虽然速度的大小不变，但速度的方向时刻都在变化，所以匀速圆周运动是变速运动，也有加速度，这种由方向变化引起的加速度称为向心加速度或法向加速度，其大小为

$$a=\frac{v^2}{r}=\omega^2 r$$

附带提一个问题，看你能不能举一反三。如果质点的角度 ω 也是随时间变化，为描写质点的非匀速率圆周运动，你打算再引入一个怎样的物理量？

前面讨论了描述运动所需的基本概念和描述的方法，并试着对一些简单的运动进行了描述，运动虽然多种多样复杂得很，但我们不怕，因为复杂的运动总可以看作是几种简单运动形式的组合。比如，行进中的车轮，可以分解成为相对于地面的直线运动与圆周运动来分别进行分析处理。这就是一种物理思维和行为方式。到此，我们还没有触及到运动和运动变化的原因，为什么运动？为什么有的物体作直线运动，有些物体却作曲线运动？为什么有的物体作匀速运动，有的物体却作变速运动？牛顿会告诉我们。

2.2 牛顿运动定律

2.2.1 牛顿第一定律

牛顿运动定律是质点动力学的基础，也是整个经典力学的基础。

1. *去伪求真，牛顿第一定律出世*

长期以来，在研究物体运动原因的过程中，人们的经验是：要使一个物体运动，必须推它或者拉它。因此，人们直觉地认为，物体的运动是与推和拉等行为相联系的，如果不推和拉，原来的运动便停下来。根据这类经验，亚里士多德得出结论：必须有力作用在物体上，物体才能运动；没有力的作用，物体就要静止。随着科学的发展，直到 17 世纪，伽利略进行了斜面的实验并通过分析认识到：从斜面一定高度滑到水平面的物体，在水平面受到的阻力越小，它的运动速度减小得就越慢，它在水平面运动的时间就越长。他还通过进一步推理得出，在理想情况下，如果水平表

面绝对光滑，物体受到的阻力为零，它的速度将不会减慢，这时物体将以恒定不变的速度永远运动下去。伽利略在斜面实验的基础揭示了亚里士多德的错误，并对物体运动的原因做出了正确的判断："维持物体的运动并不需要外力作用，而改变物体的运动状态才需要外力。"

与伽利略同时代的法国科学家笛卡儿(R. Descartes，1596～1650)补充和完善了伽利略的观点，明确指出：除非物体受到外力的作用，物体将永远保持其静止或运动状态，永远不会使自己沿曲线运动，而一直保持在直线上运动。他还认为，这应该成为一个原理，它是人类整个自然观的基础。伽利略和笛卡儿的正确结论由牛顿总结成一条基本定律：**一切物体总保持静止状态或匀速直线运动状态，直到其他物体所施的力迫使它改变为止**。这就是**牛顿第一定律**。牛顿第一定律表明，物体具有保持静止状态或匀速直线运动状态的性质，我们把物质的这个属性叫做**惯性**。惯性，是任何物体在任何情况下都具有的固有属性，因此，牛顿第一定律又叫做**惯性定律**。

惯性的发现，让人们注意到惯性支配下的物体运动和物体在力作用下的运动是不一样的。前者是保持状态不变，而后者却能改变物体的运动状态。因此我们说，力是引起物体运动状态改变的原因。早在我国春秋末期，《墨经》中说："力，形之所以奋也。""形"，指有形的物体，这句话指出力是使物体由静止而动(奋)的原因，对力的作用作了恰当的概括，其思想和牛顿不谋而合。

牛顿曾经说过："我是站在巨人的肩膀上才成功的。"牛顿概括了前人的研究结果，总结出了著名的牛顿第一定律。牛顿第一定律是通过分析事实、再进一步概括、推理得出的，是理想化抽象化的产物。虽然不可能用实验来直接验证这一定律，但是从定律得出的一切推论，都经受住了实践的检验。因此，牛顿第一定律已成为大家公认的力学基本定律之一。

牛顿第一定律说明了两个问题：第一，它明确了力和运动的关系。物体的运动并不需要力来维持，只有当物体的运动状态发生变化，即产生加速度时，才需要力的作用。第二，它提出了惯性的概念。物体之所以保持静止或匀速直线运动，是在不受力的条件下，由物体本身的属性来决定的，运动的原因是惯性。

2. 惯性大小的度量——质量

质量是物体的一种基本属性，与物体的形状、所处的空间位置无关。中学物理曾教你一个关于质量的概念：物体所含物质的多少叫做物体的质量，通常用字母 m 表示。在国际单位制中质量的单位是千克，即 kg。1779 年，人们用铂衣合金制成一个标准千克原器，存放在法国巴黎国际计量局中。在市场买菜时，你会要售货员称一下重量，实际上你把质量和重量混为一谈了。质量和重量是有区别的。

惯性是物体保持原有运动状态的属性，社会学上、人文学上对这种属性却用了另一个词，称为保守性或惰性。对那些不追求时尚，对那些保持原状不锐意改革、想维持原有秩序的人扣上一顶“保守派”甚至“顽固派”的帽子。被指责一方可能会反唇相讥，你是“风派”！其实他们都是在说惯性问题，只是一个人说另一个人惯性大，另一个人说对方惯性小。具体情况不明，难评是非，原因是社会学上、人文学上从来对概念不进行定量，最多是加上些形容词。物理则不然，每个概念都是定量的，对惯性也要定量，物理用质量精准地度量了惯性的大小，于是说质量是物体惯性大小的度量。有一个大力士说他能推动一列静止的火车；有个冒失鬼开着小汽车非要强行通过火车将飞驰而过的叉道口。你可以想象他们的后果是什么，只能是蚍蜉撼树，螳臂挡车的下场。火车的质量太大了，它的惯性太大了，你要改变它的运动状态，由静到动，由动到静，由运动慢到运动快都是不易的，质量越大保持原有运动状态的内在能力越强。

3. 惯性与生活和工程

惯性是普遍存在的，在生活中在工程技术中，我们要防止它带来的危害也要巧妙利用它带来的益处。锤头松了，将其反过来，用锤柄杵地，连续几次，锤头就重新套紧；运动员扔链球的时候，突然松手，链球会飞出去；打篮球时，篮球被投进篮筐；公交车突然刹车，站在车内的乘客会向前倾……这些现象都可以用惯性来解释。高速路上要求保持一定的车距，弯道设置警示牌，开车人要系好安全带，建立各种交通法规，都是要防止惯性带来的惨剧，遵守交通规则吧！

在工程技术中，有时候人们希望器物灵敏，即要求惯性小一些，使之容易改变运动状态，这时应尽量减小物件的质量，如磁电式仪表的指针就是用铝纸卷成管状做成的，它既保有强度又轻巧灵敏，电子和光子以它们质量小即惯性小的优势，在近代电通信和光通信设备中大显身手，那机灵劲真令人叫绝。有时候，人们又希望惯性大一些，这时应尽量增加物件或设备的质量。如果要制造一部精密加工车床，当然不希望外界的振动干扰它，要求它尽量保持整体静止状态，这就要求有一个质量大的机座，这还不够，再打个地基，用几个地脚螺丝把它固于地球上，那质量或惯性不是更大了！要盖一个抗震的大楼，为什么要用钢筋水泥打一个宽厚的地基并加强结构的整体性？惯性能做出一些回答。人们还可根据惯性即质量大小来分离物质，如风选、水选法。总之，工程技术人员在惯性面前不可马虎从事，应取其益，避其害。

4. 造就有限时空中的惯性状态——力的平衡

从牛顿第一定律知，在不受外界作用时物体保持静止状态或匀速直线运动状态，而自然界处在相互作用之中，很难造就这种显示惯性状态的条件。但在局部环境下，物体在两个或几个力作用下，只要物体所受的合外力为零，就可在小时空范围显示惯性状态，保持静止或匀速直线运动状态，故合外力等于零的状态称为**力平衡状态**。从力来说是合外力为零，从运动学说，保持原有运动状态不变，即速度不变，叫做力学平衡，这里包括速度恒为零的静止状态，也包括速度不为零、但大小方向都不变的匀速直线运动状态。

2.2.2 牛顿第二定律

实验表明，以同样大小的力作用到不同的物体上时，一般说来它们运动状态的改变是不同的。例如用同样大小的力推动一辆空车和一辆载重车时，空车的运动状态要比载重车的运动状态容易改变，这说明惯性对状态的变化有抗拒的表现，但无能力改变物体的运动状态。只有外力是使物体运动状态发生变化，产生加速度的原因，那么外力与物体状态变化（加速度）之间，满足什么样的规律呢？

1. 支配机械运动的因果律——牛顿第二定律

著名的英国物理学家牛顿在伽利略等人的工作基础上，进行了深入的研究，他在 1687 年出版的《自然哲学的数学原理》一书中，对外力和物体的运动状态（速度）变化之间的规律做了如下阐述：**物体的加速度跟物体所受的合外力成正比，跟物体的质量成反比，加速度的方向跟合外力的方向相同。**这就是著名的牛顿第二定律。

牛顿第二定律是在第一定律的基础上，对物体运动的规律做了定量的陈述，引用了“力”和“质量”这两个重要的物理量，并确定了力、质量和加速度之间的关系，用公式来表示为

$$\boldsymbol{F}=m\boldsymbol{a} \tag{2-7}$$

式中 $\boldsymbol{F}$ 为物体所受到的合外力。所谓外力，是指我们所讨论的物体或系统以外的其他物体对该物体或该系统的作用力。

在国际单位制中，质量的单位为千克(kg)，加速度的单位为米/秒^2(m/s^2)，力的单位为牛顿(N)，且有

$$1N=1kg \cdot m/s^2$$

牛顿第二定律是牛顿运动定律的核心，对它必须有正确的理解。

因果性：力是产生加速度的原因。

矢量性：力和加速度都是矢量，物体加速度方向由物体所受合外力的方向决定。

瞬时性：（质量一定的）物体在 t 时刻的加速度仅与 t 时刻物体受的合外力有关，与物体之前之后受的力无关。牛顿第二定律是一个瞬时对应的规律，表明了力的瞬间效应。

相对性：存在着一种理想的参照坐标系，在这种参照坐标系中，当物体不受力

时将保持静止或匀速直线运动状态，这样的坐标系叫**惯性参考系**。相对惯性参考系静止或作匀速直线运动的物体仍可以看作是惯性参考系，相对惯性参考系有加速度的参考系叫**非惯性参考系**。地面是近似的惯性参考系，牛顿定律只在惯性参考系中才成立。

要用牛顿第二定律解问题，关键是找到式(2-7)左边物体所受合外力 $\boldsymbol{F}$，填入式中，方程便算建成了。这样看来，分析物体受力太重要了，力学中常遇到哪些力呢？

2. 力学中常见的力

(1) 摩擦力

许多摩擦现象发生在我们的周围，人能走路多亏了摩擦力，机器能开动和运转也少不了摩擦力，我们拿起一个茶杯，靠的就是手和杯子之间的摩擦力。

一个物体在另一个物体表面上相对滑动而受到的阻力是摩擦力。这个摩擦力称为**滑动摩擦力**，滑动摩擦力的大小与接触面的粗糙程度和接触面上受到的压力有关，接触面越粗糙摩擦力越大，压力越大摩擦力越大。滑动摩擦力 f 的大小可以表示为

$$f=\mu N \tag{2-8}$$

式中 μ 为滑动摩擦系数，N 为两物体之间的正压力，正压力垂直于接触面。滑动摩擦力的方向总是与相对运动的方向相反。

两个物体相对静止但有滑动趋势时，也会产生摩擦力，这种摩擦力称为**静摩擦力**。静摩擦力的方向总是与相对滑动趋势的方向相反。静摩擦力不能按式(2-8)来计算。

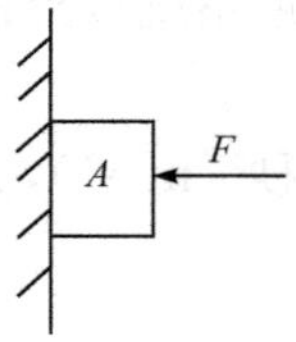

图 2-8　静摩擦力

如图 2-8 所示，力 $\boldsymbol{F}$ 作用在物体 A 上，物体 A 静止在墙壁上，这时 A 有向下运动的趋势但未运动，物体 A 受到墙面向上的静摩擦力，方向与物体 A 向下运动的趋势相反。

对于生活和生产，摩擦力是不可缺少的，否则你无法在路上行走，汽车和机器无法开动；当然，它也有不利的一面，比如要耗费能量。

(2) 弹力

弹力也是一种常见的力，在跳水比赛中，运动员都要站在一个跳板上，跳板会给运动员弹力，在撑杆跳比赛中，撑杆会发生弯曲，给运动员一个弹力，才使运动员跳过一定的高度。

所谓弹力就是，发生形变的物体，由于要恢复原状，对跟它接触的物体产生的作用力。显然受力物体之所以受到了弹力，是由于与之相接触的施力物体发生了形变。下面以弹簧为例，说一下弹簧的弹力。

如图 2-9 所示，弹簧受到物体的拉伸或压缩时，弹簧会发生形变，对与弹簧接触的物体产生弹力，弹力的大小与形变有关，形变越大，弹力越大，在弹性限度内，弹簧的弹力与形变的大小关系为

$$F=kx \tag{2-9}$$

式中 k 为弹簧的劲度系数，它由弹簧本身的性质决定，单位为 N/m，x 为弹簧的伸长（或压缩）量。式(2-9)表示的这个规律是由英国的科学家胡克发现的，称为**胡克定律**。

拉力、压力、扭力，一切由形变所致的力都可以与弹簧产生的弹力类比。图 2-10表明了吊灯绳拉力与弹簧弹力的类比。灯绳上挂灯和灯罩（重物），灯绳会有微小的伸长。相当于一个硬弹簧，只是弹簧的劲度系数太大，形变太小不便被觉察罢了。

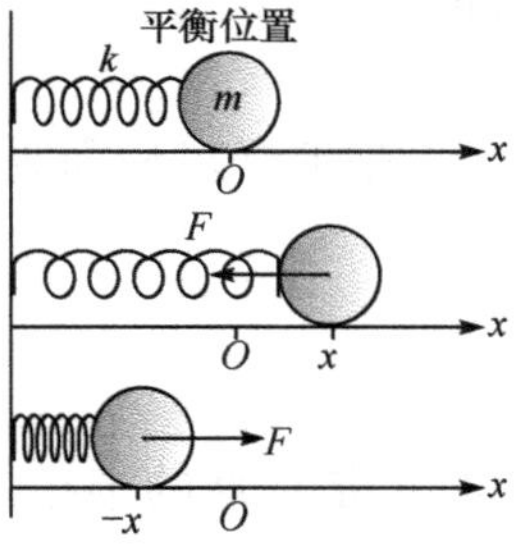

图 2-9　弹簧的弹力

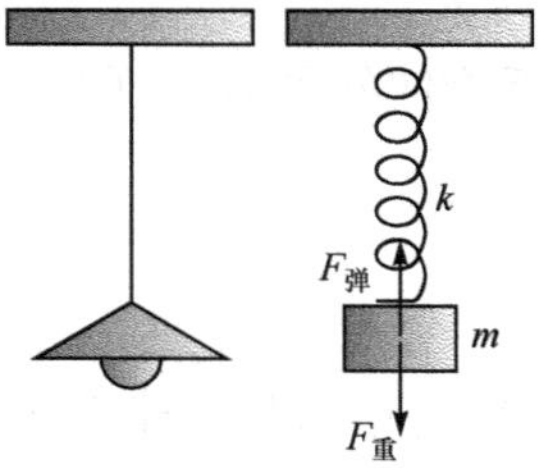

图 2-10　拉力是弹力

如图 2-11 所示，人站在地面上，人所受支持力 $F_{托}$ 是怎么产生的呢？我们可以想象人脚下的地面为一个弹簧，人站在上面，这弹簧压缩产生的弹力作用于人，这就是人们常称其为支持力的本质所在。作用是相互的，可以把人视为弹簧，在相互挤压中，视为弹簧的人也发生了微小的压缩形变，产生的弹力作用在地上，这力人们常称为压力。按牛顿第三定律，人受的支持力和地面受的压力相等。这一对力相当于两个劲度不同的弹簧相互挤压产生的弹力。

(3) 万有引力与重力

为什么行星环绕太阳运行？在开普勒时代，一些人对这个问题的回答是，行星后面有天使在扑动他们的翅膀，推动行星绕轨道运动……这个答案离真实情况并不算太远。唯一不同的是，天使坐在不同的方向上，并且他们的翅膀是向里推的（费曼）。这个“天使”是引力，是行星受到了太阳的引力作用，才环绕太阳运动的。

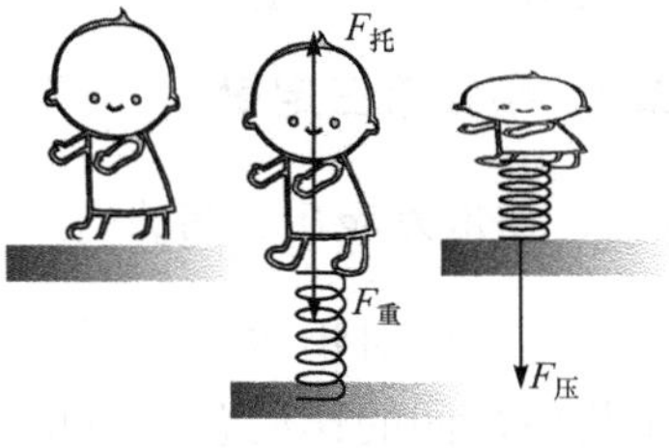

图 2-11　支持力、压力皆弹力

17 世纪中叶以前的漫长时间中，许多天文学家和物理学家（如第谷、哥白尼、

伽利略和开普勒等人），通过长期的观察研究，已为人类揭示了行星的运动规律。但是，长期以来人们对于支配行星按照一定规律运动的原因却缺乏了解，更没有人敢于把天体运动与地面上物体的运动联系起来加以研究。

伟大的物理学家牛顿在哥白尼、伽利略和开普勒等人研究成果的基础上，进一步将地面上的动力学规律推广到天体运动中，确立了万有引力定律。从而使人们认识了支配行星按一定规律运动的原因，为天体动力学的发展奠定了基础。

宇宙中的一切物体之间都存在着相互吸引力，这种力称为万有引力，两个物体间的引力大小跟它们的质量乘积成正比，跟它们的距离平方成反比，引力方向沿两个物体的连线方向，用公式表示为

$$F=G\frac{m_1m_2}{r^2} \tag{2-10}$$

式中 G 是引力常量，它是对任何物体都适用的万有引力常量，$G=6.67\times10^{-11}\mathrm{N\cdot m^2/kg^2}$。

地面附近物体的重力（又称重量）$P=mg$，实际上是地球对地面附近物体的万有引力，即

$$mg=G\frac{mM}{R^2}$$

式中 M,m 分别为地球与地球表面附近物体的质量，R 是地球的半径，因此由上式得出

$$g=G\frac{M}{R^2} \tag{2-11}$$

即地面的重力加速度，代入数值算得 $g=9.81\mathrm{m/s^2}$。由于地球不是标准的球形，不同地点 R 不同，所以 g 也有微小差异；且各地密度也不尽均匀，这造成了不同地点 g 有差异的另一个因素，给地质工作者进行重力探矿提供了依据。

重力好像是地球给每个物体拴的一根链条，使物体（包括空气分子）被束缚在它上面，阻止物体脱离它。如果你想脱离它或想离它远一些，你得借助火箭来抗衡地球的吸引力——重力。

2.2.3 牛顿第三定律

1. 作用力和反作用力

力是物体对物体的作用。只要谈到力，就一定存在着受力物体和施力物体。两个物体之间的作用总是相互的，一个物体对另一个物体施加了力，后一物体一定同时对前一物体施加力。物体间相互作用的这一对力，通常叫做作用力（action）和反作用力（reaction）。作用力和反作用力总是相互依存，同时存在的。我们可以把其中任何一个力叫做作用力，另一个力叫做反作用力。作用力和反作用力的大

小和方向之间有什么样的关系？

2. 牛顿第三定律的表述

牛顿在总结前人认识的基础上提出了牛顿第三定律，其内容是：**两个物体之间的作用力和反作用力，总是同时存在同一条直线上，大小相等，方向相反。**

说明：要改变一个物体的运动状态，必须有其他物体和它相互作用。物体之间的相互作用是通过力体现的，并且指出力的作用是相互的，有作用力必有反作用力。它们同时产生同时消失，性质相同。根据第三定律，一个物体的运动状态改变了，另一个物体的状态也必然要发生改变。

在生活和生产中牛顿第三定律的应用是很多的。划船时浆向后推水，水就向前推船，从而将船推向前进。汽车的发动机驱动车轮转动，由于轮胎和地面间的摩擦，车轮向后推地面，地面给车轮一个向前的反作用力，使汽车前进。若把驱动轮架空，不让它跟地面接触，这时车轮虽然转动，但车轮不推地面，地面就不产生向前推车的力，汽车就不会前进。陷在泥泞中的汽车，尽管车轮飞转，车也不能前进，就是这个道理。为了避免这类问题，多数越野车是四轮驱动，只要前轮或后轮没有同时陷入泥泞中，就能够把车开走。

例题 2-1 如图 2-12(a)所示，一箱苹果，总质量 $m=2\text{kg}$，静止放在水平地面上，箱子与水平面的滑动摩擦因数 $\mu=0.25$。现对苹果箱施加大小 $F=10\text{N}$ 与水平方向夹角 $\theta=37°$ 的斜向上的拉力，使水果箱向右做匀加速直线运动。已知 $\sin37°=0.6$，$\cos37°=0.8$ 取 $g=10\text{m/s}^2$，求水果箱第 5s 末的速度及 5s 内的位移各为多少。

解 设向右为正方向，以苹果箱（物体）为研究对象，对物体进行受力分析，如图 2-12(b)，受到向下的重力 $m\boldsymbol{g}$，向上的支持力 $\boldsymbol{N}$，左上方的拉力 $\boldsymbol{F}$ 和向右的摩擦力 $\boldsymbol{f}$，力和方程分别沿水平，竖直方向分解，据 $\boldsymbol{F}=m\boldsymbol{a}$ 有

$$F\cos\theta-f=ma\text{（}x\text{ 轴水平向）}$$

$$N+F\sin\theta-mg=0\text{（}y\text{ 轴竖直向）}$$

据滑动摩擦力公式(2-8)有

$$f=\mu N$$

代入数据可得到

$$a=2.25\text{m/s}^2$$

由运动学公式，第 5s 末的速度

$$v_t=v_0+at=2.25\times5\text{m/s}=11.25\text{m/s}$$

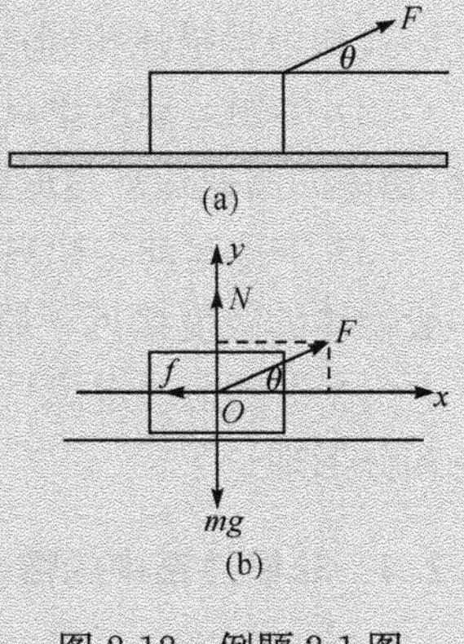

图 2-12 例题 2-1 图

由运动学公式,5s 内的位移

$$x-x_0=\Delta x=v_0t+\frac{1}{2}at^2=\frac{1}{2}\times 2.25\times 5^2\mathrm{m}=28.125\mathrm{m}$$

总之,根据牛顿第二定律,由物体受力情况确定运动情况,在实际中有重要的应用。火箭、卫星、飞船等各种物体在任意时刻的速度和位置,都是根据物体的受力情况来确定的。解决问题的思路和前面讲的一样,只是计算很复杂,要用电子计算机才行。

3. 牛顿运动定律的适用范围

物理学的发展表明:牛顿三定律仍是一个相对真理,有一定的适用范围。

(1) 牛顿定律只适用于惯性参考系。对惯性参考系有加速度的参考系是非惯性系,牛顿定律对非惯性系不适用。在非惯性系中你会看到物体受的合力为零,却有加速度,你会感到物体似乎受了力,却找不到施力体。但对于力学定律,所有惯性系是等价的无差异的,在不同惯性系中,力学定律的形式相同,对物体运动的描述相同。设想你在一个静止的密封的船舱(一个惯性系)里观察和研究力学现象,又在一个匀速直线运动的密封的船舱(也是一个惯性系)里观察和研究力学现象,把你对同样力学实验(如平抛、自由落体)的数学描述和文字记载拿回岸上作比较,你定然看不出差别。在匀速直线运动的密封的船舱里,你并没有看到苍绳都挤到船尾去了,和在静止船舱中一样自由飞舞;热水器龙头的水一样竖直地落在杯中,并未向船尾漂移;悬在天花板上的灯泡照样悬着;向船头跳远与向船尾跳远的成绩是一样的。还有一个伤脑筋的事是你无法判断船是静止的还是匀速直线运动的。在惯性参考系内部你找不出测量本惯性系速度的办法!所有惯性参考系中力学定律形式和力学描述相同这事实称为**伽利略相对性原理**。

(2) 牛顿运动定律只适用于物体的低速运动,低速指物体运动速度远小于光速,物体的高速运动遵循狭义相对论。

(3) 牛顿运动定律只适用于宏观物体的运动,微观运动遵循量子力学的规律。一般物体的线度接近于原子线度就属于微观。

(4) 牛顿运动定律只适用于线性系统,对于非线性系统可能就要卷入混沌理论和分形理论了。

2.2.4 非惯性系中的惯性力

相对惯性系静止或作匀速直线运动的参考系仍是惯性系,一切惯性系内的力学规律和运动描述等价。相对惯性系作加速运动的参考系称为非惯性系,牛顿定律对非惯性系不成立,非惯性系与惯性系对运动的描述不等价,且在非惯性系中的观察者还会感知一种与非惯性系对惯性系的加速度有关的力称为**惯性力**。

1. 非惯性系中的惯性力

坐汽车、电梯或游乐园的过山车时，你有机会感受到这种力。当汽车在相对地面作匀速直线运动时，地面和汽车都是惯性系。当汽车司机急刹车时，汽车有了向后的加速度，这时汽车成了非惯性系，坐在汽车上的乘客感到受有一个向前的惯性力。地面上惯性系中的观察者，并不认为有个惯性力，他认为乘客往前冲是由于惯性，乘客与汽车联系欠紧密，乘客没有跟上汽车的加速度，仍保持原有运动状态所致的后果。

在非惯性系中的观察者感知惯性力的大小与非惯性系对惯性系的加速度 $\boldsymbol{a}_{非惯对惯}$ 成正比，比例系数是受力物体的质量 m，惯性力的方向与 $a_{非惯对惯}$ 方向相反。写成数学表达式是

$$\boldsymbol{F}_{惯}=-m\boldsymbol{a}_{非惯对惯} \tag{2-12}$$

与前面介绍的相互作用力不同，惯性力没有反作用力，也无法说出它的施力体是谁。

2. 非惯性系中的超重与失重

现在让我们分析坐在以加速度 $a=a_{非惯对惯}$ 上升（或下降）的电梯中乘客的受力。如图 2-13 是几种上升下降情况下，电梯中质量为 m 的乘客用磅秤测知的体重（视重）的结果，图 2-13(b)是电梯加速度 $a=0$，惯性力为零，即电梯静上或匀速直线上升或下降时的情况，此时磅秤指示的视重等于乘客的实际重量 mg；图 2-13(a)是电梯以加速度 a 上升的情况，此时乘客受到一个向下的惯性力，大小是 ma，对电梯（非惯性系）中的乘客，他认定自己静止，所受合力为零，按他分析的受力图可知，磅秤对他的支持力 $N=mg+ma$，大小与磅秤指示的视重相等，乘客认定自己**超重**，飞船中宇航员随火箭加速上升就要经受这种超重的考验。图 2-13(c)是电梯以加速度 a 下降的情况与上类似，分析可知，磅秤对他的支持力 $N=mg-ma$，大小与磅秤指示的视重相等，此时视重小于乘客的真实重量 mg，认定自己失去部分重量。如图 2-13(d)所示，电梯如果以重力加速度 g 下降，磅秤指示为零，乘客完全**失重**，他有飘浮的感觉了。飞船中宇航员重返地球就要经受这失重的考验。

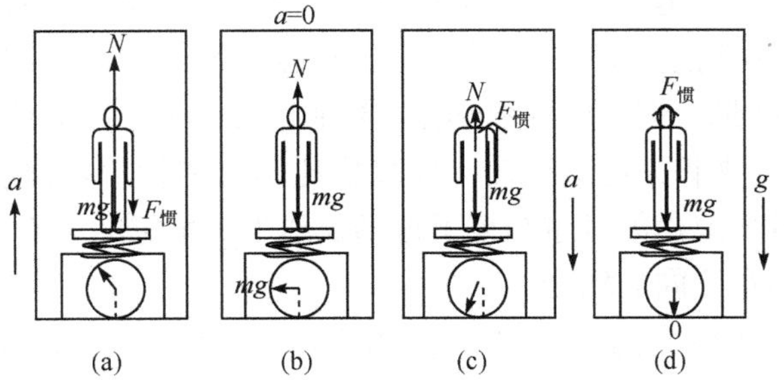

图 2-13 超重与失重

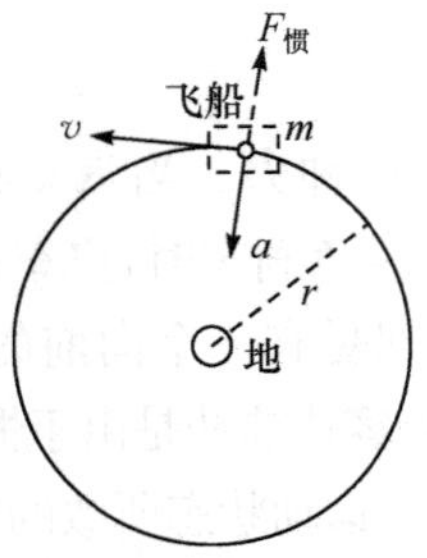

图 2-14　转动非惯性系中的惯性力

飞船绕地球飞行也是处于失重状态，这是为什么呢？如图 2-14 所示，对地上的惯性系来说，飞船受地球引力（产生加速度的向心力），纵使速率不变，但速度方向在变，它也有指向地心的加速度 a。故飞船是一个旋转的非惯性系，飞船中的宇航员感到有一个远离地心的惯性力——离心力作用着。图中画出了宇航员的受力图，图中离心力和向心力大小相等，合力为零，是一个完全的失重状态，所以你会看到太空中飞行的杨利伟的笔、记录本、相机、食品等都会飘浮起来。

2.3　牛顿第二定律另样表达

2.3.1　动量与冲量

运动物体与另一个物体发生作用时，作用的效果是与速度有关，还是与运动物体的质量有关，或是与质量和速度都有关？

我们在看足球比赛时，经常看到运动员用头去顶球，改变了足球的运动状态，把球顶进了对方的球门，试想如果把足球改成铅球，以同样的速度运动，是否还能用头去顶，从直觉上我们认为肯定不能。对质量比足球小，但速度比足球大得多的子弹，同样不能用头去顶。这告诉我们运动物体与另一个物体发生作用时，作用的效果应与运动物体质量和速度都有关。我们用二者的乘积表征运动物体运动量的大小和方向，称为**动量**，用符号 $\boldsymbol{p}$ 表示，即

$$\boldsymbol{p}=m\boldsymbol{v}$$

在国际单位制中，动量的单位为千克·米/秒(kg·m/s)，动量是矢量，动量的方向由速度方向确定。这样便可简单地说，运动物体与另一个物体发生作用时，作用效果与动量有关。

17～18 世纪，关于运动的度量问题，在笛卡儿学派和莱布尼茨学派之间发生了一场旷日持久的争论。牛顿支持笛卡儿的观点，认为物体的质量和速度的乘积可以作为运动的度量。而德国的数学家、物理学家莱布尼茨却认为应该用物体的质量与速度平方的乘积来度量运动。许多物理学家和哲学家都参与了这场争论。最后，由法国的科学家达朗贝尔结束了这场长达半个世纪的争论，认定这两种度量是等效的，只是用在不同的场合。

头顶足球时，足球受到头给的力 $\boldsymbol{F}$，力作用时间很短，但总有一段时间 Δt，我们把力和力作用时间的乘积 $\boldsymbol{F}\Delta t$ 称为力的**冲量**，用符号 I 表示

$$\boldsymbol{I}=\boldsymbol{F}\Delta t$$

冲量也是矢量，既有大小，又有方向。冲量的国际单位是牛·秒(N·s)。

物体受力，产生加速度，合外力和加速度关系可表达成式(2-7)所示的牛顿第二定律。要求解这个问题，关键是要定下式(2-7)中的力，在碰撞问题中这难以做到。利用动量冲量的概念来思考足球和头的相互作用效果是否更好一点？这时我们不说物体受力，而说物体受到了冲量，不说加速度如何，而说物体动量变化怎样，下面看我们如何将牛顿第二定律装扮成另一个模样。

2.3.2 动量定理

鸡蛋是常见的营养食品，如果生鸡蛋落在水泥地板上，你就别想吃它了；如果地板上有一堆棉花，鸡蛋的命运会好多了，这是为什么呢？

如图 2-15，质量为 m 的物体在水平合力 $\boldsymbol{F}$ 的作用下，由牛顿第二定律得

$$\boldsymbol{F}=m\boldsymbol{a}$$

根据加速度定义式 $\boldsymbol{a}=\dfrac{\Delta \boldsymbol{v}}{\Delta t}=\dfrac{\boldsymbol{v}_2-\boldsymbol{v}_1}{\Delta t}$。因此可以得出

$$\boldsymbol{F}\Delta t=m\boldsymbol{v}_2-m\boldsymbol{v}_1 \tag{2-12a}$$

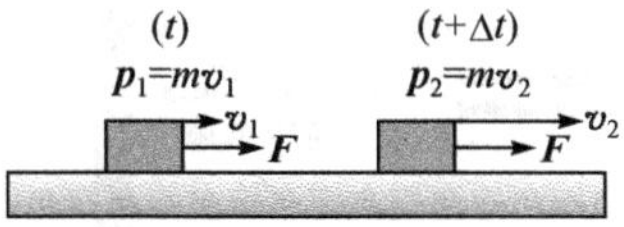

图 2-15 动量定理

或

$$\boldsymbol{F}\Delta t=\boldsymbol{p}_2-\boldsymbol{p}_1=\Delta \boldsymbol{p} \tag{2-12b}$$

上式就是**动量定理**的表达式，可见它是牛顿第二定律的变形，它表明：**合外力的冲量等于物体动量的增量**。定理是在假设恒力的情况下导出的，但它同样适用于变力。根据动量定理，在变力的情况下，你大可不必按冲量的定义来确定冲量，只要将初末动量确定下来，作一个矢量减法就得出来了，因为冲量等于动量的增量。

作用在物体上的合外力在某一段时间内的冲量，只与该段时间始末时刻动量的增量有关，而与该段时间内动量变化过程的细节无关。因此，动量定理在解决打击、碰撞、爆炸等问题时特别有用。

再来分析那两个鸡蛋的不同命运，鸡蛋从某一高度下落，分别与地板和棉花接触前的速度是相同的，也即初动量相同，碰撞后速度均变为零，即末动量均为零，因而在相互作用过程中鸡蛋的动量变化量相同，冲量相同。但两种情况下的鸡蛋动量变化时间，既相互作用时间不同，鸡蛋与地板相碰时作用时间短，与棉花相碰时作用时间较长，由 $\boldsymbol{F}\Delta t=\Delta \boldsymbol{p}$ 知，鸡蛋与地板相碰时作用力大，会被打破；与棉花相碰时作用力较小，因而不会被打破。

生活中有很多这样的例子，在体育比赛中，拳击运动员要带拳击手套；跳高、吊环运动员落地时要落在软垫上；跳远运动员要落在沙子上；飞行员逃命时，飞船着地时，要用降落伞……都是力图增加冲击时间以减小对人身的冲力，这就是缓冲的

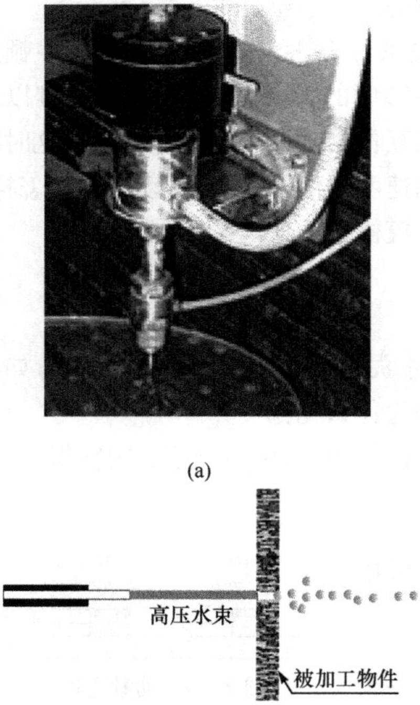

(a) (b)

图 2-16 “水刀”

技巧。有时我们希望加大冲力，那就要缩短动量变化用的时间，如利用冲床使物件成形。水力采煤等用的水枪是依动量定理来产生冲力的。加大水压可使水枪变成“水刀”，图 2-16 是以柔克刚的水刀的图示“水滴石穿”说明水滴虽柔弱，但坚持不懈地滴石，久而久之，终可将石头滴穿。为了在短的时间内能用水把石头凿穿，人们想了一个办法，让水柱以 800～1000m/s 的速度打到被加工的物件上。这高速的细水柱就是所谓的“水刀”。怎么使水具有如此高的速度呢？可行的办法就是给水加压，使水的压强达到 200～400MPa，然后，使之从 0.2～0.8mm 的小孔射出，就可以切割金属、陶瓷、塑料、布和纸等。为了使效果更佳，水中还混入细细的金刚砂粉。图 2-16(a)是工业用“水刀”的外貌，图 2-16(b)是用“水刀”加工的示意图。学了动量定理，我们就可以分析头可以顶足球，但是不能够顶子弹的原因了。

例 2-2 一辆小汽车正以 108km/h 的速度飞驰在高速公路上，突然在它前面行驶的一辆大货车停住了。于是质量 70kg 的小汽车司机急刹车，要在 2s 内把人车一起停住，问系在司机身上的安全带给了司机多大的力？如果刹车时两车距离保持在小于 30m 上，问车祸是否发生？

解 以小汽车司机为研究对象，他的质量 $m=70\text{kg}$，初速度 $v_1=108\text{km/h}=30\text{m/s}$，初动量 $p_1=mv_1=70\times30=2100\text{N}\cdot\text{s}$，末动量 $p_2=0$。按动量定理

$$F\Delta t=\Delta p=p_2-p_1=-2100\text{N}\cdot\text{s}$$

司机受安全带向后的力为

$$F=\frac{\Delta p}{\Delta t}=\frac{-2100\text{N}\cdot\text{s}}{2\text{s}}=-1050\text{N}$$

这个力比人与座位间摩擦力大得多，没有安全带，司机一定被撞得头破血流。再来计算车的加速度，以车人为研究对象，按匀减速处理

$$a=\frac{v_2-v_1}{\Delta t}=\frac{0-30}{2}=-15\text{m/s}^2$$

在 2s 内车前进的距离为

$$x=v_1t+\frac{1}{2}at^2=30\times2-\frac{1}{2}15\times2^2=30\text{m}$$

正好撞上前面的货车，车祸还是发生了。这道题说明了为什么要系好安全带，要保持车距，不是交通规则管着我们，是牛顿定律管着我们的行为呢！它的惩罚是无情和严厉的！

两个物体相互作用，有作用必有反作用，一个物体的运动状态发生变化，或说一个物体动量发生变化了，按牛顿第三定律，另一个物体的运动状态或动量也要发生变化，变中有不变，在一定条件下，二者的总动量是不变的。

2.3.3 动量守恒定律

前面学习了动量定理，下面来研究两个发生相互作用的物体所组成的物体系统，在不受外力的情况下，二者发生碰撞前后各自的动量发生什么变化，整个物体系统的动量又将如何？

碰撞现象是物体间相互作用最直接的一种形式，在力学理论形成过程中，碰撞问题为力学的基本定律提供了有力的依据。最早建立碰撞理论的是笛卡儿，在他的《哲学原理》一书中总结了七条碰撞的规律，他最先提出了动量具有守恒性的思想，为后来的科学家继续探索打下了很好的基础。

荷兰的物理学家惠更斯对笛卡儿的碰撞理论产生了兴趣，于 1668 年发表了一篇《关于碰撞对物体运动的影响》的论文，总结了他对碰撞问题的实验和理论研究，并第一次描述了动量守恒的关系。

如图 2-17 所示，两位小朋友穿着轮滑鞋静止在冰面上，其中一个小朋友推了一下对方，则两人都会向相反的方向滑去，“上帝”为什么这样管着他们？

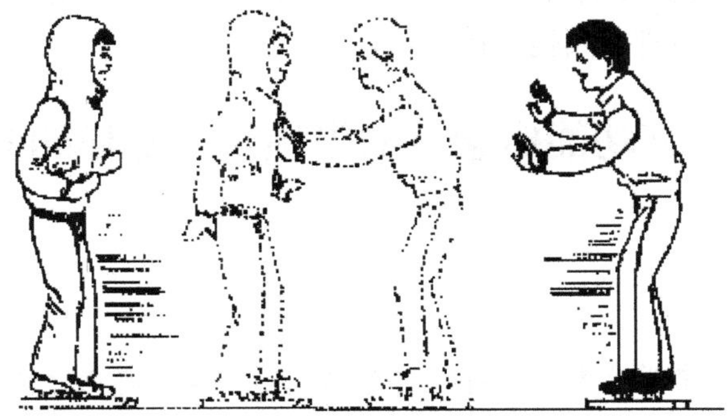

图 2-17　我们在嬉戏，但“上帝”管着我们呢

经过几代科学家的努力得出了动量守恒定律的内容：一个系统不受外力或所受外力之和为零，这个系统的总动量保持不变，这个结论叫做**动量守恒定律**。动量守恒的条件为系统所受的合外力为零，用公式表示为 $\boldsymbol{F}_{合外}=0$，系统总动量守恒即系统总动量保持不变，亦即

$$\textbf{发生内部相互作用前系统总动量 } \boldsymbol{p}_1=\textbf{内部相互作用后系统总动量 } \boldsymbol{p}_2 \tag{2-13}$$

动量守恒定律是自然界中最重要最普遍的定律之一，它既适用于宏观物体，也适用于微观粒子；既适用于低速运动物体，也适用于高速运动物体，它是一个实验规律。

我们把图 2-17 中那两个质量分别为 m_1、m_2 的小孩抽象为两个小球构成的系统，图 2-18 分别表明了(a)碰前的状态、(b)碰中的相互作用力和(c)碰后的状态。在此过程中，在竖直方向，系统的重力和支持力平衡，水平方向无摩擦力，只有碰中有相互作用力，对系统来说这是内力，不是外力，所以系统所受合外力为 0，碰前代表小孩的每个球都静止，系统总动量 $\boldsymbol{p}_1=0$，碰后 m_1 的速度为 $\boldsymbol{v}_1$，m_2 的速度为 $\boldsymbol{v}_2$，对 m_1 写动量定理为

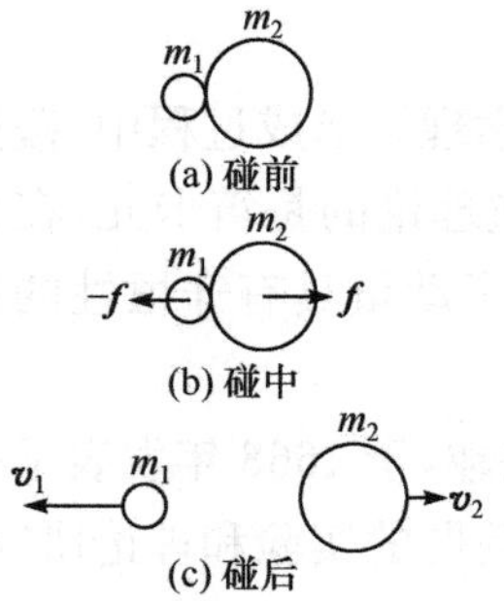

图 2-18　动量守恒

$$-\boldsymbol{f}\Delta t=m_1\boldsymbol{v}_1-0$$

对 m_2 写动量定理为

$$\boldsymbol{f}\Delta t=m_2\boldsymbol{v}_2-0$$

二式相加，得

$$m_1\boldsymbol{v}_1+m_2\boldsymbol{v}_2=0$$

上式左边正好是碰后系统的动量 $\boldsymbol{p}_2=m_1\boldsymbol{v}_1+m_2\boldsymbol{v}_2$，右边正好等于碰前系统的总动量 $\boldsymbol{p}_1=0$。

碰前碰后系统的动量相等，即系统动量确实是守恒的，为了使系统碰后动量仍为零，所以两个小孩应保持动量大小相等方向相反，图 2-17 中那两个小孩必须向相反方向远离，不是上帝在控制，而是自然界的基本规律——动量守恒定律在管着他们，不只管着他们，也管着其他物体的运动。

2.4　在功能概念下的牛顿第二定律的变形

2.4.1　功和功率

1. 功

我们在生活中常常会看到这样一些现象：人们提着货物上楼、推土机推土、马拉车前进、挖土机挖土后高高举起等，这些现象都有一个共同点，物体在力的作用

下产生了位移，且在位移方向有力的投影或分量，我们就说力对物体做了功。功是物理学中的重要概念，与日常生活中所说的"工作"或"做工"既有区别又有联系，它包含有一定的"功效"的意义。物理学中的功包含两个必要因素：一是作用在物体上的力，二是物体有位移且在位移方向上有力的投影或分量。这两个因素缺一不可，缺少其中任何一个因素，物理学中就说没有做功。

如图 2-19 所示，物体在恒力 $\boldsymbol{F}$ 作用下沿水平方向有位移 $\Delta\boldsymbol{r}$，力与位移的夹角为 θ，因此力在位移方向的投影或分量为 $F\cos\theta$，则力 $\boldsymbol{F}$ 所做的功为

$$W=F\cdot\Delta r\cos\theta \tag{2-14}$$

功是标量，在国际单位制中，功的单位为焦耳(J)，1J＝1N · m。

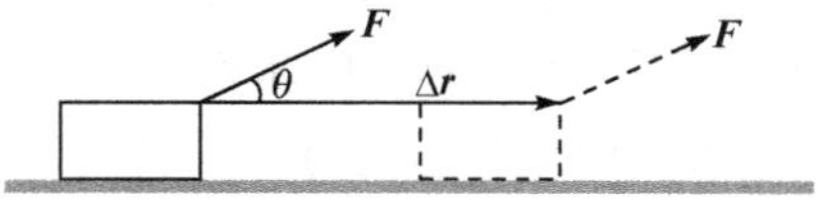

图 2-19　功：位移和力在位移方向投影的乘积

2. 功率

比较用挖掘机挖土和一个工人单独挖土哪一种方法做功更快？见图 2-20。

图 2-20　比比看，谁干得快

力对物体做功的实际问题中，不但存在着做功多少的问题，还有做功快慢的区别，做功快慢的比较有两种方式：一种是比较完成相同的功所用的时间；另一种是比较在相同的时间内完成的功。在物理学中，一个力所做的功 W 跟完成这些功所用时间 t 的比值叫做**功率**。用 P 表示，即

$$P=\frac{W}{t}$$

上式只能描述物体做功的平均快慢程度，称为平均功率。国际单位制中，功率的单位是瓦特(W)，即焦耳/秒(J/s)。

姑且不论做功快慢，到底谁能做功？物理上把能做功的本领称为能量。具有能量的物体或物质就能做功，是一种潜在的做功能力的评价。物理学家一直到 19 世纪中叶才真正理解能量这个概念。在此之前能量常常与力、动量等概念相混。有一段时间里，物理学家使用过一个称为“活力”的、与能量非常相似的概念，其意思是一种使物体活泼起来（动起来、热起来）的力。能量的形式有多种，有多少运动形式就有多少种能量形式，包括机械能、热能、电能等。这里我们先说机械能。

2.4.2　动能与势能

风能推动风车做功发电，流水能推动水轮机做功发电，汽车内燃机上的飞轮能做功，它们有做功的本领，因而具有能量。物体由于运动而具有的能量称为**动能** E_k。动能是标量，其大小与物体质量和速度有关，具体说来为

$$E_k=\frac{1}{2}mv^2$$

高楼上的物件掉下来能砸死人打伤人，蓄积在水库中的水能做功发电，拉紧的弓可以把箭射出去，压缩或拉伸的弹簧可以做功。这种由于物体位置（高度）和形变所具有的能量称为**势能**，势能的具体公式见 2.4.4 节。物体之间如果存在吸引或排斥的相互作用时，便会存在势能。物体的动能和势能的总和称为**机械能**。

2.4.3　动能定理

利用式(2-14)来计算功，力必须是恒力，路径要求是直的。如果力是变的，路径是弯的，为了在这种情况下算出功，应将路径切成许多微小的小段。对每一小段，力近似看作不变，小段曲线近似为直线，可以利用式(2-14)来算这一小段的功，然后将各小段功叠加，便得总功。这样做你会感到很麻烦吧！

下面我们将牛顿第二定律变一变，可以找到计算物体所受合外力功的简单办法。参照图 2-21，质量 m 的物体，在恒力 $\boldsymbol{F}$ 作用下，由初速度 $\boldsymbol{v}_1$，以加速度 $\boldsymbol{a}$ 加速到速度 $\boldsymbol{v}_2$。在中学，我们学过，在此过程中，利用牛顿第二定律，有

$$W_{合}=\frac{1}{2}mv_2^2-\frac{1}{2}mv_1^2 \tag{2-15}$$

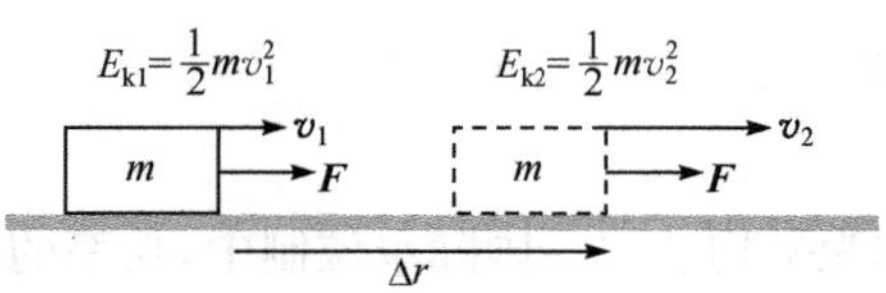

图 2-21　动能定理

这称为**动能定理**，即合外力所做的功等于物体动能增量。式(2-15)是按恒力匀变速直线运动得出，但合外力功仅决定于初末态的动能，与做功细节无关，因此不管是恒力还是变力，不管路径曲直都正确。

例 2-3 对速度 50km/h 的汽车，刹车后向前冲 8m，对 120km/h 的汽车刹车后向前冲多少？

解 按动能定理 $W_{合}=\Delta E_k$ 设制动力 F 为恒力，当汽车速度为 50km/h，前冲距离为 Δx，动能定理写为

$$-F\Delta x=0-\frac{1}{2}mv_1^2$$

当汽车速度为 120km/h，前冲距离为 $\Delta x'$，动能定理写为

$$-F\Delta x'=0-\frac{1}{2}mv_1'^2$$

从而得

$$\frac{\Delta x'}{\Delta x}=\left(\frac{v'_1}{v_1}\right)^2;\Delta x'=\left(\frac{v'_1}{v_1}\right)^2\cdot\Delta x=46\text{m}$$

高速公路规定车间距为 50m。这是有科学根据的。

2.4.4 保守力的功与势能

1. 重力的功与重力势能

现在我们按功的定义式(2-14)来计算重力功，功是力的功，要求哪个力的功，式(2-14)中的 F 就用哪个力代入。参照图 2-22，质量为 m 的物体，由高度 h_1 的 A 点下落到高度为 h_2 的 D 点，重力做的功

$$W=F\Delta r\cos\theta=mgh_1-mgh_2$$

另外，若沿 $ABCD$ 路径由 A 到 D，也可以证明与从 A 直接到 D 重力做的功一样，故重力做功与路径无关，仅与起点和终点的位置有关。具有这种性质的力称为**保守力**，除了重力，弹力、万有引力、静电力也有这种性质。重力势能与高度的关系可写为

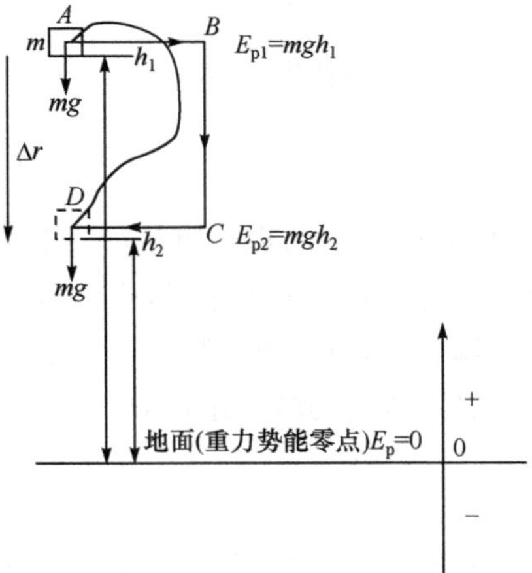

图 2-22 重力的功

$$E_p=mgh$$

做功与路径有关的力为**非保守力**，如摩擦力。保守力与非保守力只是一种分类，而不是说某种力象某类人那样是保守的。

知道了保守力所做功决定于初、末态的位置或状态，与做功细节无关，与途经路径无关。那么，图 2-22 中，物体由 A 到 D 重力做的功，由 A 和 D 两点处的重力

势能便能确定，不必按功的定义式(2-14)来求，这简单多了

$$W_{保}=E_{p1}-E_{p2} \tag{2-16}$$

E_{p_1}与E_{p_2}分别是初末态的势能。

2. 由弹性势能的变化计算弹力的功

弹力也是保守力，可仿照重力引入弹性势能，当劲度系数为k的弹簧形变(伸长或压缩量)为x时，弹簧弹性势能的表达式为

$$E_p=\frac{1}{2}kx^2 \tag{2-17}$$

值得提出的是x不是弹簧的长度，是指相对自由长度的伸长或压缩量，既无伸长又无压缩时的长度称为自由长度，此时$x=0$，是弹性势能的零点。

若弹簧形变由x_1变为x_2，仿照式(2-16)，弹力的功便可由弹性势能的减少算出为

$$W=\frac{1}{2}kx_1^2-\frac{1}{2}kx_2^2$$

*3. 由万有引力势能的变化计算万有引力的功

万有引力势能表达为

$$E_p=-G\frac{Mm}{r} \tag{2-18}$$

式中M、m表示两物体质量，r是两物体质心的距离。有意思的是引力势能为负，当两个物体处于无限远时，引力势能为0，零是引力势能的最大值。相互吸引的两物体越靠近，引力势能越小。两个物体靠近或远离时，不管路径如何，引力的功可以由引力势能的减少来计算

$$W=\left(-G\frac{Mm}{r_1}\right)-\left(-G\frac{Mm}{r_2}\right)$$

如果在运动中，系统中仅有保守力做功，或者外力的功和非保守力做功总和为零，会有什么情况出现?

2.4.5 机械能守恒定律

向天上扔一个石头，它向上运动的速度越来越慢，直到为0，然后下落，速度又越来越快。这是为什么呢，你能用上面学的知识来说明吗?

参照图2-22，物体由A到D重力做的功，为

$$W=mgh_1-mgh_2$$

设在 A 点速度为 v_1，在 D 点速度为 v_2，又认为空气无阻力且物体也不受其他力，合力就是重力，按动能定理

$$W=\frac{1}{2}mv_2^2-\frac{1}{2}mv_1^2$$

由上两式得

$$\frac{1}{2}mv_1^2+mgh_1=\frac{1}{2}mv_2^2+mgh_2 \tag{2-19}$$

上式左边是物体在 A 点的机械能 E_1，右边是物体在 D 点的机械能 E_2，表明过程中机械能不随时间变化，$E_2=E_1$，称为**机械能守恒定律**。机械能守恒条件是过程中仅有保守力做功，过程中动能变，势能也变，但变中有不变，二者的和不变，一个的增加必带来另一个的减少。

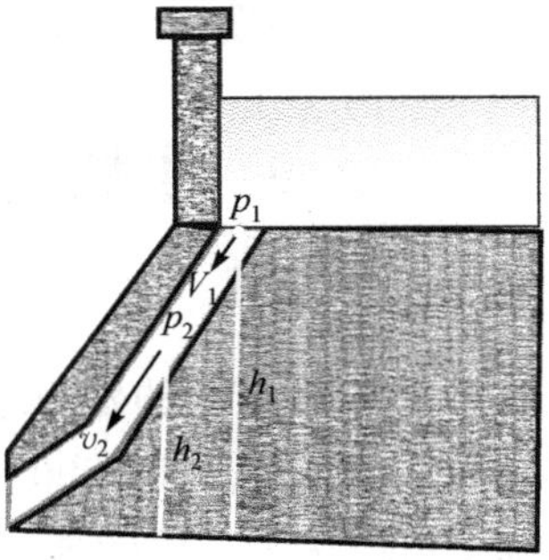

图 2-23　伯努利方程

如图 2-23，水从大坝泄流，这里用单位体积中的质量（密度）ρ 作为研究对象，$\frac{1}{2}\rho v^2$ 表示动能，ρgh 表示重力势能，并计入另一种势能，静压能（压强 p）。由能量守恒，水从状态 1 到状态 2，满足

$$\frac{1}{2}\rho v_1^2+\rho gh_1+p_1=\frac{1}{2}\rho v_2^2+\rho gh_2+p_2 \tag{2-20}$$

该式适用于流体（包括液体、气体），称作伯努利方程。由式可知，当压强不变，动能随高度减小而增加。若流体高度不变，压强随速度而变（参见图 2-24(a)）。飞机的飞翔正是利用了伯努利方程。

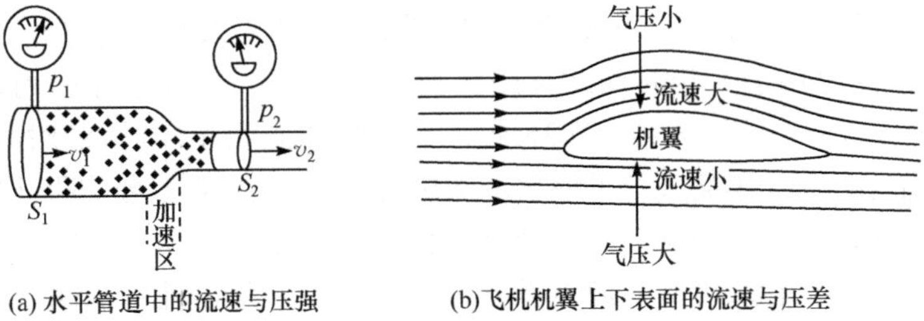

图 2-24　飞机升力的形成

2.4.6　普遍能量守恒及转化定律

物体受的力不一定全为保守力，摩擦力几乎是不可避免的，机械能守恒条件不易实现。不过我们可以把能量范围加以扩充，不限于机械能这个小范围，将与热运

动有关的内能，及与化学反应有关的化学能，电磁能等一切能量形式都包括在能量范围内，那么，在任何过程中总能量是守恒的。

自然界千变万化，从能量来看，各种过程只是一种能量由一个物体传给另一个物体，一种能量形式转换为另一种形式而已，在传递和转换中能的总量保持不变。这就是所谓**普遍能量守恒及转化定律**。你不必担忧能量被消灭了，也不要期盼什么仙人为你创造能量。

我们每天忙忙碌碌，只是在进行能量迁移和能量形式的转换。我们创造那么多工具、机器和设备，都只是一些换能器罢了。

2.5 牛顿定律支持我们在蓝天飞翔——飞机

2.5.1 飞机概述

20 世纪最重大的发明之一，是飞机的诞生。人类自古以来就梦想着能像鸟一样在太空中飞翔。而 2000 多年前中国人发明的风筝，虽然不能把人带上太空，但它确实可以称为飞机的鼻祖。

20 世纪初在美国有一对兄弟，他们在世界的飞机发展史上作出了重大的贡献，他们就是莱特兄弟。在当时大多数人认为飞机依靠自身动力的飞行完全不可能，而莱特兄弟却不相信这种结论，从 1900 年至 1902 年他们兄弟进行了 1000 多次滑翔试飞，终于在 1903 年制造出了第一架依靠自身动力进行载人飞行的飞机“飞行者”1 号，并且获得试飞成功。他们因此于 1909 年获得美国国会荣誉奖。同年，他们创办了“莱特飞机公司”。这是人类在飞机发展的历史上取得的巨大成功。

自从飞机发明以后，飞机日益成为现代文明不可缺少的运载工具。它深刻地改变和影响着人们的生活。由于发明了飞机，人类环球旅行的时间大大缩短了。世界上第一次环球旅行是 16 世纪完成的。当时，葡萄牙人麦哲伦率领一支船队从西班牙出发，足足用了 3 年时间才穿越大西洋、太平洋，环绕地球一周，回到西班牙。19 世纪末，一个法国人乘火车环球旅行一周，也花费了 43 天的时间。飞机发明以后，人们在 1949 年又进行了一次环球旅行。一架 B-50 型轰炸机，经过 4 次漂亮的空中加油，仅仅用了 94 个小时，便绕地球一周，飞行 37700 公里。强中更有强中手，超音速飞机问世以后，人们飞得更高更快。1979 年，英国人普斯贝特只用 14 个小时零 6 分钟，就飞行 36900 公里，环绕地球一周。在不到一天的时间里，就可以飞到地球的各个角落，这对于生活在 20 世纪以前的人类来说，难道不是一个人间奇迹吗？飞机的发明也使航空运输业得到了空前发展，许多为工业发展所需的种种原料拥有了新的运输渠道，大大减轻了人们对当地自然资源的依赖程度。特别是超音速飞机诞生以后，空中运输更加兴旺。那些不宜长时间运输的牲畜和难以长期保存的美味食品，也可以乘坐飞机而跨越五湖四海，给世界各地的人们共赏共享。当然,飞机在现代战争中的作用更为惊人,不仅可以用于侦察、轰炸,而且在预警、反潜、扫雷等方面也极为出色。

2.5.2 飞机飞行的原理

飞机要在空中飞行,首先要克服重力,让它浮起来。因为飞机比同体积的空气重得多,不能让飞机像气球那样浮起来,怎么办?向飞鸟学习,给飞机安装一个翅膀,将翅膀的横断面做成流线型,就会在上下表面之间形成压力差。按照伯努利方程式(2-20),对于图 2-24(a)中所示的水平管道中的流体,在不同截面处流速不同,流速大处压强小,流速小处压强大。速度差越大,压强差越大。图 2-24(b)是飞机在空气中机翼周围流线分布的情况,两线之间可以想象成图 2-24(a)中的管道,靠近机翼上表面的管道比靠近机翼下表面的管道要窄,所以靠近上表面的流速比靠近下表面的流速要大,这样就形成了上下表面的压力差,从而产生飞机的升力,要有足以克服飞机重力的升力,必须保障机翼足够的面积,还必须保障飞机有相当大的向前的速度,这就需要发动机产生向前的拉力,这个拉力对于形成气流速度使之产生升力是不可少的,同时还要用于克服飞机所受的向后阻力。图 2-25 表明飞机在飞行过程中受到四种作用力:重力、升力、拉力、阻力。

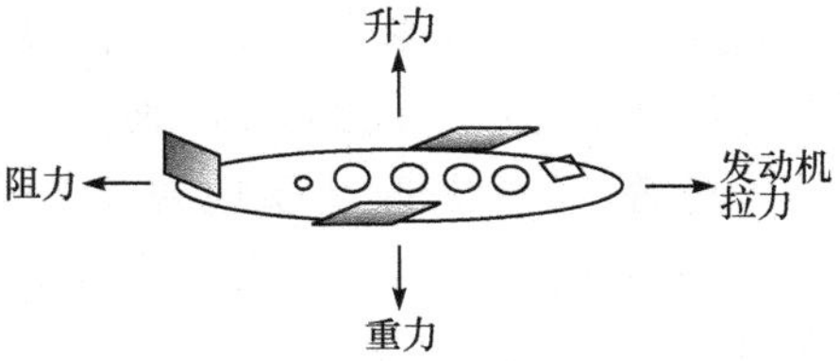

图 2-25　飞机飞行中受的四种力

当飞机的升力等于重力,飞机保持一定高度飞行,如果飞机要爬高,在竖直方向要产生加速度,要使升力大于重力。如果发动机的拉力等于阻力,飞机作匀速直线运动,要在水平方向作加速运动,发动机拉力就应大于阻力。若要使飞机转弯(改变速度方向),意味着要产生加速度,也需要转弯的力,这要靠调整飞机两边副机翼角度及飞机尾舵来实现。

发动机产生的动力是内力,内力不能使飞机产生加速度,还必须通过与外界的相互作用机制转化成对飞机来说的外在拉力。以螺旋桨飞机为例说明拉力的形成,螺旋桨的桨叶做成特定形状,当它转动时,像机翼一样,叶片前后两面气流速度不同产生压力差,按伯努利方程会产生向前的推(拉)力。同时叶片又使空气向斜后方向抛离,给了空气一个向后的力,按牛顿第三定律,飞机受到向前的推(拉)力,在这一点上,与木船上的桨起着同样的作用。这两种因素形成了飞机向前的拉力。从功能角度看,飞行中飞机受到的四种力都在做功,阻力总是做负功,上升时升力做正功,重力做负功,下降时,重力做正功,升力做负功,拉力总是做正功。飞行过程是一个能量转化的过程,发生了化学能转变成热能,热能转变成机械能,发动机的职责是担负起这两种转化,把汽油的化学能转化成机械能。机械能转变成热要归结为摩擦阻力的功劳,动能变势能,势能变动能,那是保守力之一——重力的作为。但如果把飞机、地球、大气系统近似看成孤立系统,整个飞行过程应遵守普遍能量守恒和转化定律。全部能量都由汽油的化学能来开销。

2.6 牛顿定律支持我们深入太空——卫星与火箭

2.6.1 卫星

1. 卫星概述

晴朗的夜空,当你抬头仰望满天星斗时,有时会看到一种移动的星星,这种奇特的星星并不是宇宙间的星球,而是人类挂上天宇的明灯——人造地球卫星。它们巡天遨游,穿梭往来,忠实地为人类服务,给冷寂的宇宙增添了生气和活力。

卫星,是指在宇宙中所有围绕行星运行的天体。环绕哪一颗行星运转,就把它叫做哪一颗行星的卫星。比如,月亮环绕着地球旋转,它就是地球的卫星。卫星分为人造卫星和天然卫星。

科学家用火箭把"人造卫星"发射到预定的轨道,使它环绕着地球或其他行星运转,以便进行探测或科学研究。围绕哪一颗行星运转的人造卫星,我们就叫它哪一颗行星的人造卫星,比如最常用于观测、通信等方面的人造地球卫星。

地球对周围的物体有引力的作用,因而抛出的物体要落回地面。但是,抛出的初速度越大,物体就会飞得越远。牛顿在思考万有引力定律时就曾设想过,从高山上用不同的水平速度抛出物体,速度一次比一次大,落地点也就一次比一次离山脚远。如果没有空气阻力,当速度足够大时,物体就永远不会落到地面上来,它将围绕地球旋转,成为一颗绕地球运动的人造地球卫星,下面所说的人造卫星都指人造地球卫星。

人造地球卫星是发射数量最多,用途最广,发展最快的航天器。1957 年 10 月 4 日前苏联发射了世界上第一颗人造卫星。我国于 1970 年 4 月 24 日发射了东方红一号人造卫星,成为继前苏联、美国、法国、日本之后第五个发射卫星的国家,是我国航天史上的第一个里程碑。到目前为止,我国研制并发射了 50 多颗各类卫星。

在卫星轨道高度达到 35800 千米,并沿地球赤道上空与地球自转同一方向飞行时,卫星绕地球旋转周期与地球自转周期完全相同,相对位置保持不变。此卫星在地球上看来是静止地挂在高空,称为地球同步卫星,这种卫星可实现卫星与地面站之间不间断的信息交换,并大大简化了地面站的设备。目前绝大多数通过卫星的电视转播和转发通信是由同步通信卫星实现的。

2. 卫星运行原理

卫星的发射，类似在地面向上斜抛石子，石子要是不受力，按牛顿第一定律，应作匀速直线运动离我们远去，可是由于地球的吸引力，它又落到地面，但离开抛出点有一段距离，抛出速度大一些抛离距离大一些，速度大到一定程度，石子就沿圆或椭圆轨道绕地球转动而不掉落地面了，像月亮一样绕地球转动。对于卫星我们得用火箭把它加速到所需速度后抛出去。要让卫星作半径为 r 的圆周运动要有多大速度？

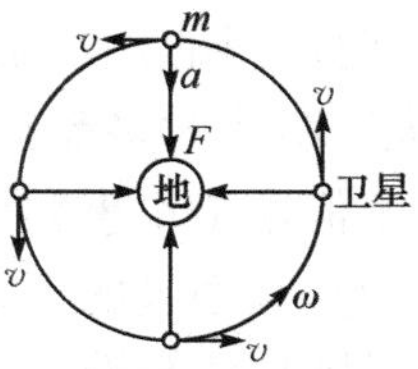

图 2-26 卫星依牛顿第二定律运动

从物理来看，所有机械运动都要按牛顿定律行事，我们假设卫星绕地球作匀速率圆周运动。如图 2-26 所示，卫星在轨道各处，速率相同，但速度方向变化。速率变化会产生加速度，速率不变，速度方向变化也产生加速度，方向指向轨道的凹侧，称为**法向加速度**，对匀速率圆周运动，常称为**向心加速度**(方向指向圆心)。向心加速度

$$a=\frac{v^2}{r}=\omega^2 r$$

依牛顿第二定律

$$F=ma=m\frac{v^2}{r}=m\omega^2 r$$

地球对卫星的引力为

$$F=G\frac{Mm}{r^2}$$

代入上式得

$$v=\sqrt{\frac{GM}{r}}$$

式中 M 为地球质量，G 为万有引力常量。只要 r，v 配合好了卫星就不会掉下来。

地球对卫星的吸引力 F，成了产生加速度的力，这时速度与力垂直，合力 $\boldsymbol{F}$ 不做功，按动能定理，动能不变。依动量定理，合外力 F 的冲量不等于零，所以动量会变。为了保证动能守恒，只得保持速率不变，靠改变速度方向来改变卫星的动量，并使加速度方向始终与合外力方向一致。用机械能守恒也能说明卫星为什么不会掉下来。

一般而言，轨道高度越高，卫星能够停留在轨道中的时间就越长。因为在较高高度的太空近似于真空，卫星受摩擦阻力很小，可以近似看成仅受保守力(地球引力)作用。因此机械能守恒，它应该永远转下去。当然这种守恒是近似的，摩擦阻

力会消耗卫星的机械能，使得机械能耗尽，轨道渐小，直到卫星落入大气层烧毁为止。

卫星是怎么送到天上去的？这就要靠火箭了。

2.6.2 火箭

1. 火箭概述

在科学史上，火箭是中国最早发明的，是我国古代的重大发明之一，早在宋代就发明了火箭，在 13 世纪以前，中国的火箭技术在世界上遥遥领先，火箭是热机的一种，工作时燃料的化学能最终转化成火箭的机械能。我国南宋时有作为烟火玩物的“起火”，明代对多箭头的火箭以及称为“火龙出水”的二级箭已有书籍记载，明代时火箭不但用于军事领域，而且还出现了火箭载人飞行的尝试。大约在 13 世纪末至 14 世纪初，中国的火箭等火器技术传到了印度、阿拉伯，并经阿拉伯传到了欧洲。引发了阿拉伯与欧洲国家对火箭技术的应用，推动了火箭技术的发展。虽然古代火箭是中国人发明的，但由于长期不重视科学技术的发展，致使古代火箭技术未能在中国发展为现代火箭技术，只停留在礼花爆竹之中。尽管欧洲人在中国发明火箭几百年后才学会使用火箭，但最终还是从欧洲发展起现代火箭技术，这不能不说是中国历史的遗憾。

中国的航天事业是从 1956 年 10 月正式起步的。1970 年 4 月 24 日，中国用自行研制的“长征一号”运载火箭成功地将“东方红一号”人造卫星送入太空。从此，“长征”火箭开始为世人所知。经过几十年的努力，中国已经独立研制成功了 12 种不同型号的“长征”系列运载火箭，形成了一个家族，能够满足不同轨道航天器发射的要求，种种数据表明其技术性能和质量可靠性已达到国际先进水平。1990 年 4 月 7 日，我国成功地将亚洲 1 号通信卫星送入太空，说明我国运载火箭技术成熟可靠。“长征二号”是我国独立研制的多用途三级火箭，它长 43.25 米，最大直径 3.35 米。起飞质量约为 202 吨，起飞推力为 248 吨力(约为 2.48×10^6 牛顿)，可将质量 1.4 吨的卫星送入离地约 3.6 万公里的地球同步轨道，有效载荷能力居世界第四位。该火箭的特点是第一、二级用常规推进剂，而第三级则使用液氢、液氧推进剂，这是低温高能推进剂，它代表现代火箭技术的新水平。

俄国人齐奥尔科夫斯基是现代火箭理论的奠基人。他生于 1857 年，从小自学，40 岁左右开始研究火箭。1903 年他发表了著名论文《乘火箭飞船探索宇宙》。他最早从科学的角度论述了人能够在宇宙空间工作和生活。他的理论完整、系统，至今在任何一本讲述火箭理论的书中都会讲到他提出的理论、公式，俄国人称他为“火箭之父”。他具体地阐明了用火箭进行航天飞行的条件，火箭由地面起飞的条件，人造地球卫星及实现飞向其他行星必须设置中间站的设想。他还提出过许多技术建议，如建议用燃气舵控制火箭，用泵来强制输送推进剂，以及用仪器自动控制火箭等，都对现代火箭和航天飞行的发展起了巨大的作用。

2. 火箭推进的原理

火箭是目前唯一能使物体达到宇宙速度，克服或摆脱地球引力，进入宇宙空间的运载工具，图 2-27 是发射神舟五号飞船的长征运载火箭。液体的或固体的燃烧剂加氧化剂在发动机的燃烧室里燃烧，产生大量高压燃气；高压燃气从发动机喷管高速喷出，所产生的对燃烧室（也就是对火箭）的反作用力，就使火箭沿燃气喷射的反方向前进，在飞行过程中，随着推进剂的消耗，火箭的质量不断减小，速度不断增大，当燃料燃尽时，火箭就以获得的末速度继续飞行。

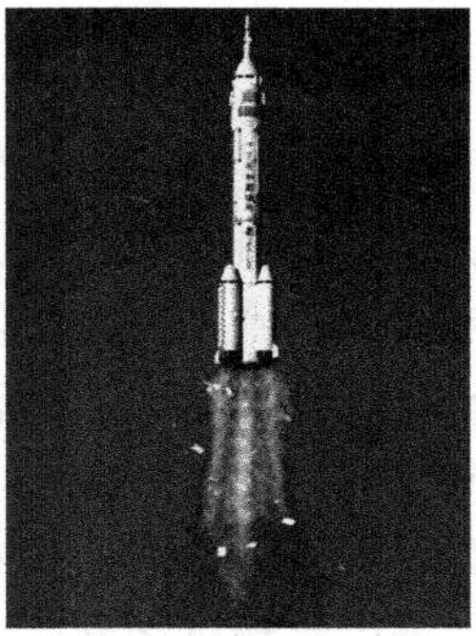

图 2-27　发射神舟五号长征运载火箭

火箭是根据动量守恒定律来推进的。如图 2-28，根据动量守恒定律，当火箭向后以高速喷射出一小股质量为 Δm 的气体时，该火箭就会获得与这一小股气体大小相同，方向相反的动量，即火箭获得向前的速度。下面用动量守恒定律分析喷出这一小股高温气体的微过程，看喷出这一小股气体有多大的反冲推力给予火箭。与碰撞过程类似，喷气体前系统的动量为 mv，喷出气体后系统的动量为 $(m-\Delta m)(v+\Delta v)+(-\Delta mu)$，喷前碰后系统的动量守恒，即

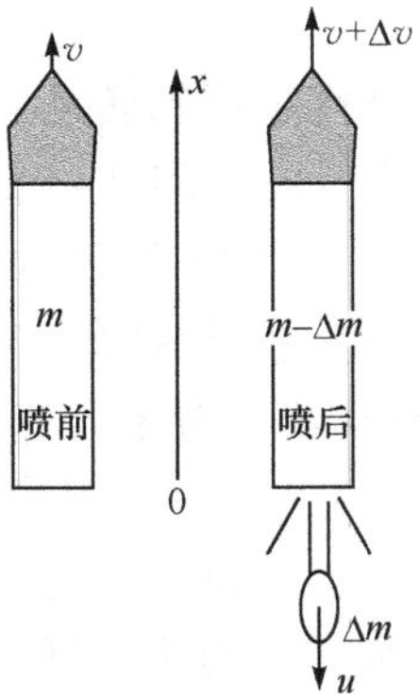

图 2-28　火箭发射与动量守恒

$$mv=(m-\Delta m)(v+\Delta v)+(-\Delta mu)$$

忽略 Δm、Δv，得 $m\Delta v=\Delta m(u+v)$，两边同除 Δt，左边对火箭应用牛顿第二定律得

火箭受到的推力为

$$F_{推}=u_r\frac{\Delta m}{\Delta t} \tag{2-21}$$

式中 $u_r=u+v$，称为 Δm 相对火箭的喷出速度。可见每秒喷出的质量越多，相对火箭喷出的速度越大，给火箭的推力越大。这样的微过程多次反复进行，将成吨的燃料燃烧后的高温气体喷出去，便产生了巨大的上推力。

在目前技术条件下，一般火箭发动机的喷气速度最大只能是 2.5 公里/秒，相应地，火箭前进的最大速度是 4.5 公里/秒。很明显，要把卫星送上几百公里的高空，并具有环绕速度，用单级火箭是很难达到的。所以，在目前技术条件下，单级火箭无法使卫星达到环绕速度，不能做卫星的运载

火箭,一般运用多级火箭。多级火箭在航行过程中,可把工作完成后而变得无用的火箭壳体和发动机抛掉,以达到提高速度的目的。目前,发射人造地球卫星只要用二级或三级火箭就足够了。

2.7 刚体定轴转动简介

2.7.1 刚体模型

前面介绍了用牛顿定律和它的变形来处理质点运动,对于可以抽象为质点的物体运动的描述也是很成功。现在说到转动容易使人联想到自行车、汽车、机器轮子的转动,联想到地球绕太阳的转动(公转)和地球自转。在研究地球公转时,将地球视为质点是恰当的。在研究地球自转和轮子的转动时,再将地球和轮子视为质点,那就简化过度了,无法实现对地球自转的描述了。这时物体的大小和形状必须考虑,此外转动物体各地仍有差异,各点之间还有相对运动,问题仍有复杂性。为了简化,可以将物体各地的差异和各点之间的相对运动抹掉,保留物体的质量、大小形状特征和各点共同运动特征——旋转角速度 ω。将物体视为一个有大小形状、无论加多大的力都不发生形变、物体上任何两点的距离总保持不变的理想物体,称为**刚体**(模型)。引入刚体模型后,物体的转动就视为刚体的转动。这里只涉及刚体定轴转动。

2.7.2 描述刚体转动的物理量

1. 转动惯量

将自行车的车梯放下来,使自行车停在地面上,拨动自行车后轮转动起来,越转越快(角速度 ω 越大)。现在停止拨动,后轮会继续转动一段时间才停止下来,为什么会停下来?那是因为空气和轴承有摩擦力。如是,你发挥想象,若什么摩擦都不存在,后轮就会以停拨时的角速度 ω 永远转动下去。物体有保持原有平动状态(速度 $\boldsymbol{v}$)的能力,这种能力称为惯性,以前用质量 m 来度量。物体也有保持转动状态(角速度 ω)不变的能力,我们把这种能力称为转动惯性,用一个新的物理转动惯量 I 来表示,所以常说转动惯量是转动惯性的量度。物体转动惯量越大,保持原有转动状态的能力越强。地球并不是上帝在推着自转,而是它有大的转动惯量,使它有保持原有转动状态(ω)的能力,自转一周总是 24 小时!在讨论平动用质量表示惯性,在讨论转动时,用转动惯量表示惯性更适于思维的经济。

说到转动惯量,它不但与质量有关,还与质量对转轴的分布有关。如果将质量都分布到转轴上,那对转动惯量一点贡献都没有。质量分布在离转轴越远的地方对转动惯量贡献越大。为得到大的转动惯量,冲床和内燃机上的飞轮都将质量分布在离轴远的轮缘。

我们用速度 $\boldsymbol{v}$ 来描写平动状态，用角速度 $\boldsymbol{\omega}$ 描写转动状态。在有些力学问题中用动量 $\boldsymbol{p}=(m\boldsymbol{v})$ 表示会更适宜，并且还能度量物体的运动量。对转动也有类似的物理量表示转动状态吗？

2. 角动量

这里我们用对比的方法，让角速度 $\boldsymbol{\omega}$ 与速度 $\boldsymbol{v}$ 对应，转动惯量 I 与质量 m 对应，可以得到一个与动量 $\boldsymbol{p}(=m\boldsymbol{v})$ 对应的物理量 $\boldsymbol{L}(=I\boldsymbol{\omega})$，这个物理称为角动量，用角动量 $\boldsymbol{L}$ 也可描写转动状态，还可表示转动或旋转运动的运动量。角动量是一个既有大小又有方向的矢量。图 2-29 表明定轴转动刚体——圆盘与地球的角动量 $\boldsymbol{L}$ 是一个矢量，角动量方向与刚体回转方向有右手螺旋关系。

图 2-29 转动圆盘(a)与自转地球(b)的角动量

对于旋转运动，采用角动量 $\boldsymbol{L}$ 比采用动量 $\boldsymbol{p}$ 要好。因为对于定轴转动刚体每点速度 $\boldsymbol{v}$ 不同，但每点角速度 ω 相同；又在有些情况下，动量 $\boldsymbol{P}$ 不守恒，但角动量 $\boldsymbol{L}$ 却守恒。花样滑冰运动员由低速旋转进入高速旋转，跳水运动员转体三周半而又无水花溅起的高难动作，都巧妙地利用了角动量守恒。考虑天体和微观世界的运动时，多采用角动量来表示旋转状态。

用角动量描写转动状态是一个好的选择，改变转动状态意为改变角动量，那么如何改变刚体的转动状态？

3. 力矩——引起转动状态变化的原因

前面提到拨动自行车轮子，那就是在改变轮子的转动状态，也就是在改变轮子的角速度 $\boldsymbol{\omega}$ 和角动量 $\boldsymbol{L}$。拨意味着给轮子施了力，但施力改变运动状态的效果并非仅由力的大小决定，到底说由什么决定？下面让我们从图 2-30 所示日常开(关)门这件小事来感悟。

开(关)门是我们天天要进行的改变转动状态的操作之一，要改变转动状态当然需要有外力，但转动状态的变化不只是由力的大小决定，还与力作用方向和力的作用点有关。即与力的三要素有关。我们将此三要素对转动状态的影响综合为一个物理量——**力矩**的贡献。于是便可简单地说转动状态的变化决定于外力矩。生活中你一定体会到，力要施加在离转轴 OO' 远的门把 a，且力方向要尽量与门板面

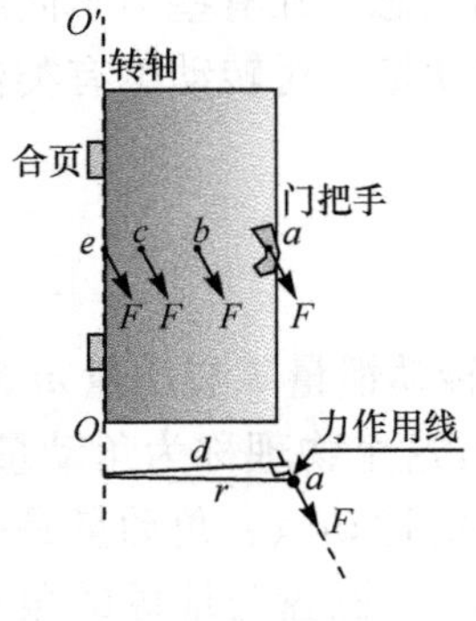

图 2-30 开(关)门的力矩

垂直,效果才最佳。如果将力作用点选在越来越靠近转轴的 b 点或 c 点,开(关)门会变得越困难。若将力作用点选在 e 点,你就别想开(关)门了,这说明力对转动状态改变的效果与力的作用点有关。如果力的方向偏离垂直门板面,力对转动状态改变的效果会越差,如果力的作用方向平行于门板面,你就别想开(关)门了,这说明力对转动状态改变的效果与力的方向有关。引入力矩概念,回答力引起转动的变化就非常简单了,力矩决定了转动状态变化的效果。参照图 2-30 下部的图示,作用在 a 点的力 F 对转轴 OO' 的力矩大小为

M =力×力臂(力臂是转轴到力 F 作用线的垂直距离 d)

$=Fd$(力臂是力的作用点和力方向对转动状态产生效果的综合) (2-22)

力矩也是有大小有方向的矢量,它的方向并不是力的方向,门上 a 点所受力 F 的力矩的方向是沿轴向下(左旋方向)。

力有方向,力矩也有方向。多个力矩合成时也要用矢量相加的方式来进行。图 2-31 表示两个力作用在定轴圆盘上,如何形成合外力矩?在(a)图中,力 F_1 产生垂直向外的左旋力矩 $M_1=F_1r$,力 F_2 产生垂直向外的左旋力矩 $M_2=F_2r$,这两个力的力矩方向相同,所以对圆盘产生的合外力矩

$$M=M_1+M_2=F_1r+F_2r$$

合外力矩方向向外。在(b)图中力 F_1 产生垂直向里的右旋力矩 $M_1=F_1r$,力 F_2 产生垂直向外的左旋力矩 $M_2=F_2r$,这两个力的力矩方向相反,所以对圆盘产生的合外力矩

$$M=M_1-M_2=F_1r-F_2r$$

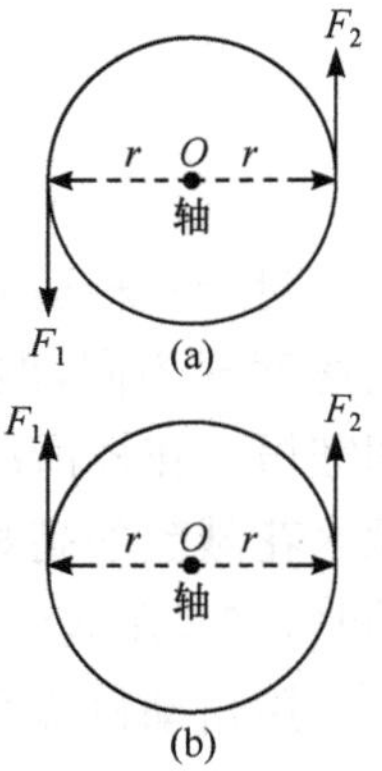

图 2-31 力矩合成

$F_1>F_2$ 时,合外力矩方向向里。刚体受合外力矩 M 会引起刚体转动状态(用角动量 $\boldsymbol{L}$ 表示转动状态)的变化,即产生角动量的增量 $\Delta\boldsymbol{L}$。二者有何关系?

2.7.3 刚体定轴转动定律

对于物体的平动或质点运动,我们曾用牛顿第一定律和牛顿第二定律表明平动的基本规律,与此类似,对刚体定轴转动也可总结出类似的定律。

1. 定轴转动第一定律

当系统不受外力矩或合外力矩 M 为零时,系统静止或保持角动量 $\boldsymbol{L}(=I\boldsymbol{\omega})$ 不变(角动量守恒),即保持转动状态不变,刚体恒角速度转动。这也可叫转动惯性定

律。地球绕太阳转，月亮绕地球转，地球的自转，都近似属于这种情况，万有引力指向转动中心，力矩为零，故地球对日心的角动量，月亮对地心的角动量，地球的自转角动量都近似不变。原子中的电子绕原子核旋转角动量守恒。飞机和军舰上的陀螺仪也是依角动量守恒原理制作的，用以给驾驶员提供恒定的参考方向。

2. 定轴转动第二定律

合外力作用的效果是引起动量的变化，牛顿第二定律可以用它的变形——动量定理表示成

$$\boldsymbol{F}\cdot\Delta t=\Delta\boldsymbol{p}=\boldsymbol{p}(t+\Delta t)-\boldsymbol{p}(t)$$

它表明合外力 F 与合外力作用时间 Δt 的乘积（冲量）等于动量的增量 $\Delta\boldsymbol{p}$。

类似地，对于刚体定轴转动，t 时刻刚体的角动量为 $\boldsymbol{L}(t)$，此时作用合外力矩 $\boldsymbol{M}$，作用时间为 Δt 后，角动量变为 $\boldsymbol{L}(t+\Delta t)$，则合外力矩 $\boldsymbol{M}$ 与力矩作用时间 Δt 的乘积（冲量矩）等于角动量的增量 $\Delta\boldsymbol{L}$，即

$$\boldsymbol{M}\cdot\Delta t=\Delta\boldsymbol{L}=\boldsymbol{L}(t+\Delta t)-\boldsymbol{L}(t) \tag{2-23}$$

对于刚体定轴转动且转动惯量不变时

$$\boldsymbol{L}=I\boldsymbol{\omega}$$

$$\Delta\boldsymbol{L}=I\Delta\boldsymbol{\omega}$$

式(2-23)可改写为

$$\boldsymbol{M}=I\frac{\Delta\boldsymbol{\omega}}{\Delta t} \tag{2-24}$$

式(2-24)中$\frac{\Delta\boldsymbol{\omega}}{\Delta t}$称为平均角加速度。当 Δt 趋于零，平均角加速度趋于 t 时刻**角加速度 $\boldsymbol{\beta}$**，从而式(2-24)可写为

$$\boldsymbol{M}=I\boldsymbol{\beta} \tag{2-25}$$

上式称为**定轴转动第二定律**，它与牛顿第二定律 $\boldsymbol{f}=m\boldsymbol{a}$ 很形似。

第 2 章习题

1. 什么情况下你可将物体视为质点？从“质点模型”你能获得一种研讨问题的什么方法？
2. 描写物体的运动为什么要建立坐标系？
3. 你能表明描写运动的四个物理量——位矢、位移、速度、加速度的物理含义及单位吗？
4. 知道了在平面上运动质点在 $t_1=2\text{s}$ 时刻的坐标为(3m，8m)，在 $t_2=4\text{s}$ 时刻的坐标为(7m，14m)，试分别确定在2，4秒时的位矢和这段时间内的位移及平均速度。
5. 知道了 t 时刻的位矢和速度，如何确定 $t+\Delta t$ 时刻的位矢？

6. 平均速度等于零,是否物体一定静止?
7. 物体的速度为零或速度很小,可以使它有很大的加速度吗?物体的速度很大,加速度可以为零吗?
8. 太阳中心到地球中心的距离约为 1.496×10^{11} m,太阳半径为 6.960×10^{8}m,地球半径为 6.367×10^{6}m,求光由太阳表面传到地球表面的时间。
9. 子弹离开枪口的速度是500m/s,枪筒长1m,设子弹在枪筒中做匀变速直线运动,试求:(1)子弹在枪筒中的飞行时间;(2)子弹的加速度。
10. 月亮上的重力加速度只有地球上的1/6,假设人在地球和月亮弹跳引起的向上初速度相同,求人在月亮上的跳起的高度是在地球上跳起的高度的多少倍。
11. 有一个月球探险者为了不寂寞带着一个宠物狗同行,在火箭发射的过程中,由于狗受不了超重的影响,不幸死亡。飞行器脱离火箭后以匀速飞向月球,探险者将死狗扔出窗外。当探险者快到月球时,他发现死狗居然随同飞行器来了,你觉得奇怪吗?为什么?
12. 有一个人想拽着自己的头发将自己提升到桌子上,他能办到吗?为什么?
13. 1辆重8000N的汽车,以22m/s匀速直线运动,作用于车的总阻力为500N,求汽车受的合力和加速度。
14. 据说有一个贡献卓著的中国元帅,在别人向他谈及某帮派的阴谋时,大发雷霆,拍桌而起,结果使手指骨折了。从力学上讲为什么他受伤了?
15. 为什么游泳者能使自己前进?为什么划船者能使船在水上运动?为什么人能在地上行走或跳起?
16. 按牛顿第三定律,作用力等于反作用力,为什么拔河比赛却有输赢?
17. 谈谈你对质量的理解,并说明质量和重量的不同和联系。你愿意要月亮上重量1N的金子,还是愿意要地球上重量为1N的金子?
18. 有质量 $m=10$kg 的物体,放在电梯的底板上,分别求当电梯(1)匀速上升;(2)以加速度 $a=9.8\text{m/s}^2$ 上升;(3)以加速度 $a=9.8\text{m/s}^2$ 下降时,物体对电梯底板的压力。如果物体是人的话,三种情况下人该有什么感受?
19. 画出被小孩用绳拉着的一个玩具小车所受的各种力。再画出公路上做直线加速运动的汽车所受的各种力,设后轮为驱动轮。
20. 估算相距1m的两个人的万有引力?估算一个质量60kg的人对地球的吸引力有多大?太阳对地球的吸引力有多大?设地球绕太阳运动的圆轨道半径 $r=1.5\times10^{11}$ m,太阳质量 $M=2.0\times10^{30}$ kg,地球质量 $m=6.0\times10^{24}$ kg. 并求地球绕太阳转动的线速度和角速度。
21. 什么是动量?什么是冲量?二者有何关系?这关系与牛顿第二定律有何联系和区别?动量冲量的单位是什么?
22. 汽车质量为1000kg,速度为72km/h(公里/小时),求动量为多少?如果要使它在4s内制动,所施制动力为多少?
23. 质量200g的足球以10m/s的速度垂直击中水泥路面,以同样速率反向回弹,求路面给足球的冲量是多少?如果足球与地面相互作用的时间是0.02s,求足球给路面的力是多少?(注意动量定理中的冲量是合外力的冲量。)
24. 动量守恒的条件是什么?一个质量1kg的炸弹炸成两块,其中有块质量为600g的速度为

50m/s 向东北方向,求另一块的速度大小和方向。

25. 假如你现在困在冻冰的绝对光滑的湖心冰面上,一点摩擦力也没有了,空气也不愿帮你,你该如何借助力学定律自救回到岸上来?

26. 为了使 200m/s 向东的分子静止下来,应该用动量大小方向怎样的激光光子与它对撞?设分子的质量为 m,且碰后光子被分子吸收,然后能量以球面波的形式发射出去(这是激光致冷的原理)。

27. 质量 1000kg 的汽车速度由 36km/h 加速到 72km/h,求合外力做功多少?如果加速的时间是 10s,合外力做功的功率是多少?之后汽车保持 72km/h 速度不变,合外力做功等于多少?有别的力做功吗?汽车牵引力做的功干什么了?如果关闭油门让汽车停止,摩擦力做功多少?

28. 吊车以 0.4m/s^2 的加速度将 200kg 的物体从静止开始吊高 2m,分别求吊车拉力、重力、合力做的功,拉力做功的功率是多少?

29. 光滑斜面的底部有质量为 100kg 速度为 10m/s 的物体向上滑,问物体最多能滑到多高的地方?

30. 螺旋桨飞机为什么能飞行?为什么在外空间用这种飞机就不行了?喷气式飞机产生推力的原理是什么?

31. 飞机的升力是怎么产生的?

32. 火箭的推力是怎么产生的?怎么使卫星换轨道?

第3章 振动与波动

湖岸垂柳在微风中摇曳，鳞鳞波纹在湖中泛起；绚丽的阳光洒满大地，五光十色的鲜花装点着幽静的公园；湖对岸飘来了悠扬的歌声……

从物理看来，这段文字只是在说振动和波动普遍存在，是存在于各种自然现象中的运动形式。振动和波动有两类，一类是机械振动、机械波(柳枝摇曳、水波、歌声)，另一类是电磁波(阳光、五光十色)。

现代人常自豪地说，我们处在信息时代。信息给我们的生产和生活带来了前所未有的巨大变化和方便。信息产业中最基本的是信息的发送与接收，信息的记录、信息的存储和信息的变换及信息的处理。从物理来看，这一切都只是振动波动的产生、传播、记录、存储和处理。足见振动波动的知识对我们理解这个科技高度发展的社会太重要了！

机械振动、机械波和电磁振动、电磁波在产生和传播机制上虽有不同，但在分析它们时可以采用相同的数学形式和方法。不管是机械波还是电磁波，只要是波就有共性：存在干涉和衍射现象。本章以机械振动和机械波作为切入点来介绍振动和波动的基本知识。

3.1 机械振动

物体或物体的一部分，在平衡位置附近来回往复地做周期性运动，叫做**机械振动**。振动现象是多种多样的，例如钟摆的运动、心脏的跳动、说话时声带的振动、分子原子的振动等。其中最基本最简单的振动叫做**简谐振动**。实际的振动是复杂的，但都可以看成是若干简谐振动的叠加。只要弄清了简谐振动，对于线性系统，复杂振动问题只是一个加法问题了。下面就来讨论一下简谐振动的基本规律。

3.1.1 弹性与惯性的和谐之作——简谐振动

都说音乐无国界，即便语言不通，好的歌曲也能够打动人心，那么优美的歌声是怎样发出来的？为什么能够打动人心呢？各种乐器如管乐、弦乐、簧乐等发出的乐声非常复杂，人也可以发出声音并且接受声音，而且“人体乐器”，只是它比哪种乐器都复杂和完美，它的部件很多，主要部件是声带、咽腔、鼻腔、口腔、舌、肌肉等。乐器和人发出的声音有没有什么规律可循呢？

为了了解和研究这些，我们需要将复杂问题简单化，建立合理的模型，将复杂运动分解成简单运动的叠加，以帮助我们由简入繁地处理实际问题。下面我们先来看一个弹簧振子模型。

1. 弹簧振子模型

如图 3-1 所示，把一个有孔的质量为 m 的小球，系在弹性系数为 k 的轻质弹簧的一端，弹簧的另一端固定，小球穿在光滑的水平杆上，可以在杆上滑动。小球与水平杆之间的摩擦忽略不计，弹簧的质量比小球的质量小得多，可忽略不计，这样的系统称为**弹簧振子**，其中的小球称为振子。

由弹簧振子模型可以看出，弹簧无伸长或压缩形变时，小球所受合外力为零，小球所在的位置称为**平衡位置**。以平衡位置为原点引 x 坐标轴，向右为正。当物体偏离平衡位置，弹簧被拉长或压缩时，总是会产生指向平衡位置的作用力，这个作用力称为**回复力**。回复力使小球围绕平衡位置永不停息的做往复运动，称为**简谐振动**。

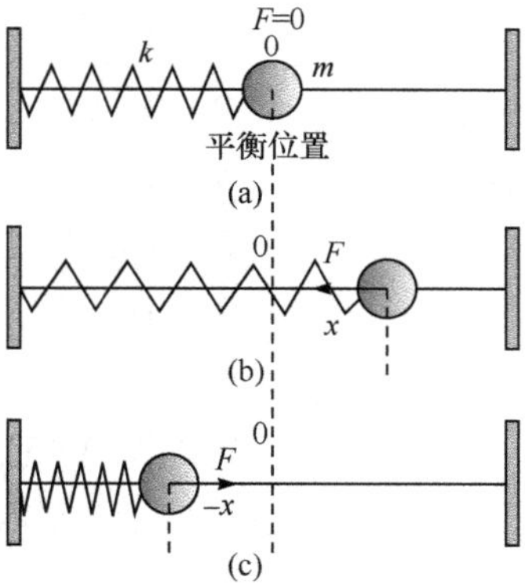

图 3-1　弹簧振子

弹簧振子的运动是一种具有代表性的简谐振动，而各种乐器和“人体乐器”可以看成许多弹性系数或者“劲度系数”k 与质量 m 不同的弹簧振子的集合体，只要把弹簧振子的简谐振动规律研究明白，各种乐器和人体的发声只是一个“加法”问题了。难怪著名物理学家李政道说：简单的是最重要的。下面我们来看看如何用物理语言来描述这个基本而重要的简谐振动。

2. 如何描述简谐振动

如何描写简谐振动，即用怎样的运动函数来指明位置与时间的关系呢？我们面对的是一个力学系统，解决力学问题的要领是确定研究对象，分析研究对象的受力并找出合力，然后写出牛顿第二定律，便可求出运动函数。

(1) 简谐振动的运动函数

以小球为研究对象，小球受弹簧作用的弹性回复力为 $F=-kx$，作用力与小球相对平衡位置的位移 x 成正比，力的方向与位移方向相反，根据牛顿第二定律 $\boldsymbol{F}=m\boldsymbol{a}$ 列方程，得到小球的加速度为

$$a=-\frac{k}{m}x \tag{3-1}$$

令 $\omega=\sqrt{\frac{k}{m}}$，称为图 3-1 所示弹簧振子的**固有角频率**，它决定于该振动系统本身的性质。这里 x 是时间 t 的函数，随着时间 t 而变化。

为了得到振子位移 x 与时间 t 的关系，我们可以做一个弹簧振子的振动实验，记录不同时刻 t 小球相对平衡位置的位移 x。从 $t=0$ 开始，每间隔 0.05s，记录一次位移，把相对平衡位置向右的位移视为正，相对平衡位置向左的位移视为负，将所得数据描绘成 x-t 图，如图 3-2 所示，称为**简谐振动曲线**。图 3-2 给出了弹簧振子系统在两个不同初始状态下的简谐振动曲线，它们是两条余弦函数曲线 $x_1=2\cos\omega t$，$x_2=2\cos(\omega t+\pi/3)$。事实上，简谐振动可以采用余弦（或者正弦）函数的形式来描述

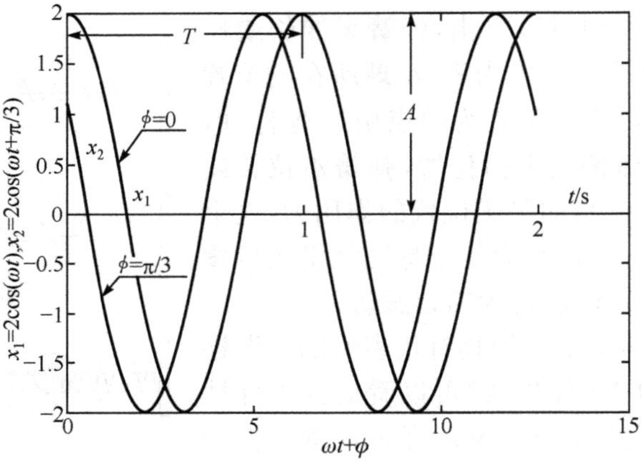

图 3-2　简谐振动曲线

$$x=A\cos(\omega t+\phi) \tag{3-2}$$

式中 A 是振幅，ϕ 是初相位。其实式(3-2)就是式(3-1)的解。我们也可以在数学上得到证明。式(3-2)描述了简谐振动的全过程，是**简谐振动的运动函数**，由它可得任意时刻 t 振子的位置 $x(t)$。进而，由式(3-1)、式(3-2)可得简谐振动的加速度函数为

$$a=-\omega^2 A\cos(\omega t+\phi)$$

即任意时刻 t 振子的加速度 $a(t)$。由于弹簧振子在做简谐振动的过程中仅有弹力做功，而弹力是保守力，所以机械能守恒。即在简谐振动过程中，任何时刻（或位置）的动能与弹性势能之和相同，动能大时弹性势能小，反之亦然。从能量角度看，弹簧振子的简谐振动是弹簧的势能与小球的动能之间的相互转化和传递的过程，动能与弹性势能是此消彼长，其总机械能是恒定的。由机械能守恒可得简谐振动的速度函数为

$$v=-\omega A\sin(\omega t+\phi) \tag{3-3}$$

有的读者可能要问，式(3-2) 是从弹簧振子这么一个力学模型得出的简谐振动的运动函数，它对其他种类的简谐振动还有效吗？放心吧！虽说式(3-2) 是从弹簧振子得出的数学表达式，但它不限于弹簧振子，也不限于机械简谐振动。推而广之，任何物理量的变化若可用式(3-2)关于时间 t 的余弦函数或正弦函数来描述的话，就可以用简谐振动相应的结论来描述该物理量的变化规律。如家里电线中流过的交流电流、接入电闸两端的交流电压、机械挂钟摆悬的摆角、空气中声波传播时一点的密度、压强等都可用简谐振动模型来描述。只需将式(3-2)的位移 x 变换成对应的物理量，如将 x 变换成电流 I、电压 U、摆角 θ、密度 ρ、压强 P 等，这就是建模的力量。

(2) 描述简谐振动的特征量

式(3-2)中的 A、ω 和 ϕ 表明了物体简谐振动的特征，称为描写简谐振动的特征量。其物理含义是什么呢？

振幅 A：表示质点可能离开平衡位置的最大距离，它给出了物体运动的范围，展示振动的强弱。图 3-2 中两个简谐振动的振幅相同，$A=2\text{cm}$，如果两个简谐振动强弱有差别，就反映在 A 的不同上，对同一简谐振动振幅，A 是一个常量，这就是简谐振动的等幅性。

振动的快慢及周期性可以用周期 T、频率 f、角频率 ω 表示。

周期 T：余弦函数是周期函数，振动的时间周期性用周期 T 表示，它是完成一次全振动所要的时间，每经过一个周期 T 振动物体运动状态完全重复一次，称为物体进行了一次全振动。仔细观察图 3-2 的 x_1-t 曲线，当 $t=0$ 时，位移 $x=x_0=2\text{cm}$，速度(曲线斜率)$v=v_0=0$；当 $t=1\text{s}$ 时，位移 $x=2\text{cm}$，速度(曲线斜率)$v=0$；当 $t=2\text{s}$ 时，位移 $x=2\text{cm}$，速度(曲线斜率)$v=0$。可见振子的状态每相隔 1s 重复一次，故周期 $T=1\text{s}$。周期越短，意味着完成一个振动所用时间越少，振动越快。

频率 f：每秒内物体全振动的次数叫做简谐振动的频率，用 f 表示，单位是赫兹(Hz)。

显然它是周期 T 的倒数，即 $f=\dfrac{1}{T}$。

角频率 ω：由余弦函数周期性，t 和 $t+T$ 时刻的位移相等，即

$$A\cos(\omega t+\phi)=A\cos[\omega(t+T)+\phi]=A\cos[2\pi+(\omega t+\phi)]$$

得

$$2\pi=T\omega$$

角频率 ω 与周期 T 的关系为

$$\omega=\frac{2\pi}{T}$$

频率与角频率的关系为

$$\omega=2\pi f$$

角频率是 2π 秒内振动的次数。ω、T、f 三个量只差常量因子。因此角频率、周期、频率都是简谐振动的时间周期性和振动快慢的等效表达。

相位：式(3-2)余弦函数中的变量不能直接用 t，必须用与时间有线性关系的 $\omega t+\phi$ 作为变量，称为振动在 t 时刻的相位，是对时间的一种替换表达，与状态有对应关系，故常称为**相角**。其中 ϕ 称为初相，表明振动在 $t=0$ 时的状态，图 3-2 中两个简谐振动的振幅和周期相同，但初相不同。简谐振动 x_1 的初相 $\phi=0$，简谐振动 x_2 的初相 $\phi=\pi/3$。简谐振动的状态"随时间的变化"替换成"随相位的变化"而变化，因而相位是描述简谐振动的状态的物理量。

为了更好地理解上面的一些物理量，我们来看几个简单的例题。

例 3-1 有简谐振动的运动函数为 $x=2\cos\left(100\pi t-\dfrac{\pi}{4}\right)$(cm)，求振动的振幅、频率、周期和初相，如果弹簧的劲度 $k=200\text{N/m}$，求 $t=0$ 时振子受的力。

解 将所给的具体的运动函数与简谐振动的一般运动函数 $x=A\cos(\omega t+\phi)$ 进行比较，得振幅 $A=2\text{cm}=0.02\text{m}$；角频率 $\omega=2\pi f=100\pi$，从而频率 $f=50\text{Hz}$，周期 $T=\dfrac{1}{f}=0.02\text{s}$；初相 $\phi=-\dfrac{\pi}{4}$。振子受弹力 $f=-kx$，$t=0$ 时，$x=x_0=2\cos\left(-\dfrac{\pi}{4}\right)=\sqrt{2}\text{cm}=\sqrt{2}\times10^{-2}\text{m}$，所以 $t=0$ 时振子受力

$$f_0=-kx_0=-200\times\sqrt{2}\times10^{-2}=-2\sqrt{2}(\text{N})$$

前面说过复杂振动可看作许多简谐振动的叠加，下面看如何将简谐振动进行叠加和对复杂振动进行分解。

3.1.2 简谐振动的叠加与复杂振动的分解

1. 振动的叠加

简谐振动是一个理想模型，自然界见不到单一的理想的简谐振动，所见所闻多是复杂运动，它们可以看成是许多简谐振动的叠加。我们听到的歌声是一些简谐振动合成后的效果，看到的图像也是许多简谐振动产生的综合效果。说市电电压是频率 50Hz 的正弦(或余弦)振动，那也只是抓主要忽略次要的说法，如果进行实时监测的话，你会发现它的等幅性和频率的单一性并不那么理想，总是会存在一些波动，不过这种波动不会太大，不会影响到用电设备的使用。

图 3-3 是两个相同振动方向、振动频率比为 2 的两个简谐振动的叠加，图中分

别画出了分振动 x_1、x_2 和合振动 $x=x_1+x_2$ 的图像，简谐振动 x_2 的频率是简谐振动 x_1 的频率的两倍，合振动 x 已不再是简谐振动。图 3-4 是两个振动频率相差不到 4％的振动方向相同的简谐振动叠加的结果，合振动也不是简谐振动。什么情况下两个简谐振动叠加的合振动仍为简谐振动？

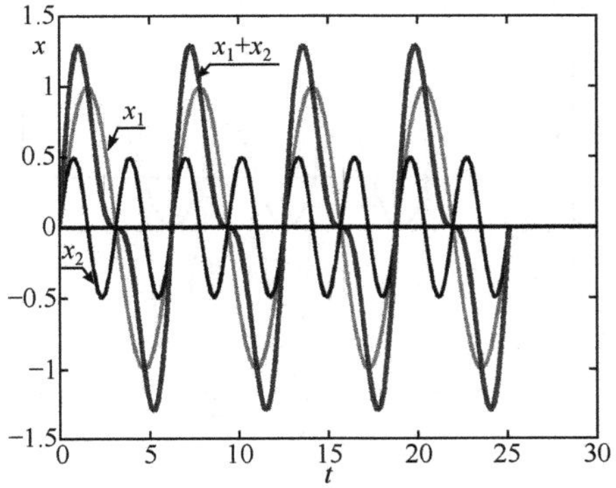

图 3-3　两个频率比为 2 的简谐振动叠加

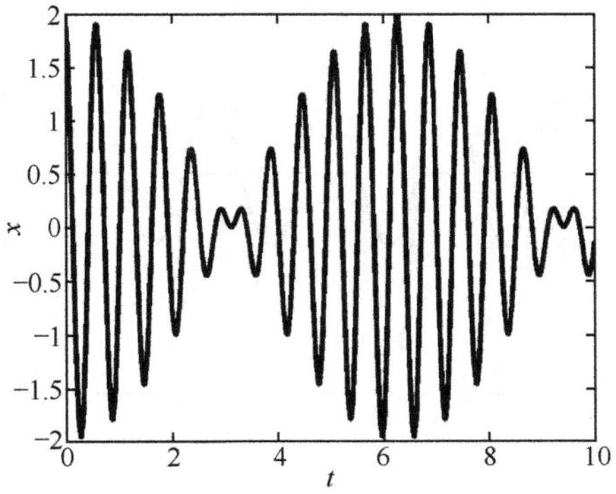

图 3-4　两个频率差很小的简谐振动叠加

2. 两个振动方向相同、频率相同的简谐振动的叠加

设一个简谐振动为

$$x_1=A_1\cos(\omega t+\phi_1)$$

另一个简谐振动为

$$x_2=A_2\cos(\omega t+\phi_2)$$

这样的两个简谐振动叠加后，合振动的频率与分振动的频率相同，合振动的振幅和初相与分振动的振幅和初相有关。分振动的相位差会影响合振动振幅的大小：合振动的振幅可以比分振动的振幅大，也可比分振动振幅小，在一定条件下还可以使合振幅为零。

由简谐振动表达式可得，两个简谐振动的相位差为 $\Delta\phi=\phi_2-\phi_1$，相位差与时间无关，即任何时刻两个简谐振动的相位差是相同的。不过有两种特殊情况值得特别关注。

（1）$\phi_2-\phi_1=\pm 2k\pi(k=0,1,2\cdots)$，即两个简谐振动的相位差为 π 的偶数倍（如图 3-5 所示），我们称两个简谐振动同相，意思是两个振动同起同落，振动总是同时向上或同时向下，同时过零向上或同时过零向下，它们配合默契，非常合拍。在这种情况下合振动的振幅最大。合振动振幅

$$A_{合}=A_1+A_2 \qquad (当 A_1=A_2=A,\quad A_{合}=2A) \tag{3-4}$$

图 3-5 中，$A_1=2\text{cm}$，$A_2=1\text{cm}$，$A_{合}=3\text{cm}$。

（2）$\phi_2-\phi_1=\pm(2k+1)\pi\quad(k=0,1,2\cdots)$，即两个简谐振动的相位差为 π 的

奇数倍(如图 3-6 所示),我们称两个简谐振动反相,意思是两个振动“顶牛”,一个振动要向下另一个却要向上走,一个振动要过零点向上另一个却要过零向下,总是对着干。在这种情况下合振动的振幅最小,合振动振幅

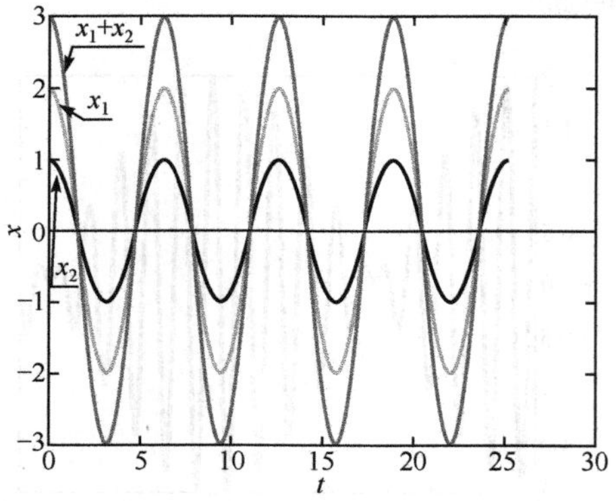

图 3-5　两个振动频率相同简谐振动同相叠加

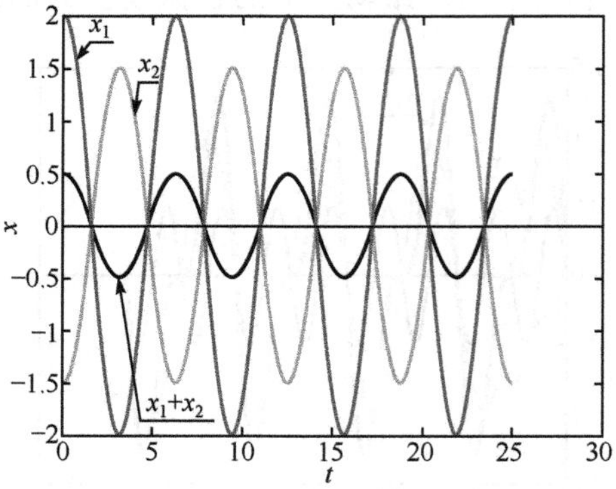

图 3-6　两个振动频率相同简谐振动反相叠加

$$A_{合}=|A_1-A_2| \quad (当 A_1=A_2=A,\ A_{合}=0) \tag{3-5}$$

图 3-6 中,$A_1=2\text{cm}$,$A_2=1.5\text{cm}$,$A_{合}=0.5\text{cm}$。

相位差若处于两种特殊情况中间,则合振动的振幅会处在最大与最小之间的某个值。

由此可见在振动和波动中相位和相位差的重要性,就如同在工作中要提倡团队合作精神一样,只有和谐相处、步调一致才能形成最大的合力。当然在一般用语中,不用“相位差”这个词,而是把同相叫做和谐,把反相说成是在闹别扭,不和谐。

3. 复杂振动的分解

实际中存在的振动是复杂的,但复杂的振动总可分解成振幅、频率、初相不同的简谐振动,这叫振动的分解。数学上采用傅里叶公式进行分解,实验中有专门的仪器来做这件事,那就是各种频谱仪,如声频频谱仪、光谱仪。它们能告知在复杂振动中各种频率简谐振动的振幅是多少,把振动的时间函数 $x(t)$(图 3-7 左边) 用频率的振幅函数 $A(\omega)$(图 3-7 右边)表示出来,这里频率的振幅函数 $A(\omega)$ 称为频谱。图 3-7 表明了周期信号的分立频谱,这种周期性振动信号中只存在某些分立的简谐振动,图中竖线高

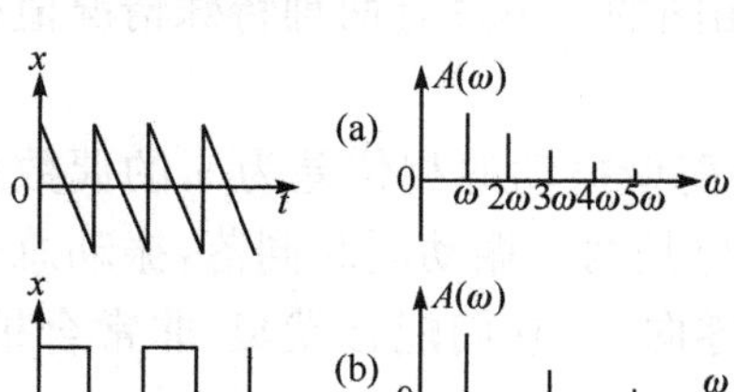

图 3-7　周期振动信号的分立频谱

低代表对应频率的简谐振动的振幅大小，水平角频率轴上的数字代表基频、二次谐频、三次谐频等。由图 3-7 左边变到右边，相当于振动的分解；由图右边变到左边，相当于简谐振动的叠加。

一首音乐，可以分解成很多不同的简谐运动。有些音乐朗朗上口，歌声悦耳，过耳不忘，流传甚久，有些则是曲调拗口，昙花一现。就是因为组成音乐的简谐振动不同，其振幅、频率、相位不同。音乐家如果学会了振动，则可以对此进行研究，创作出更加优美的音乐来。

3.1.3　共振

拿破仑率领法国军队入侵西班牙时，有一支部队从铁链悬桥上经过时，士兵们迈着整齐而有力的步伐，突然轰隆一声响，桥突然断了，所有的士兵都被抛进了水里。类似的事情在俄国圣彼得堡也发生过，也是士兵们迈着整齐的步伐通过桥梁时桥断了。可是奇怪的是，当时没有任何敌人的攻击，也没有发现任何炸弹，也不是因为桥梁年久失修。那么原因何在呢？就在于共振。何谓共振？要想知道，先了解阻尼振动和受迫振动。

1. 阻尼振动

图 3-1 所示的装置中，如果水平杆不再光滑，对小球有摩擦力了，或者小球在空气中运动时，必须考虑到空气对小球的阻力（对于频率大的简谐运动，阻力则更大），这时小球除受弹力外还受到摩擦力。摩擦力总是与速度方向相反，阻碍了运动的发生。由于阻力的存在，振动物体的振幅会逐渐减小，最后停止振动，这种振动称为**阻尼振动**。对于图 3-1 所示装置，由于空气阻力或摩擦力的原因，振动会很快停下来。

摩擦生热，机械能转变成热能，机械能不再守恒了，阻尼振动的振幅会逐渐变小，阻尼振动不是简谐振动。在实际情况中，阻力总是存在的，但是我们还是希望振动能够持续，也就是说，在有阻尼的情况下，希望振幅能够不变，保持等幅的周期振动。那么如何做到呢？

2. 受迫振动

物体运动时不可避免要受到阻尼，在有阻尼存在的条件下，因为摩擦而产生热能，机械能逐渐减少，所以要维持物体的等幅振动，就必须由外界向物体补充机械能。要补充机械能必须通过外力做功来实现，通过这个补充的外力，来抵消摩擦阻力。对振动物体施加一个周期性的外力下的振动叫做**受迫振动**。作用于振动系统，使系统能持续振动下去的周期性外力叫**驱动力**。

物体受到弹性力、摩擦力、驱动力的合外力作用，受迫振动达到等幅的稳定振动状态时，其振动的频率与驱动力频率相同，而与物体的固有频率无关，这一点与前面学过的自由简谐振动不同，自由简谐振动是依固有频率振动的，而固有频率是弹簧振子本身特性决定的。受迫振动因为引进了外力，自然要受到外力的影响。打个比方，一个工厂根据自身的特点(人工、技术、产品等)在自由运转，有自己的运转规律(单位时间的产出与消耗、利润等等)。但是因为某些内耗，导致了运转不灵，这时需要注入外资或者请来管理人员，此时，工厂重新运转起来，但是运转规律和原先的就不一样了，必然要受到外部力量的影响和掌控。当然，新的运转规律与原先运转规律不同时，工厂的运转应该谈不上得心应手，工人可能也不买账，原有的技术与生产经验可能也不能排上很好的用场，这时外部力量(管理方式、资本运作等)如果能够做些调整，使得新的规律能够适应原有工厂的特征，那么就可以实现和谐共赢。类似地，在受迫振动中，如果外部驱动力的频率不合适，其频率大于或小于振动系统的固有频率(自由简谐振动时的频率)时，系统会显得有点跟不上步伐，受迫振动振幅会很小，如果驱动力频率向固有频率靠近，则受迫振动振幅会增大，当驱动力的频率与振动系统本身的固有频率一致时，受迫振动系统的振幅达到最大值，这称为**共振**。

桥梁有自己的固有的振动频率，当一支部队迈着整齐的步伐过桥时，会给桥以一定的外力，可以认为是驱动力，当驱动力的频率接近或等于桥的固有频率时，就会发生共振。导致桥的振动幅度最强，超过了桥的承受能力时，桥梁就会倒塌。

当然共振也有有利的一面。我们日常生活中用微波炉加热食物时就是利用了微波炉内产生的振动电磁场的频率和食物中水分子的振动频率一致，使水分子做受迫振动，发生共振。收音机电视机接收信号也是利用共振的原理，收音机电视机通过将振荡电路的固有频率调至与电台传输的电波信号的频率相同来引起共振，再将电信号放大，然后再把电信号转变成声音或图像。音箱也是利用共振来使声的低频段增强或者高频段增强。“人体乐器”有多个共振腔，咽腔、鼻腔、口腔、腹腔等供歌者调节。唱歌的人调节“人体乐器”发振的能力和技巧会影响到她发出的歌声是否令人喜爱。

唱歌者发出的声音振动如何传到听众呢，通过波来传播。振动的传播要靠波！

3.2 机 械 波

3.2.1 机械波形成的条件

向湖中扔个石子(图 3-8)，以击中点为中心，会看到湖面上一个接一个的圆形水波向外荡漾开来。仔细观察，你会看到击中点的水珠在上下振动，跟它相邻的水珠也跟着振动起来，湖面上的水珠好像有细弹簧连着似的，把各部分之间好像有弹簧连着似的介质称为弹性介质。看湖面波峰波谷交替出现，在空间显示出某种重复性或周期性，而各点水珠并没有从一地移到另一地，只是在平衡位置附近振动着，水面上大量水珠的振动集合就是我们看见的水波。各点的振动来自击中点水珠的振动，它是各点振动的根源，称为**波源**。

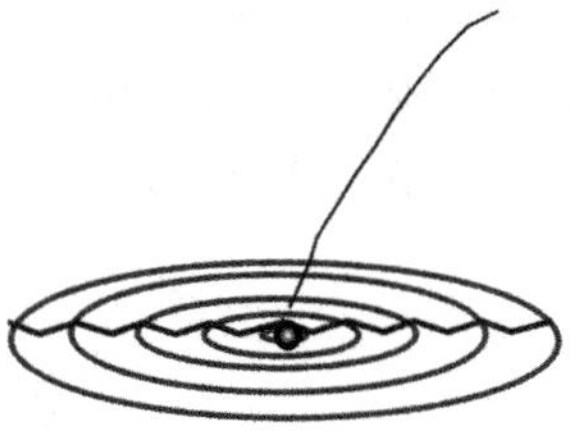

图 3-8　一石击起千层浪

水波形成实例，使我们感受到波动是振动的传播。水面波是水珠机械振动的传播，机械振动的传播形成机械波。

声波是人的声带或者乐器的振动在空气等介质中传播的一种机械波。在图 3-9中，有人大叫一声，在空气中形成声波，人的声带是波源，传播声振动的介质是空气。有声带没有空气，不管这人怎么大叫也不会使你听到什么；有空气，没有声源，你照样听不到那人的声音。

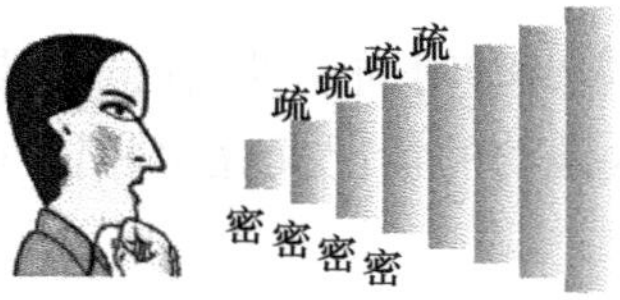

图 3-9　声波是疏密波(纵波)

从上面的分析，可以发现形成机械波要有两个条件：一是要有做机械振动的物体，它称为机械波的波源；二是存在传播这种机械振动的弹性介质。

按振动方向与波传播方向的关系，波可分为横波和纵波。将绳子一端固定，拉直后上下抖动另一端演示机械波，这时会看到绳上每点都振动，振动从抖动的手传播出去形成了波，波的传播方向与各点振动方向互相垂直，这样的波称为**横波**。声波在空气中传播时，空气分子会形成一种疏密交替分布的状态，分子密度大的地方压强大，分子密度小的地方压强小，所以常说声波是一种疏密波(图 3-9)。声波传播时，空气中分子作声振动的方向与波传播方向平行，这样的波称为**纵波**。

固体中既能传播横波又能传播纵波，从同一震源发生的地震波既含有纵地震波也包含有横地震波，而且传播速度还不同；液体和气体中只能传播纵波，如空气和水中传播的声波只能是纵波。

按产生机理来分，波又可分为机械波和电磁波，而电磁波是电磁振动的传播，它只有横波，它在真空中也能传播，无须弹性介质条件，这是与机械波不同的一点。

对于波，也需要用一些物理量来表征，才能更精确地描述它。

3.2.2　描述波动的物理量

1. 波长

如图 3-10 所示，水面上的水波，在同一时刻某些相隔一定距离的点的振动情况相同，具有一定的周期性。我们可以量一量在波传播方向上两个相邻波峰(或波谷)间的距离,这个距离叫做波长,用 λ 表示。在波传播方向上,相距为波长的两点,它们振动的情况相同,更物理化的说法就是,质点相对平衡位置的位移、振动的速度、相位是相同的。

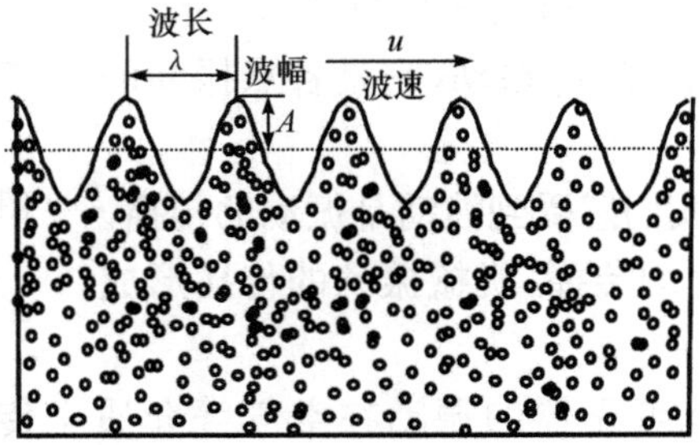

图 3-10　描述波的特征量

2. 周期

如果你的眼睛盯住水面一个固定的点,水面波也露出时间周期性:在同一点,不同时刻的情况不同,但是经过一个固定的时间 T 后,振动的情况又完全相同了。这个时间 T 称为周期,其倒数 f 叫做频率。

仔细观察,会发现,波在传播的方向前进一个波长 λ 的距离花费的时间为一个周期时间 T。波是波源振动的传播,波的周期(频率) 与波源的相同。

3. 波速

还要有一个物理量描述波在介质中传播的快慢程度,单位时间内波所传播的距离叫做波速,用 u 表示。同一列波在不同介质中传播的速度不同,在同一种介质中的传播速度相同。波在介质中传播的速度由介质本身的性质决定,对机械波是由介质的弹性和惯性决定。声波在 15℃的空气中的传播速度为 340m/s,在水中的速度为 1450m/s,而在钢铁中的速度达到 4900m/s。电影中常有这样的镜头,用耳朵贴着铁轨听远方火车是否来了,其原因就是声波在钢铁中传播的速度比在空气中快 10 倍多。

按波速、波长、周期(频率) 定义的物理概念,它们有下列关系:

$$u=\frac{\lambda}{T}=\lambda f \tag{3-6}$$

4. 波振幅

波的强弱可以用波振幅 A 来表示。波传播时,介质中每个质点在平衡位置附近来回振动,质点相对平衡位置的最大位移便是波振幅。

上面介绍了一些描写波的特征量，依此可以区分特征不同的波。但并没有对一个波动的全过程进行描述。我们如何来做这件事？

3.2.3　描写波动全过程的一维简谐波函数

由简单到复杂，设想在一无限长的弦线上有个波，怎么着手？你一看，这是一个力学系统，一定想去找牛顿第二定律来帮忙。可研究对象是个无限长的弦啊，聪慧的你可能想到把弦切成很多小小段，取一个小小段为研究对象，分析它的受力，按牛顿第二定律写出了一个方程，结果将是一个偏微分方程！解出这个方程，你就会得到弦上那些波的函数。

太复杂了。为了减少对数学的心理压力，还是从波动的物理概念出发吧。波动中，空间每一点都在平衡位置振动，不同时刻位移 y(这里要以 x 表示位置，故不以 x 表示位移)不同，要描写波，就要给出空间任意点 x 的振动，也就是要给出任意点 x 在任意时刻 t 的位移 $y(x,t)$。但波是振动的传播，如果知道一点的振动函数和波的传播速度 u，定能找出后续各点的振动函数。参照图 3-11，建立一个坐标系，有沿 x 轴正向以波速 u 传播的横波。先拿一个计时钟记录下原点 O 的位移变化，得原点 O 的振动函数为

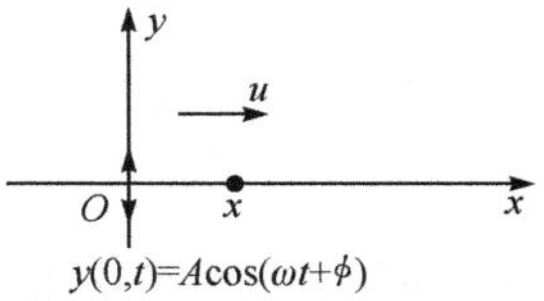

图 3-11　波是振动的传播

$$y(0,t)=A\cos(\omega t+\phi)$$

O 点的振动传到 x 点的时间为 $\frac{x}{u}$，即 x 点的振动比 O 点要晚 $\frac{x}{u}$，x 点 t 时刻的位移 $y(x,t)$ 应是原点在 $\left(t-\frac{x}{u}\right)$ 时刻的位移，故有

$$y(x,t)=A\cos\left[\omega\left(t-\frac{x}{u}\right)+\phi\right] \tag{3-7}$$

或

$$y(x,t)=A\cos\left(2\pi ft-\frac{2\pi x}{\lambda}+\phi\right)$$

如果波朝 x 轴负向传播，式中"－"号变"＋"号。上式就是一维简谐波的波函数，它表明了任意点 x 在任意时刻 t 的位移。括号中的项称为波的相位，波的相位是位置、时间、原点初始位移的一种综合表达。波函数式(3-7)与简谐振动的振动函数有什么不同？你会发现波函数中有两个自变量 x，t，而简谐振动函数只有一个自变量 t，故波函数是二元函数，波的相位不但与时间有关也与位置有关，是时间位置的综合表达。

例 3-2　有一维简谐波的波函数为 $y(x,t)=0.03\cos\left[20\pi\left(t+\frac{x}{340}\right)+\frac{\pi}{8}\right]$(m)，求波振幅、频率、周期、波速、波长和波传播方向。

解　将给定的具体波函数与一维简谐波的波函数 $y(x,t)=A\cos\left[\omega\left(t\mp\frac{x}{u}\right)+\phi\right]$进行比较得振幅 $A=0.03\text{m}$；角频率 $\omega=2\pi f=20\pi$，得频率 $f=10\text{Hz}$，周期 $T=\frac{1}{f}=0.1\text{s}$；波速 $u=340\text{m}$。又 $u=\lambda f$，所以波长 $\lambda=34\text{m}$。从波函数可知波沿 x 轴的负向传播。

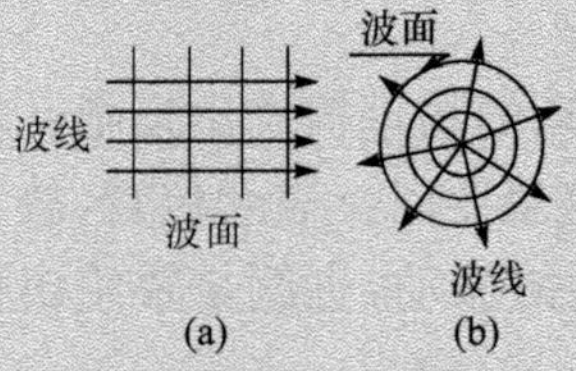

图 3-12　平面波与球面波

参照图 3-12 波的传播也可以说是相位的传播，把相位相同的点连成一个面称为波面，波面是平面的波叫做平面波(a)，波面是球面的叫做球面波(b)。波的传播方向可以用带箭头的直线表示。这样，波不但可以用波函数来描述，在几何上，也可用一些波线和波面来描述，且在同种介质中，波线与波面是垂直的。这样一来，对于沿直线传播的平面波，就有道理只画一波线来代表一个波。

3.2.4　波在两种介质光滑界面的行为——反射与折射

参照图 3-13，沿直线传播的波(入射波)遇到两种介质的界面时会一分为二，一路返回介质 1(波速为 u_1) 为反射波，一路进入介质 2(波速为 u_2) 为透射波。如果是斜入射，反射波线、透射波线与入射波线分居在界面法线的两边，遵守反射定律和折射定律。

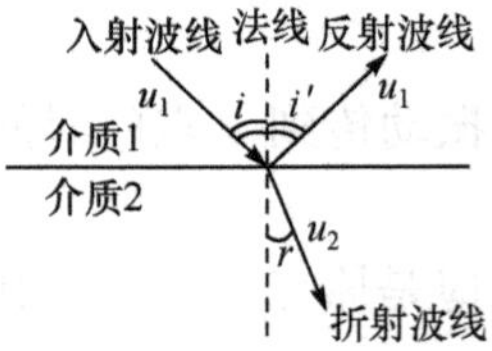

图 3-13　波的反射和折射

1. *反射定律*

反射角 i' (反射波线与法线夹角)等于入射角 i (入射波线与法线夹角)，即 $i'=i$。

2. *折射定律*

设透射波线与法线的夹角为折射角 r，则有 $\frac{\sin i}{\sin r}=\frac{u_1}{u_2}=\frac{\lambda_1}{\lambda_2}$(波通过界面频率不变。但波速和波长发生变化，界面两边，相对来说密度 ρ 较大的称为波密介质，较小的称为波疏介质，波密介质中波速波长较小)。当波由波密介质向波疏介质入射，入射角超过临界角时，会发生全反射而无透射波，这就是光导纤维用于光纤通信的导光原理。天坛的回音壁、三音石和圜丘都是我国明代建筑师巧妙利用声波反射原理的杰作,时至今天,仍挑逗着现代游客好奇的神经。

3.2.5 波遇障碍物的行为——波的绕射(或衍射)

小刘的爸爸昨天在里屋教训了他的儿子一顿,第二天,班上就有人问他,“昨天你爸爸骂你了?”小刘感到有点奇怪。回家后左思右想,抬头一看,门上的通气窗开着,联想到同学小李就住在他家对门,也许那天他家门开着。真是物理老师讲的“波衍射”显能了,原来老爸那激动的声波通过窗户衍射,经弯弯曲曲的路径传到了小李的耳朵!

这种波衍射的事,在水面上也能看到,一个大水塘,中间有堤将之隔成两部分,但堤上有一段不大缺口,将两部分水面连通,现在一边的水面出现了水波,没多久水波传到了缺口处,这时以缺口为始点,在另一边水面激起了球面水波,逐渐向外扩张,通过缺口水面的水波波面与波线不断弯曲,绕过堤坝传到了非直线传播所能达的地方。在物理上把波遇障碍物后,因波面受到限制,发生波线波面弯曲而抵达障碍物后面的现象称为绕射或**衍射**。产生衍射的条件是波面受限尺度应与波长可比拟。

3.2.6 波与波相遇的行为——波的干涉

1. 波的独立传播原理与波的叠加原理

两列波在介质中传播,不会因为一列波的存在而影响另一列波的振幅、频率、相位、传播方向和波速,各自保持自己的特征相互穿越向前传播,这称为**波的独立传播原理**。(真是井水不犯河水啊!)在波独立传播条件下,就有波的叠加原理,该原理认定介质中一点的位移是所有波在这一点引起的位移的叠加。叠加有相干叠加和非相干叠加。什么条件下会产生相干叠加呢?

2. 两波干涉的条件

当两个相遇波的振动方向相同,频率相同,波的相位差恒定(即与时间无关)。便说这两个波是相干波,在空间相会能产生相干叠加,呈现干涉现象。

3. 波干涉现象

当两列相干波相遇,在空间引起周期性的加强与减弱的交替分布称为**波的干涉**。对于声波来说,在空间有交替的强声和弱声分布,对光波来说,有交替的明暗条纹分布,真可谓是此消彼长。为什么声+声会无声呢?为什么光+光=黑暗呢?这就是相位和相位差的奇妙处。还记得振动叠加中的同相、反相的情况吗,依此就不难理解了。下面以相反传播的两个一维波干涉为例做出说明。

3.2.7 波干涉实例——驻波

如图 3-14，在两个底座上各树一杆，在杆之间固定一长度为 l 的弦线，又在右杆底端装一做简谐振动的振源。开动振源后，你会看见弦线上出现了波腹、波节交替地排列。弦上每一点做振幅不同的简谐振动，振幅最大的点为波腹，振幅为零的点为波节，这就是一维驻波，与式(3-7)表达的波不同，那是行波，那里波形和波的能量在移动(形成能流)。驻波是站着的波，波形不会传播，没有波能量的输运，管弦乐器和其他乐器在演奏时，弦线和管中都会出现驻波。图 3-14 是由于眼睛有暂留效应看出的效果。如果用高速摄影机拍下不同时刻弦线的像，不同时刻弦线位移如图 3-15 所示。可以看到两个节点之间的那些点的振动是同相的，即同时向上或向下或过零，节点两边的点振动是反相的。两个节点之间的距离是 $\lambda/2$。

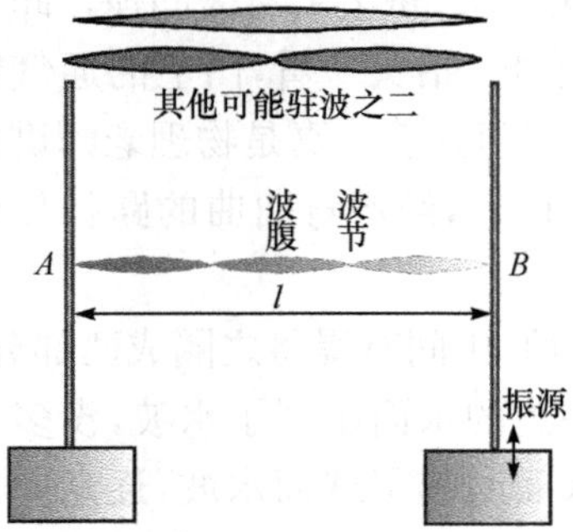

图 3-14　一维驻波

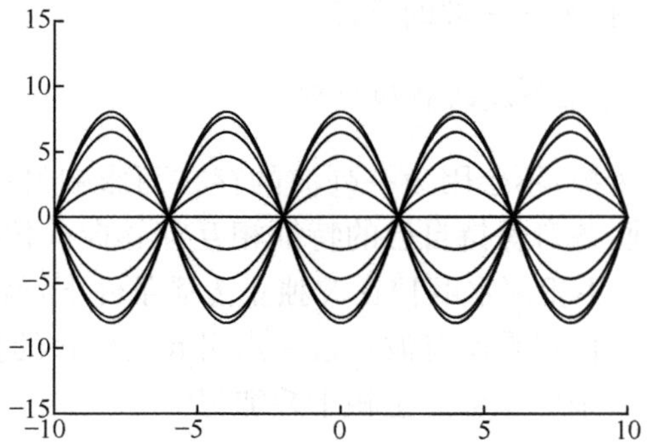

图 3-15　不同时刻驻波波形图

为什么在弦上会出现驻波呢？驻波其实是波的干涉现象，振源的振动，使 B 点在弦线上激起一个左行波，这波传到 A 点遇到了两种介质的分界面，产生右行的反射波，这两个波给弦上每一点各送来一个简谐振动，它们符合相干条件，进行相干叠加。在某些点，入射波反射波送来的振动是同相的，得最大合振幅，$A_{合}=A_1+A_2=2A$(出现波腹点)，另一些点两个波送来的振动是反相的，$A_{合}=|A_1-A_2|=0$(出现波节点)。其他点两波送来的振动既不同相又非反相，合振动振幅处于 $2A$ 和 0 之间，各点做振幅不同的简谐振动。

还有一个有意思的问题是：是否任何波长的波都可以在两端固定的弦线上形成驻波？对于两端固定的弦来说，固定端位移是零，所以两个波的振动在端点一定要反相，而两个节点之间的距离为$\lambda/2$，所以只有满足$l=n\cdot\frac{\lambda}{2}(n=1,2,3\cdots)$的某些分立的波长才能在长为$l$的弦上产生驻波。这也是不同长度的弦能发出不同音的原因。

3.2.8 波的多普勒效应

波的波速和波长会随介质不同而变化，但频率不变。这是波源和波接收者相对静止的情况。若波源或接收者运动，接收者测得的频率还与波源发射的频率一样吗？

在火车站，趋近你的火车发出的声音会变高，远离你的火车发出的声音会变低沉，这就是多普勒效应在生活中给人的感受。当声源以一定速度趋近接收者，接收的声音频率会变高；声源以一定速度远离接收者，接收的声音频率会变低。不管是波源运动还是观察者运动或是二者都运动，都会使接收者接收的频率相对波源的频率有一个偏移(升高或降低)，这现象称为**波的多普勒效应**。多普勒效应是奥地利科学家多普勒·克里斯琴·约翰，于1842年在一篇“关于双星颜色变化”的论文中提出来的，颜色的变化是光的频率的变化或偏移。对电磁波(包括光波)，多普勒频率偏移与光源和接收者的相对速度有关，星体以一定速度远离，接收频率偏低、波长变长、发生红移，星体以一定速度趋近，接收频率偏高、波长变短、发生紫移；对声波来说，当介质一定，这个偏移量与声源速度、接收者速度有关，据此就有声调变高或变低。波的多普勒效应的技术价值，在于测定速度和速度分布。如多普勒雷达用于测飞机、卫星、汽车等运动体的速度；激光多普勒效应测定流体的速度分布；医院里用超声多普勒血流计探测血液流动情况；天文上利用光的多普勒效应引起的频谱移动确定星体的速度，断定宇宙在膨胀。

3.3 机械波的实例——声波

声波是一种纵波，声波根据频率不同分为三类：频率在20Hz到20000Hz之间，能引起人的听觉，在这频率范围内的振动称为声振动；频率高于20000Hz的机械波叫做超声波；频率低于20Hz的机械波叫做次声波。

3.3.1 能听见的声波

不同的声音有不同的振动方式，它们能够起区别不同信息的作用。人耳能够分辨风声、雨声和不同人的声音，也能分辨各种言语声，它们都是来自声源体的不同信息波。声音是一种机械振动的传播，我们人类生活在一个充满声音的世界里，在空气中的某一物体一旦发生振动，它就会引起物体周围介质的振动，这种振动会一直向远处扩散开来，物体的振动也就被带到四面八方了，当这种振动传到我们耳朵里时，会引起鼓膜的振动，这种振动经过一系列复杂的传导，到了大脑的听觉神经，我们便有了声音的感觉。

在中学里，我们学习过音色、音调、音响。其实音响跟振幅相关，振幅越大，响度越高。音调由频率决定，频率大则音调高。而音色则与不同频率的简谐振动的合成有关。这些量只能说是定性的量。要认真研究声音，还是应该从振幅、频率、相位等参量来入手。我们在生活中可以欣赏到悦耳动听的歌曲，也经常听到一些令人烦噪不安刺耳的噪声。同样是乐音，有的音调高，有的音调低；有时声音大，有时声音小；有的用钢琴伴奏，有的用小提琴或我国的民族乐器二胡、三弦等伴奏。在夏天我们常用手敲打西瓜，来判断西瓜的生熟。同样大小的西瓜，生熟时的质量不同，如果用简谐振子模型来处理，则用手拍打后其振动的频率不一样，引起了我们听到的音调(频率)不同，据此可以判断西瓜生熟。当然，因为西瓜毕竟不是弹簧振子，拍打后也不可能产生简单的一个简谐振动，一般会是一个复杂的振动，由多个简谐振动合成而成，则就需要看音色来确定了，具体跟挑瓜人拍西瓜的手法和力度有关。

这里提到的是对声波和声振动的一种主观感觉，为了有愉悦的感觉该怎么做。

1. 对声音的主观评价

人对声波的主观评价有三，它们是音响、音调、音色。它们与前面我们对波的客观描述和评价有什么关系?

(1) 音响是对声强的一种主观评价

前面曾用振幅来描述波的强弱，为了描述在介质中传播的声波强弱，常采用与振幅平方成正比的声强这个物理量。声强就是在单位时间内通过垂直于声波传播方向单位面积的声波的能量。声强的单位为 W/m^2。人耳刚能听到的最弱声音的声强约为 $10^{-12}\ W/m^2$；正常听觉的声强为($10^{-6} \sim 10^{-5}$) W/m^2；当声强为 $10^2 W/m^2$，就成了耳朵震痛得难以忍受的声音。人们感觉到的声的强弱，并不与声强的大小成比例，而是与声强对数值成比例。为了方便，声学中用声强的对数量(叫做声强级)来表示声音的相对大小。用公式来表示声强级为

$$L=10\ \lg \frac{I}{I_0}$$

式中，I 为声音的声强，I_0 为声强的基准值，其值为 $10^{-12} W/m^2$，声强级常以 dB(分贝) 来标志。如果某个声音的声强等于基准声强，则声强级为 0 分贝，如果声音的声强为基准声强的 10 倍，则声强级为 10 分贝。能引起人听觉的声强级范围为 0～140 dB，正常谈话声音的声强级约为 60～70dB，声强级 100dB 以上的声波，会影响听觉。

(2) 音调是对声音频率或周期性的主观评价

女高音男低音男中音指的是唱歌时发出的频率的高低，非声音的强弱。频率高的为高音，频率低的为低音，人唱歌时可发出 60～2500Hz 的声音；钢琴上每个键能发出一定频率的声音，钢琴可发出 27.5～4086Hz 的声音。音乐上以音名表示音调，如用音名 CDEFGAB 及升降符来表示不同的八度音调，音调与频率有一一对应的关系，频率每增高为原来的两倍，音调就高一个八度。合唱时、合奏时，应保持音调一致，否则就乱套了。

(3) 音色是对声音频谱的主观评价

我们听到声波中的声振动是一些简谐振动的叠加，频率最低的为基频，频率是基频整数倍的为谐频，不是基频整数倍的为分频。谐波频率比为简单整数比的音乐声听起来比较和谐。声频谱定然影响人的感觉。

2. 乐音和噪音

声强按时间的分布具有一定周期性的声音，频谱为分立谱；具有一定音调的听来令人愉悦的声音为乐音。声强按时间的分布不具周期性的杂乱分布，频谱为连续谱，无一定音调听来令人心烦意乱的声音为噪音。

音乐声为乐音，有利人的身心健康。建筑工地机器的轰鸣声、混凝土搅拌机的轰隆声、装修房屋时发出的声音等，这些并非悦耳的声音会影响人们的休息和睡眠，是人们不想听的声音，我们称之为噪音。

当代重大环境问题之一是噪音污染，社会上对环境污染的控告最多的是噪音问题。除了长期在较强的噪音(90dB 以上)中工作会造成耳聋外，不太强的噪音对人也会形成干扰。例如噪音达到 70dB，面对面谈话就有困难，50dB 环境下睡眠休息已受到严重影响。噪音的控制是非常重要的，我们可以从三方面控制噪音：在声源处减弱噪音；在传播过程中减弱噪音；在人耳处减弱噪音。

噪音也有有利的一面，噪音对植物生长不利，不同的植物对不同的波段的噪声敏感程度不一样。为此，有人巧妙制成了噪音除草器，把它置于田间，其发出的噪音可诱发杂草种子提前萌发，这样就可以在农作物生长之前施药除掉杂草，从而提高了除草的效率，这可算是噪音为人类造福的一件好事。

利用噪音还可以制服顽敌，目前已研制出一种“噪音弹”，能在爆炸时释放出大量噪音波，麻痹人的中枢神经系统，使人暂时昏迷，该弹可用于对付恐怖分子，特别是劫机犯等。

由此可见，任何客观事物，有利也有弊，有弊也有利，看待事物要一分为二。

3.3.2　听不见的声波——超声波

超声波是频率大于 20000Hz 的声波，超声波的波长短，超声波射线可以和光线一样，能够反射、折射，也能聚焦(用于医疗的超声刀，用于微电子器件制造的超声焊接)。超声波的波长很短，因此衍射现象不明显，方向性好，可以定向发射。超声波有两个特点：一个是能量大，另一个是沿直线传播。

利用超声波的能量使物质的一些物理、化学、生物特性或状态发生改变，或使这类改变的速度加快，这叫做超声处理。

1. 刺探内部伤情——超声探伤仪

波遇界面会发生反射和折射，如果设备的材料内部出现了断裂或空洞，波传播到此相当遇到了一个突变的断面，就会发生反射。利用超声波束送入待检查的材料、内部的缺陷、伤痕就会产生反射波，接收这些反射波，就可探知伤残的位置和形状。这就是工业用超声探伤仪的原理。在无缝钢管的生产线安装上此类仪器，可确保钢管不带伤残；在火车道上安上此类仪器，火车一过便知车轮、车轴是否有隐患。

2. 人体的超声探伤仪——B超

到医院看病，医生会叫你去做B超检查。所做的与上面的探伤仪是一回事。从体外向人体内部发射一束超声波并进行扫描，然后根据体内器官反射回来的超声波的特征形成器官图像，判断或检查该部分器官的病理状况。

3. 窥探海底敌情——声纳

海水对电磁波的吸收很强，因此在海洋中电磁波在通信和探测上失去了用武之地，但超声波却可大显身手。特别是潜水艇和军舰不可缺少。可用于与友舰(艇)通信，也可用于了解敌人舰(艇)行踪。

声纳和雷达的功能和原理很相似，只是它们用来工作的波不同，雷达是使用电磁波而声纳是使用超声波(属机械波)。

声纳可分成被动式声纳和主动式声纳。被动式声纳不发射超声波，声纳就是一个相当于人耳的听声器，敌人的潜水艇或舰艇开动时会发出声响(或噪音)，通过基阵的监听就可确定敌舰或潜艇的位置和参数。它的优点是隐蔽性好。外舰在我国南海用声纳监听，只要得知我潜艇发出的声响进行频谱分析，储存起来就成了该潜艇的声特征标志，哪天在另一海区听到了该声标志的声响，就能认定该潜艇在那儿。当被诊查的目标关机静待，被动式声纳就无能为力了，这是它的缺点。为克服被动式声纳的缺点，发展了主动式声纳，主动式声纳用基阵发射超声波束，在水中扫描，遇到障碍物就会反射产生回波，基阵收到这些回波信息进行处理并显示就可得知周边状况。

3.3.3　长寿命的声波——次声波

频率低于 20Hz 的声波，人耳也听不见，称为次声波。

(1) 杀手是它?

1890 年，一艘名叫“马尔波罗”的帆船在从新西兰驶往英国的途中，突然神秘地失踪了。20 年后，人们在火地岛海岸边发现了它。经观察，船上人员全部死亡，但船上设备和物品完好如初。后来进行了谨慎研究，疑是风暴产生的次声波下的毒手。

1948 年，一艘名为“乌兰格梅奇”号的荷兰货船，在通过马六甲海峡时，突遇海上风暴。当救援人员赶到时，船上所有人员都莫名奇妙地死了，经调查研究，疑为这场悲剧是风暴与海面惊涛合伙引起的次声波造成的。

(2) 次声波为什么会杀人?

经查，人体内部的各种生命过程都是按一定节律(频率)周期性进行的，从力学上讲人体器官都有固有频率，如内脏固有频率 4～8Hz，大脑固有频率 5～12Hz。正好处在次声频谱 0.0001～20Hz 范围。如果次声频率与固有频率相等或相近就会发生共振，会引起视力模糊、恶心呕吐、胸闷心悸、四肢麻木等症状，甚至会导致内脏振坏、致人死亡。

(3) 次声波从哪里来?

次声波属于机械波，要产生同样必须具备上述两个条件。在自然界中，振动的声源是什么? 前面我们提到风暴、巨浪，除此以外还有火山爆发、陨石落地、海啸、雷电、地震、空中湍流、龙卷风、磁暴、极光等都可能伴有次声波的发生。1883 年印尼克拉托火山大爆发，激起的次声波绕地球三周，这是人类首次记录到次声波。在人类活动中，诸如核爆炸、导弹飞行、火炮发射等都会产生附带的次声。1961 年，苏联在北极圈内新地岛进行核试验激起的次声波绕地球转了 5 圈。次声波的寿命真长啊!

(4) 它的寿命怎么这么长?

次声波频率低、波长长，有传播远、穿透能力强的特点。波的衰减有两个原因，对于点源发出的球面波，随着传播距离加大波能分散，波强度衰减；另一原因是由于波传播过程中介质的内摩擦使波能变成了热能，波强度衰减，或说成介质对波有吸收。对于声波来说，这种吸收随波频率的增加而增加。对频率 7000Hz 的声波经 7km 后约损失 90%；对频率 20Hz 的声波经 100km 后约损失 90%；对频率 1Hz 的声波经 3000km 后约损失 90%；对频率 0.01Hz 的声波绕地球一周才损失 90%。这就是次声传播远寿命长的原因。

(5) 还是不要用它来杀人!

有的人想利用次声波的特性来制造杀人武器，可能是从次声造成惨剧得到了启发吧！也有人心地善良，想利用次声波来预报自然灾害，如台风、地震、火山爆发等，还想利用人体生命过程发出的次声波来诊断疾病。我们应该利用科学多做一些善待地球、造福人类的事情，而不是用科学来进行战争。

3.4 电 磁 波

本章已重点介绍了机械振动和机械波，涉及的概念和方法也适用于其他波，为了叙述完整，这里也说说电磁波。电磁振动的传播形成电磁波。在电磁过程中，有类似图 3-1 弹簧振子的电磁振子。在电磁振子中，用一个由导线绕制的线圈（又叫电感 L）代替弹簧振子中的惯性件，质量 m 的小球；用一个能贮存正负电荷的电容 C 代替弹簧振子中的弹性件，劲度为 k 的弹簧。电容中贮有正负电荷时相伴地贮有对应的电能，线圈中流过电流时便相伴地贮有对应的磁能。弹簧振子作简谐振动时是势能与动能在弹簧与振子之间相互转换和传递，这种过程会按简谐振动的余弦函数关系延续下去。将一个电容 C 和电感线圈 L 并联就可以构成一个电磁简谐振子。电荷和电流就会做类似式(3-2)、式(3-3)那样做简谐振动，电能和磁能就会在电容 C 和电感线圈 L 之间转换和传递，产生简谐式的电磁振动。但这种电磁振动不易在空间激起电磁波，一则是电容电感太大，振荡频率太低，二则与大空间接触匹配不佳。解决的办法是减小电容 C 和电感 L，用一个称为天线的部件取代它们，天线是一个电容电感的复合体。

大家都见过天线吧。电视台有高高耸立的天线，收音机上有天线，手机上有天线，雷达有天线阵，还有你不能直接看见的小天线——分子、原子。天线是用来发射或接收电磁波的电磁振子。用天线发射电磁波时，要有一个补充能量的高频振荡器与它相连接，从而在天线上激起高频率振动电荷和电流，这样一来，天线就能在空间激起向外传播的电磁波。发射电磁波的功率与频率的四次方成比例，这是采用高频振荡器的原因之一。如果天线是用来接收电磁波的，浸在电磁波中的天线上就会出现高频电流高频电荷，在天线后接放大器和处理器以增强信号。手机上的天线既起发射作用又起到接收作用。

要问电磁波是啥样子，电磁波是手拉手相互鼓励着往前同步走的电场波和磁场波。要问天线为什么能发射电磁波，那你得好好学习电磁学才能明白。对一维简谐电磁波随空间时间的变化，可以用类似式(3-7)的余弦函数表示，只要将位移 y 换成电量或磁量就行了。具体知识见第 5 章。

第 3 章习题

1. 什么是简谐振动？简谐振动的特征是什么(从受力和运动学及总能量角度予以说明)？

2. 简谐振动的运动函数为 $x=5\cos\left(100\pi t+\frac{\pi}{6}\right)$(cm)。可知振动振幅为________,频率为________,周期为________,初相为________,t 时刻的相位为____________。

3. 证明简谐振动的总能量(动能+势能)守恒。

4. 振动系统的固有频率由________决定。弹簧振子的固有频率由________、________决定。

5. 怎样确定两个简谐振动的相位差?什么情况下两个简谐振动的相位差与时间有关?什么情况下两个简谐振动的相位差与时间无关?

6. 什么叫振动的同相与反相?在这两种情况下合振动振幅与分振动振幅有什么关系?

7. 傅里叶分解的物理意义是什么?

8. 什么叫阻尼振动?什么叫受迫振动?共振是怎么回事?

9. 什么是波?产生机械波的条件是什么?

10. 简谐波的波长、周期、频率、波速各描写波的什么特征?它们之间有什么关系?

11. 一维简谐波的波函数为 $y(x,t)=0.02\cos\left[200\pi\left(t-\frac{x}{340}\right)+\frac{\pi}{6}\right]$(m),则波的波速为________,频率为________,周期为________,波长为________,原点初相为________,波沿________传播。

12. 在两种光滑界面反射和折射存在什么规律?

13. 波面的受限尺度与波长尺度可比拟时,会发生什么现象?

14. 两列波满足什么条件,在它们相遇时会发生干涉现象?干涉现象与振动叠加的同相反相有什么联系?

15. 为什么说驻波实际上是一种干涉现象?驻波与行波有何不同?

16. 一维驻波有波腹和波节,波腹点实际上是两列反向传播简谐波的________点,波节点实际上是两列反向传播简谐波的________点。

17. 驻波两相邻波节点间的距离是________。两端固定的长度为 L 的弦,在其上能形成驻波的波长应满足的条件是________。

18. 波的共性是什么?什么是纵波(横波)?在液体和气体内能传播横机械波吗?

19. 试说明人耳能听见的频率范围。为什么有的声音听起来悦耳,有的却为噪音?噪音有何危害?电子显示板上显示噪音是 70dB,这是什么意思?

20. 超声波有哪些应用?

第4章 热 学

炎热的夏天，寒冷的冬天，冷热的本质是什么？调节冷热的电冰箱、空调器又是怎么回事？在对冷热的探究中，读者会见识自然界的两条基本规律——热力学第一定律和热力学第二定律。通过定律，你会领悟安装在汽车、火车、飞机、火箭上的发动机是怎样从煤和油中提取“力气”，将热能转换成机械能的。可就是这个令人欣喜的转换同时又给我们带来了能源危机，环境污染等社会问题。在将定律表达成数学形式时，引入了不可逆过程、内能、熵这些概念。读者可能对克劳修斯从热机中拽出来的这个“熵”倍感惊讶，惊讶之余会发现熵是社会科学与自然科实现对接的一个好接点。不信吗，熵正浸入管理学、经济学、社会学呢，姑且不说化学、物理学、信息论对它的喜爱了。

4.1 热 运 动

4.1.1 布朗运动——无意中看见了物质内部一个混乱的世界

这个世界有海量居民——分子。

1826年英国的植物学家布朗(R. Browm，1773～1858)，在一个偶然的情况下，用显微镜观察悬浮在水中的花粉和雄黄粉。他惊奇地发现，这些比分子大得多的小颗粒都在进行着快速地、无定向地、随机地、永不停息地运动。颗粒越小，温度越高，这种运动就越激烈。这就是布朗运动。每个作布朗运动的颗粒都非常的小，直径也就大约在1～10微米左右。

如果你有足够的耐心，就紧紧盯着一个颗粒的运动，你会发现，这个颗粒就像一只没头苍蝇一样，东撞一头，西撞一头。每隔一段微小的时间记录一次位置，所留下来的路径就是一条毫无规律的折线(图4-1)。如果在两个位置记录点之间，再缩短观察的时间间隔，会得到与大时间间隔所得相似的折线图形，谓之不同时标下的自相似，现代科学已将这种支离破碎的自相似图形称为分形。海岸线、云朵、经络、血管、树叶……都是分形。分形是非线性科学的研究热点之一，这种基础研究会带来许多有价值的应用。

那么，布朗运动是怎么产生的呢？其实，我们肉眼所看到的水，实际上是由许许多多分子组成的。这些分子每时每刻都在进行着永不停息的随机躁动，躁动的分子撞击着花粉等细微的颗粒，如果悬浮物的颗粒太大，则在每一瞬间撞击到这个大颗粒上的分子数目就太多了，致使这些撞击作用基本上相互抵消了，大颗粒就会保持不动。而当这些颗粒小到一定程度时，受到的来自各个方向的分子的撞击作用力也就不会平衡了。在某一瞬间，微粒在一个方向受到的撞击作用强，就会导致它向这个方向运动。仿佛是一个脚踩万向轮的同学，站在光滑冰面上，和一群同学做相互推搡游戏一样。关于布朗运动的理论还解释了在阳光下看到的尘埃为什么可以不理睬重力的作用而能够来回飞舞，其中的原因就是构成空气的气体分子以很高的速度向各方向运动，而尘埃不停地受到来自各个方向气体分子对它的碰撞，这样尘埃就能够像气体分子一样，在空间保持长久的悬浮。

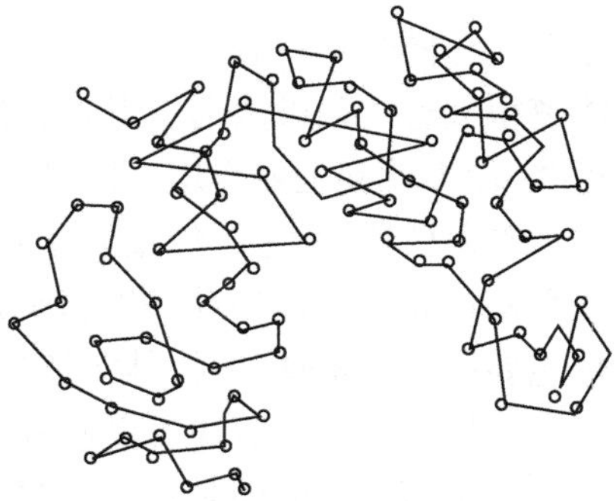

图 4-1 布朗运动

由于对布朗运动现象的观察和了解，使得人们间接地认识到分子和分子运动的存在。大量分子这种永不停息的无序运动称为**热运动**。

布朗粒子行走的径迹很像一个喝醉了酒找不到回家路的醉汉的行为，依此数学家建立了研究随机现象的醉汉模型或随机走模型；有一个经济学家用研究布朗运动的理论研究经济问题取得了成果，从而获得了经济诺贝尔奖；你在看电视时常看到令人不快的杂波和听到刺耳的噪音，那是因为电子除做规则运动外还做布朗运动，电子工程师研究布朗运动找到了消除噪音的方法；股票涨跌记录好像布朗运动，天气的变化不也像布朗运动，小说家描写的多彩而起落的人生不也像布朗运动！所以说搞社会科学的也要学点自然科学知识，反之亦然。

现在人们已经认识到，分子的存在是真实的，各种各样的分子构成了绚丽多彩的物质世界，而且由于分子的质量和线度极其微小，所以组成任何物质所需要的分子数目都大得惊人。举一个例子，如果你喝下 180 克的水，就等于有 6.022×10^{24} 个水分子进到了你的肚子里。

可是人们还是存在着疑问：既然物质世界都是由分子组成，那么为什么物质还有气体、液体和固体之分呢？另外，在构造一个物体时，分子是不是一个紧挨着一个连一丝空隙都没有呢？

4.1.2 分子之间的相互制约——分子力和分子势能

其实，分子与分子之间并不是没有空隙的。不过你放心，即使分子之间存在着空隙也不是一盘散沙，其原因是分子之间存在着静电力。就拿固体为例，大家都知道，构成分子的是原子，原子中有带正电荷的原子核，和带负电荷的电子。这样，分子之间就会同时存在着引力和斥力。在一定范围内，分子之间既不能离得太远，也不能离得太近。稍微离远一点，引力就起主要作用，要把分子拉回来。可是一旦离得近些，斥力就起主要作用，又会把企图靠近的分子推开。一个分子距离其他分子有一个平衡位置，在这个位置上斥力刚好等于引力。通常情况下固体中的分子都会在平衡位置附近做振动，就仿佛分子与分子之间是通过弹簧连接起来的一样。当你想要拉伸一根铁丝时，其实你是在设法拉开无数条联合在一起的细小的弹簧。分子力是保守力，所以，还可以从势能的角度对分子之间的相互作用进行描述。当分子离开平衡位置的同时，相应的势能就会有些变化，按机械能守恒，动能也要发生相应变化，分子好像是处在一个一定深度的势阱中，只能在平衡位置附近扑腾。

可能有人会问，既然分子之间存在一个平衡位置，分子会不会老老实实呆在这？答案是否定的。这也许就叫做："树欲静而风不止"吧。这里的"风"就是分子的热运动。分子的热运动除非在绝对零度时才可以停止下来否则永远不会停止。当温度达到一定程度，那些热动能大的分子有可能摆脱约束逃离势阱。

分子力和分子热运动好像是一种游戏中竞技的双方，同时存在，又彼此竞争。分子力力图使分子排列更有规则，更有秩序；而热运动恰恰要尽最大的努力打破这种规则。它们彼此较量的结果使得物质存在着气、液、固三种状态。

当分子力占据上风时，物质多以固态形式存在。其中的分子（原子）主要在平衡位置附近做永不停息的往复振动。

当热运动占据上风时，分子离得很远，物质多以气态形式出现。分子可以平动，也就是分子可以有较大的活动范围，可以向各个方向运动。只要是两个以上原子构成的分子，那原子会振动，分子还会有明显的转动。如果分子间的平均距离比分子本身尺度大得多，分子本身大小形状忽略不计，分子间的力和势能也可忽略不计，这样的气体称为理想气体。

在物质的气态和固态之间是液态。液态的密度比固态要小，但是比气态要大。此时还是分子力占据上风，像固态物质一样，分子间依然存在着振动，但是分子的平动也悄然存在了。类似于固体，几个分子紧邻一起，这些分子的合力，使得它围绕着一个平衡位置振动，但是，当这个分子受临近分子碰撞时，它就有可能离开原来的平衡位置，跳到附近一个新的平衡位置上，在那里开始新的振动。

在此，举一个生活中司空见惯的例子，凉水在加热时，为什么会发出吱吱的响声？这其实就是分子力与热运动较量的结果。

当将一壶凉水放在火焰上加热时，在壶底处的水分子最先受热，外援使热运动越来越处于上风，分子挣脱了分子力的束缚，由液体向气体转化。当壶底处给它的温度达到100℃时，就变成了水蒸气，水蒸气要向上运动，可是它上面的水还未达到汽化的温度，这些上升的水蒸气小气泡不得已，只好将自己携带的热量交给上层的水分子，失去热量后分子力又重新占据上风，蒸汽泡又变成了水。在水分子先膨胀后收缩的过程中，引起水的振动。由于参与这个过程的水分子太多了，就会发出吱吱的响声。

当全部的水都升到 100℃时，壶底附近产生的蒸汽泡，就能稳定地上升到水面了，不再会中途收缩，水也就不再吱吱作响了，取而代之的是水低沉的沸腾声。民间有句经验之谈，叫做“响水不开，开水不响”。

在此还有一个来自日常生活的例子。当将水滴洒进热油时，就会产生噼里啪啦的爆锅声，这其中的原因还是和分子力分不开。

4.1.3 热运动剧烈程度的表示与测量——温度与温度计

分子运动的剧烈程度的直接表现是物体温度的高低，也就是说温度越高，物体内部分子运动得就越剧烈。分子热运动的形式有平动、转动、振动，每种运动形式都有对应的动能，如分子平动动能、转动动能、振动动能。对于某个分子它的动能在不同时刻是不同的，同一时刻不同分子的动能也是不同的。没办法，我们只好将分子动能按时间、按分子数目取平均，得到一个分子平均动能来比较热运动的剧烈程度。这个量正好能与我们测量的温度相对应，从微观上看，温度就是分子平均动能的度量。也可以说，温度是物体内部分子热运动剧烈程度的量度。而要测定温度的高低，最客观的方法是通过温度计。

现在的温度计可以说是五花八门，各式各样，有最为普通的液体温度计，还有液晶温度计、电阻温度计、气体温度计、热电偶温度计、半导体温度计、光测温度计等等。

尽管温度计的种类很多，但是它们都是基于热平衡理论，也就是说，当两个物体相接触，经过一定的时间后，这两个物体就会具有相同的温度。例如，当人们将体温表夹在腋下，经过大约 5 分钟左右，体温计的温度就和身体的温度一样了。

最为常见的温度计是水银、酒精或煤油等液体温度计。这种温度计制作方法很简单，就是将以上所说液体，装在一个玻璃管内，玻璃管内的一端，是一个玻璃泡，液体就存放在这里。当玻璃泡接触待测物体时，玻璃泡和里面的液体都会热胀冷缩，但液体热胀冷缩的程度远大于玻璃泡，而玻璃泡里液体体积的变化就表现为玻璃管中液柱的长短变化，这样被测物体温度的高低，就变成了玻璃管中液柱的长短了。酒精温度计适合测量从－78～＋110 摄氏度左右的低温段；水银温度计适合测量从 15～300 摄氏度左右的较高温度段。

可能会有人问，水是不是也能制成这样的温度计呢？答案是否定的。因为，水在 4 摄氏度时密度最大，温度比 4 摄氏度高，体积随温度升高而膨胀；温度比 4 摄氏度低，体积随温度降低而膨胀；相对 4 摄氏度热也胀冷也胀，而且水的膨胀系数很小，变化不明显。

制作温度计另一个要点就是设定温标，有了温标，才能对不同的测量进行比较。

目前比较流行的是三种温标，分别是：摄氏温标、华氏温标和热力学温标。

华氏温标是1714年由荷兰物理学家华伦海特设定的。华氏温标将特定浓度的盐水（NH_4Cl 氯化铵）凝固时的温度定为0 ℉。把纯水凝固时的温度定为32 ℉，把标准大气压下水沸腾的温度定为212 ℉，在32 ℉到212 ℉之间分为180等份，每一等份代表1度，这就是华氏温标，用符号F表示。

现在美国依然采用这种温标。

摄氏温标是1742年，瑞典物理学家、天文学家摄尔修斯（Anders Celsius，1701～1744）又设定了一个更为简单实用的温标，人们称之为摄氏温标。这种温标，将冰的熔点和水的沸点分别定为0 ℃和100℃，其间分为100格，每格为1℃，其符号为 t 。

现在包括中国在内的许多国家采用了这种温标。

热力学温标是1848年英国物理学家威廉·汤姆孙，也就是后来的开尔文爵士（Lord Kelvin，1824～1907）在玻意耳对气体性质深入研究基础上，引入绝对零度的概念而设定的温标，符号为 T，单位是K。热力学温标又称绝对温标。

绝对温标以绝对零度作为计算起点的温度。而将水三相点的温度定义为273.15K。人们已经习惯使用的摄氏零度，在开尔文看来，就是273.15 K。而其他摄氏温度的数值只要加上常数273.15就都顺利地变成开尔文温度了。

这种温标由于引入了绝对零度的概念，并将其定义为温度的零点，所以在热力学温标中没有负数，方便各种热力学问题的计算。

华氏温标和摄氏温标的转换关系为

$$F=\left(t\times\frac{9}{5}\right)+32;t=(F-32)\times\frac{5}{9} \tag{4-1}$$

式中 F 为华氏温标；t 为摄氏温标。

摄氏温标和绝对温标的关系是

$$T=273.15+t \tag{4-2}$$

式中 T 为绝对温标；t 为摄氏温标。

话到此处，请读者想想，还有什么东西可以用作体温计？

4.1.4 理想气体压强与绝对温度的关系——定容压强温度计

1. 压强的定义

如图4-2所示，一个底面为 S 的固体圆柱，放在地面上，面积为 S 的地面受到垂直压力 F（正好等于圆柱重量或重力），地面所受的压强定义为

$$p=\frac{F}{S} \tag{4-3}$$

可见，压强是单位面积受的力，单位是牛顿/米^2，简称帕斯卡（Pa），固体的压强是由于重力所致，与温度无关，对容器侧面不显示压强。但不管是固体，还是液体或气体，压强的定义都是式（4-3），其物理含义相同。

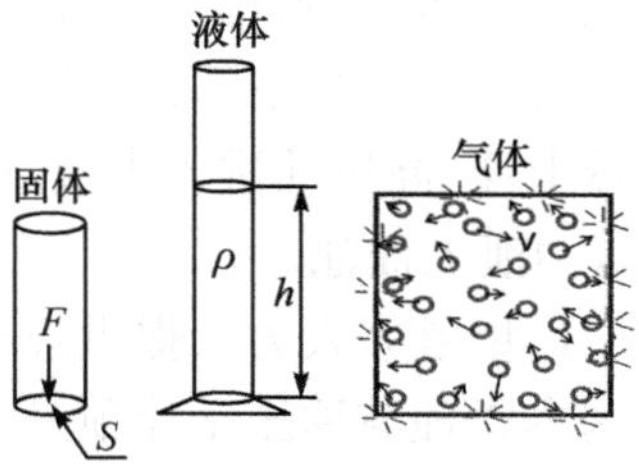

图 4-2 固体液体气体的压强

2. 液体的压强与帕斯卡原理

对于容器中的液体，压强仍源于重力，由压强定义式（4-3）可得液体压强 $p=\rho gh$，其中 ρ 是液体密度，h 是液柱高度或液体深度，g 是重力加速度。液体对容器底部和侧面都显示压强，并且密闭液体还能将压强向各个方向传递，这称为帕斯卡原理。利用帕斯卡原理，能制作对力起放大作用的设备，如水压机、油压机、千斤顶和液压传动系统。

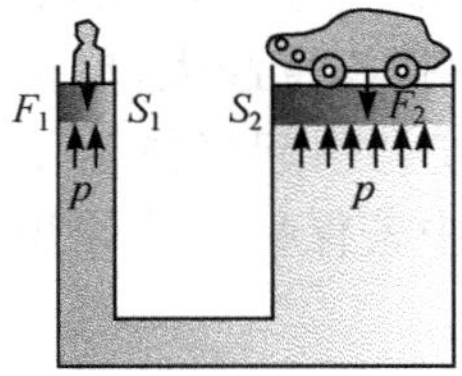

图 4-3 帕斯卡原理

如图 4-3 所示，两个横截面不同的圆柱容器，将它们连通，充以液体，再用两个活塞密封，在小活塞一边加小重物，就可以举起大活塞上的大重物，比如小活塞上放一个砝码，可以举起大活塞上的小汽车，这可能吗？

设砝码质量为 m，重量为 $F_1=mg$，如果忽略活塞的质量，砝码对液体产生的压强为

$$p=F_1/S_1$$

按照帕斯卡原理，这个压强将保持大小向各个方向传递，在大活塞处的压强也是 p，那么液体给大活塞向上的力为

$$F_2=p\times S_2=F_1\frac{S_2}{S_1}=F_1\left(\frac{r_2}{r_1}\right)^2$$

这里，r_2、r_1 是大小活塞的半径。由上式可知，液压传动的力放大倍数取决于大小活塞的面积比。如果大小活塞半径或直径之比为 40，当砝码质量 m 等于 1kg 时，便能举起大活塞上 1600kg 的物体，举起小汽车是不成问题的。

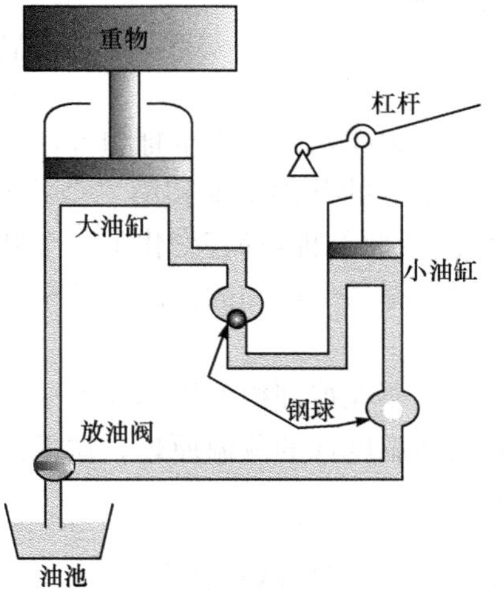

图 4-4 油压千斤顶原理图

为了理解液压传动原理，了解汽车修理中用来举起汽车的油压千斤顶是有意的。如图 4-4 所示，当杠杆上提时，小活塞上升，小液压缸腔内压强降低，形成局部真空。这时

黑钢球下落，切断小液压缸与大液压缸的通路，白钢球浮起，使油池中的油吸入小液压缸。当杠杆下压，小活塞下移，液压升高，白钢球下落，关闭与油池的通路。黑钢球上浮，高压油进入大液缸，推大活塞和重物上移。完成重物提升后，放油阀转90°，油泄入油池。

这里是靠人力来提供液压，在机械中使用液压传动，需用液压泵来提供液压，但基本原理与油压千斤顶是一样的。

汽车的刹车系统就是利用油压千斤顶的道理。司机踩刹车踏板的力经液压放大加到四个轮子的制动器上。

有的同学可能看见过挖掘机的工作过程，对它那运动自如，力气非凡的铁爪一定很佩服，想弄个究竟吧！其实它依据的就是人们早已发现的帕斯卡原理。挖掘机上控制铁臂工作的柱状伸缩装置就是液压传动系统。

3. 理想气体的压强

气体压强的产生机制与固体液体不同，气体压强是大量分子碰撞器壁的平均效果，是单位时间单位面积所受大量分子的平均冲量。温度越高，撞击分子的平均平动动能越大，压强越大，故气体压强与温度有关；另外，若气体密度越大，单位面积上撞击的分子越多，压强会越大。对一定量气体，体积改变会引起气体密度改变，压强随之改变，故气体压强与体积也有关。当然，在过程中若保持气体体积不变，则理想气体压强仅与温度有关。

4. 又一测温招术——定容理想气体压强温度计

如果采用绝对温标，在理想气体等容过程中，两个状态之间绝对温度与压强的关系为

$$\frac{T_1}{p_1}=\frac{T_2}{p_2}=\frac{T}{p}=C \tag{4-4}$$

它表明第一状态下理想气体的绝对温度 T_1 与对应的压强 p_1 之比，等于体积保持不变的条件下变到第二个状态后，理想气体的绝对温度 T_2 与对应的压强 p_2 之比，依此类推，等容变化下每个状态下绝对温度 T 与压强 p 的比，等于常量 C，可以选择某个已知的标准状态来确定这个常量 C，从而可以得

$$T=Cp \tag{4-5}$$

只要保持理想气体体积不变，通过测知压强便得绝对温度，这就是理想气体等容压强温度计的测温原理。这里的 C 是与保持不变的体积、质量及气体种类有关的常量。

4.1.5 理想气体状态方程

前面的式(4-4) 是对一个等容过程而言的，称为理想气体等容过程方程式。

式(4-5)可以看作是对等容过程中的某个状态而言的，只要测得了该状态下的压强 p，就能得知该状态下的绝对温度 T。

对于给定质量和气体种类的理想气体中进行的过程，如果允许它的温度、压强、体积都变化，但变中有不变，在过程中任意两个状态之间压强体积的乘积与绝对温度的比相等，即

$$\frac{p_1V_1}{T_1}=\frac{p_2V_2}{T_2}=\frac{pV}{T}=C' \tag{4-6}$$

C'为与理想气体质量和种类有关的常量。

在过程中的某一个状态下，理想气体压强、体积和温度的关系为

$$\frac{pV}{T}=C' \tag{4-7}$$

利用一个已知的标准状态，可以求得 $C'=\nu R$，式中的 R 称为气体常量

$$R=8.31\ 焦尔/摩尔(\mathrm{J/mol})$$

ν 是对理想气体质量和种类的综合表达，称为理想气体的摩尔数。设气体质量为 M，该类气体的摩尔质量为 μ，则该类气体的摩尔数 $\nu=M/\mu$。任何物质 1 摩尔(1mol) 具有相同的分子数 $N_A=6.022\times10^{23}/\mathrm{mol}$，称为阿伏伽德罗常量，不管是 1mol 氧，还是 1mol 水其中的分子数都是 6.022×10^{23} 个，物质的摩尔质量 μ 就是某类理想气体 6.022×10^{23} 个分子的质量。

将 $C'=\nu R$ 代入式(4-6)，得理想气体在某一状态中 p、V、T、ν 诸量的相互制约关系

$$pV=\nu RT \tag{4-8}$$

称为**理想气体状态方程**。

热运动很混乱，温度固然可以反映造成系统混乱的一方面，但不是全部，例如温度、分子数相同的一瓶 CO_2 气体和一块铜，系统的混乱程度就不相同。说明系统混乱程度与多种因素有关。什么量可以度量一个系统的混乱程度？

4.1.6 系统内部的混乱程度——熵

一群学生在操场上踢足球，一脚下去将球踢到了教室的窗子上，咔嚓一声，打碎了窗玻璃。物理老师从窗口伸出头，责问道："谁干的？增加这么多熵，应该赔偿啦！"学生生疑了，熵是什么？

我们不妨先看看玻璃状态的变化(图 4-5)，在玻璃打碎之前，它是整齐规则的，打碎后，四分五裂，这系统显得乱了许多。

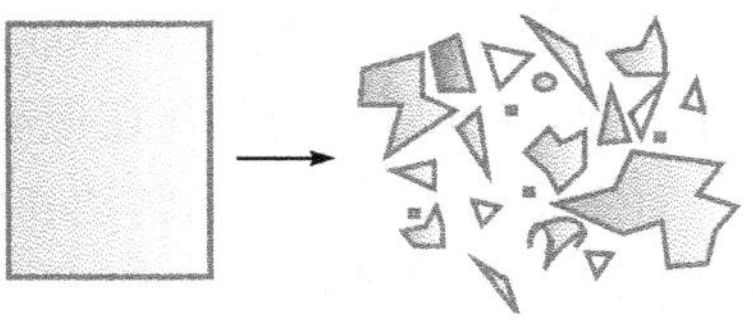

图 4-5 玻璃打碎前后状态的变化

铃声一响，在教室聚精会神听老师讲课的 A 班学生，顿时骚乱起来，直奔操场上活动、玩耍。把这班学生看作一个系统，这学生系统在

听课时,是有序端坐着,下课后各奔东西,这系统显得乱了不少。

再来看一下物态的变化(图 4-6)。固态冰中的水分子非常规则有序地排列;液态水分子运动比较混乱;水变成水气,分子四处飞舞,更为混乱。水的三种状态,其混乱或有序程度是不同的,为了描述系统的混乱程度,可以借用克劳修斯引入的物理量——熵,用字母 S 表示。于是有 $S_{冰}<S_{水}<S_{水气}$;$S_{玻}<S_{碎玻}$;$S_{上课}<S_{下课}$。

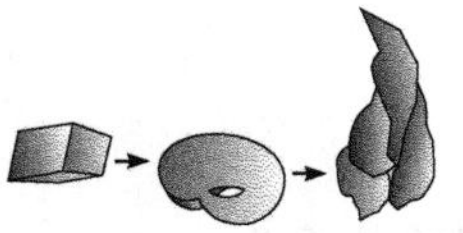

图 4-6　H_2O 的物态变化

让我们建立起一个明确的观念:熵,是系统内部混乱程度的量度。越混乱无序,熵越大,越有序,熵越小。熵无处不有,一桶水有熵,一块铁有熵,任何宏观物质系统都有熵。熵概念不但可用于物质系统,也可用于社会、经济等系统。熵概念源于热机的研究,但已无孔不入地渗入到各个学科。还有一点要注意,熵是跟系统状态一一对应的。如一块完整的玻璃有熵值,打碎的玻璃有另一个熵值。0℃的冰有对应的熵值,冰变成 0℃水,有另一个不同的熵值,水在不同温度有不同的熵值,熵与系统状态对应。

热运动很混乱,但乱中仍可找到规律,物理上对这类碰运气的混乱之事,有一个对付的妙法,那就是借用数学的概率论,系统内部的微观细节无法准确定下来,但总可找到某细节(系统微观态)出现的概率(或运气)。于是可以找到气体分子按速率的概率分布,物质分子按能量的概率分布等,再进行统计平均就可得到系统可观测的宏观量,如温度、压强、能量等,物理上还有一个妙法是从能量和能量转化来研究热现象,下面来看个究竟。

4.2 热力学第一定律

4.2.1 系统内部情况的综合评估——内能

气体的内部十分复杂,就分子的构成来说,有一个原子构成的分子,还有两个及两个以上原子构成的分子。对于一个原子构成的分子来说,可以把它看成质点,这样的分子只有平动动能;但是,对于两个及两个以上的原子构成的分子来说,就不单单是一个质点这么简单了,首先,不同原子构成的分子,具有不同的形状,因此,就不能忽略他们的转动了,其次,原子和原子之间还有静电力,这种力使原子间有距离,既不能离得太近,也不能离得太远,好像是一个个小弹簧将原子和原子连接在一起,这样原子间就存在振动了。

对应于多原子分子的转动和原子间的振动,存在着相应的转动能量和振动能量(振动的动能和势能)。

将系统中每个分子存在的平动能量、转动能量和振动能量以及分子内原子间,分子间的相互作用势能加在一起,就是系统的内能。

可能有人会问，你能具体说出一个系统的内能的多少吗？

其实很简单，以理想的气体为例，咱们只要知道了系统中的气体分子的名称，就能查到一个叫做自由度 i 的物理量；再测出系统的温度 T 来。若衡量气体分子一共有多少的摩尔数 ν 咱们也知道，那就直接利用公式 $U=\nu\frac{i}{2}RT$ 就可以了。式中 U 就是内能，R 是一个气体常量。

例 4-1 你寝室的面积是 $12m^2$，高度是 2.7m，室内的压强为一个大气压，把室内的空气都看成是满足理想气体状态方程的氧气，则你寝室中氧气的内能是多少？

解 利用公式，可以得到寝室中氧气的内能为

$$U=\nu\frac{i}{2}RT=\frac{i}{2}PV=\frac{5}{2}\times1.013\times10^5\times12\times2.7=8205300(\mathrm{J})$$

8205300J 是一个什么概念呢？举例子说吧，如果不考虑摩擦的损耗，它能将一辆质量为 1 吨的小客车，从静止加速到 128m/s，或者说 460 公里/小时；它也能将一个体重为 70 公斤的人，举高到 13954.6m 的高空。要知道珠穆朗玛峰的高度才 8844.43m，也就是说，寝室中的氧气的内能把你举到珠穆朗玛峰后，还绰绰有余呢。

4.2.2 改变系统内能的方式

既然一个物质系统中的内能是如此可观，那么怎样才能改变这个内能呢？首先，从理想气体内能定义式知道，改变内能最直接的方法就是改变系统的温度。而改变温度最直接的方法，或者，将系统放在炉火上加热，而使系统温度升高；或者，将系统放到温度较低的环境中去降温。例如，夏天喝的冰镇汽水，吃的冰镇西瓜等都是采取的这种方法；而冰棍、雪糕、冰激凌等就是把配好的液体放到温度更低的环境中降温。所有的这些方法，统统称为：系统和外界交换热量。

与高温物体交换热量，叫系统从外界吸收热量；与低温物体交换热量，叫做系统向外界放出热量。

除此之外，改变系统内能，还有一种办法，叫做系统对外界做功，或者是外界对系统做功（又可说成系统做负功）。

你可能有这样的经验，在寒冷的冬天，摩擦冻僵的双手，会感到手的温暖；在高速运转的砂轮上打磨金属，会产生炙热的火花；把一块铁片在石头上磨来磨去，铁片就会变热。有时，注有开水的暖水瓶，会将瓶塞蹦开。这样的例子举不胜举。所有的经验告诉人们，做功也能改变系统的内能。

为了找出做功和传热之间的数量关系，英国物理学家焦耳花了许多功夫，设计了一个又一个试验，最终得到热功之间的当量关系，即 1 卡＝4.18 焦耳。

意思为，吸收1卡的热量与对系统做4.18焦耳的功引起内能的增加是一样的。不过在国际单位制中，热量单位卡已被淘汰出局了，功和能都采用同样的单位焦耳。

好了，到此，笔者想提出一个问题：在一个封闭的房间里，打开电扇，会提高室温呢，还是降低室温？

4.2.3 绝对的自然规律——热力学第一定律

外界对系统做功，其实件件都和能量有关。如果从能量的角度分析系统，立刻会察觉，这里一定存在着某种客观规律。没错，的确存在这一个规律，这个规律就是热力学第一定律。

热力学第一定律指出：一个系统从外界吸收的热量 Q，等于系统内能的增加量 ΔU，及系统对外界所做的功 W，即

$$Q=\Delta U+W \tag{4-9}$$

可能，有人会想，刚才不是说，系统既能吸热又能放热吗，系统既能对外做功，外界也能对系统做功吗？而这样描述热力学第一定律，是否有失全面？

不是。其实，热力学第一定律叙述得很全面。它规定：系统从外界吸热时，$Q>0$，系统向外界排热时，$Q<0$；而系统对外界做功时，$W>0$，外界对系统做功时，$W<0$。式中的 W 包括各种形式的功。

认真分析和领悟这个定律，你一定会理解到，这个定律，其实就是一个包含了热现象在内的，一个自然界中最为普遍的规律——能量守恒及转化定律。

没错，这个热力学第一定律的本质就是能量守恒及转化定律。能量既不能够被创造出来，也不能够被消灭。任何努力其实只是将能量的一种形式转变成另外一种形式而已。

你现在可能以为，这是一件显而易见的事，并没有真正理解它的发现所具有的伟大意义。

然而，在这个定律出现以前，曾经一大批才华横溢，富有激情和创造力的发明家，几乎穷其毕生的精力、财力，绞尽脑汁，几近疯狂地去研究、去试验，试图发明一种不需要任何能源，就能对外做功的机器。人们将这种机器称为第一类永动机。

但是，所有努力，无一例外地以失败告终。冷静下来的人们开始思考，这种永动机是否能够造成呢？

而热力学第一定律让他们如梦方醒，大彻大悟。正是这个定律，使所有人懂得：第一类永动机是不可能制造出来的。

下面试着运用一下热力学第一定律吧。

例 4-2 一定量气体膨胀时吸收热量 1200 J,气体对外做功 300 J,求气体内能改变多少?

解 吸热 Q 为正,$Q=1200\text{J}$。气体对外做功,W 为正,$W=300\text{J}$。由热力学第一定律

$$\Delta U=Q-W=1200\text{J}-300\text{J}=900\text{J}$$

例 4-3 物体保持体积不变进行加热,吸收热量 3500J,物体内能改变多少?

解 物体保持体积不变,$W=0$。依热力学第一定律,$\Delta U=Q=3500\text{J}$。

例 4-4 一定量气体从初始状态出发,经历一系列中间状态,重返初始状态,这样的过程称为循环过程。在循环过程中内能改变多少?气体吸收(或放出)的热量和做的功有什么关系?

解 物体内能与状态有对应的关系,既然气体的末态与初态相同,所以 $U_2=U_1$,$\Delta U=U_2-U_1=0$ 。对于循环过程,由热力学第一定律 $W_{净}=Q_{净}$。在循环过程中,气体经历某些中间过程时,可能对外做功(W 为正),另一些中间过程可能需要外界对气体做功(W 为负);在循环过程中,气体在某些过程中吸热(Q 为正),在另一些过程中放热(Q 为负)。上述热力学第一律对循环过程的表达式表明:在循环过程中做功的代数和(净功 $W_{净}$)等于气体在循环过程中吸收放出热量的代数和(净热 $Q_{净}$)。$Q_{净}$ 和 $W_{净}$ 的符号应相同,如果在循环过程中净功 $W_{净}>0$(表示物体对外做的功大于外界对物体做的功),则 $Q_{净}>0$,气体吸收的一部分热量 $Q_{净}$ 转变成了净功输出,这种循环为热机循环,如内燃机中的工作物质经历的是这种循环。反之,如果在循环过程中净功 $W_{净}<0$(表示外界对物体做的功大于物体对外界做的功),则 $Q_{净}<0$,这种循环为制冷循环,如电冰箱中的工作物质就经历这种循环。

4.3 热机——带来第一次工业革命

4.3.1 如何将热能变成机械能

将热力学作为一门独立的科学进行研究,还要从蒸汽机的应用说起。

在 18 世纪的欧洲,由于 1733 年,织布工凯伊发明了飞梭,随即在 1764 年,哈德利沃思和他的妻子珍妮一道又发明了"珍妮纺纱机",这样"18 世纪的产业革命就由此开始了(马克思语)"。然而阻碍纺织业和其他手工业进一步发展的瓶颈是动力。再好的机械设备没有动力带动,它们所发挥的作用仍然是微不足道的。而通过一系列艰苦卓绝的努力,终于在 1776 年,英国工程师瓦特发明了一种真正能够用于生产的蒸汽机。蒸汽机的发明,不仅标志着第一次产业革命的到来,也为物

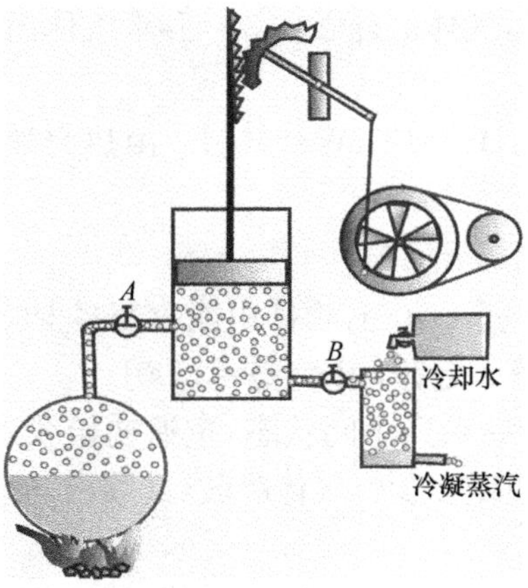

图 4-7 瓦特蒸汽机示意图

理学开辟了一个崭新的领域。站在热力学的角度来说，蒸汽机就是将热能转化成机械能的一种装置。如图 4-7 所示，一个光滑的汽缸，和一个同样光滑的活塞，以及汽缸中的气体，共同构成了一个热力学系统。该系统既可以从外界吸收热量，又可以向外界排放出热量；并且通过活塞在汽缸中的移动，对外界做功。当系统从外界吸收热量后，里面的气体的压强就会升高，气体开始膨胀，就会推动活塞向外移动，活塞通过一个连杆，推动一个轮子运动，这样就将系统吸收的热量的一部分，转化成了功。

通过瓦特蒸汽机工作的过程，可以看出将热能变成机械能的热机，必须要有高温热源供吸热之用，低温热源供放热之用，而且要有可循环工作的物质（工质），任何热机可抽象为图 4-8 所示的热机模型。热机中进行的所有这些过程，严格满足热力学第一定律。

但是，人们却发现，蒸汽机虽然能够通过吸收热量对外做功，可是它吸收热量后对外所做的功似乎太少了，只有吸收热量的约 5%变成有用的功，也就是效率只有 5%。效率就是所得（利益）比所（花）费。这里的利益是得到了有用的功，花费了所吸收的热量，所以热机效率的定义式为 $\eta=\frac{W}{Q_{吸}}$。

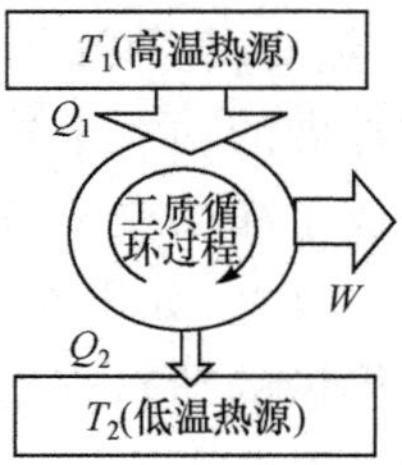

图 4-8 热机模型

无疑，提高效率的办法就是让热机吸热后多做些功，甚至，最好将所吸收的热量统统都用来对外做功。

想法，不可谓不美妙。但是，能不能实现呢？于是，一轮新的疯狂的研究随之开始了。

4.3.2 卡诺的伟大贡献——卡诺循环与卡诺机

法国工程师卡诺，也以极大的热情投入到提高热机效率的研究中去。他建立了如图 4-9 的一个平面直角坐标系，横轴定为 V 轴，用来描述系统体积的变化；纵轴定义为 p 轴，用来描述系统压强的变化。称这个图为 p-V 图。

p-V 图上的一点，代表系统的一个状态，状态由该点 p、V 值决定。如果知道理想气体的摩尔数 ν，利用理想气体状态方程式(4-8) 由该点 p、V 值，便可算出该气体的温度，如果知道分子自由度 i，还可算出气体的内能。图中任意一条曲线，代表系统的一个过程，如图中 a 态到 b 态的曲线代表一个过程。图中一条闭合曲线，代

表一次循环,这循环沿顺时针方向,代表热机的循环,由此一来,利用 p-V 图一个热机的循环直观地展现在人们的眼前。如果循环是逆时针的,则代表制冷机的循环。

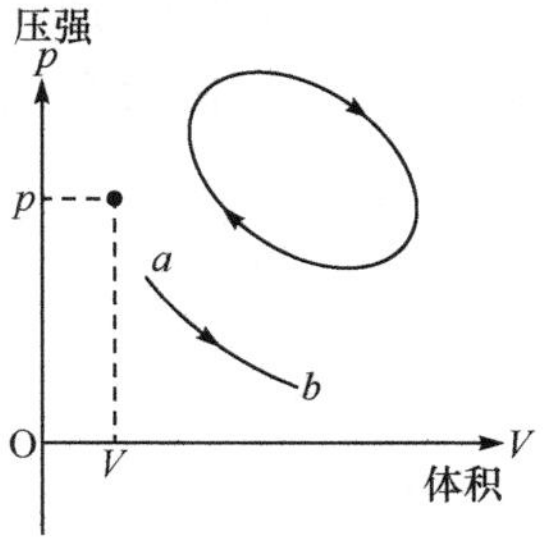

图 4-9 p-V 图

要应用 p-V 图确定系统所做的功,还有附加条件,就是任何一个过程,都应该是准静过程。要过程是准静过程,系统的过程要进行得很慢才行,使过程中系统原状态破坏后,有足够时间重建新的平衡态,保证过程中每个状态都可视为准平衡状态,每个状态有确定的 p、V 值,而且活塞与气缸之间不能存在摩擦。

由图 4-9 的自闭合曲线可知,循环就是系统从某一个状态出发,经过若干过程后,最后又回到初始状态的过程。而能够完成这样的循环,并对外做功的系统就称为热机。

可能还有人会问,难道只有热机才能对外做功吗?

回答是否定的。其实,系统通过许多单一的过程,如图 4-9 中的 ab 过程也能够对外做功。又如,子弹射出枪管,暖瓶塞被推出瓶口,这些都属于系统对外做功。但是,所有的这些做功都是一次性的,不能连续进行下去。而唯有热机,通过一次又一次的循环,才能保证系统连续不断地对外做功。

以在 p-V 图中设定的随意循环工作的热机为例,尽管能对外做功,但效率并不理想,通过对蒸气机的一次又一次的探索,卡诺终于找到了一种最为理想的循环,同时也找出提高热机效率的途径,这就是著名的卡诺循环。

卡诺循环需要高、低温两个热源,温度分别是 T_1 和 T_2。在循环开始前,热机的活塞,将系统中的气体压缩在一个很小的空间里,然后将系统与高温热源接触,从那里吸收热量。使系统达到与高温热源温度 T_1 相同的平衡态,然后从这个状态开始保持温度 T_1 不变,让体积膨胀,从高温热源吸收的热量全部用来对外做功,完成如图 4-10 所示的 ab 过程。这是一个等温膨胀过程。

但是,要完成一个循环,活塞还须回到起始位置,这就需要外界对系统做功了。最理想的情况是,外界对系统的功越小越好。因此,应该设法使系统的压强迅速降低下来。此时须将系统和热源分开,系统通过对外做功来尽可能地消耗其内能。这个过程为绝热膨胀过程,如图 4-10 所示的 bc 过程。

绝热膨胀使活塞移动到设计中的最大位置时(即上止点),系统内的温度、压强都已经很低了,设此时系统温度为 T_2,然后让系统与温度为 T_2 的低温热源接触,外力对系统做功,等温地压缩系统,并使其做功产生的热量全部排到低温热源,完成图 4-10 所示的 cd 过程。这个过程称为等温压缩过程。

此时系统的温度已经很低,很冷了。远达不到循环开始时系统的温度。而系统要回到初始状态,最终完成一次循环,还应该设法使温度升高。

这时须将系统与低温热源分开,以便使外界对系统所做的功,都用来升高系统的内能(温度),使得系统内能(温度)迅速回到初始状态。这个过程就是绝热压缩过程,如图 4-10 所示的 da 过程,也是系统完成一次循环而进行的最后一个过程。

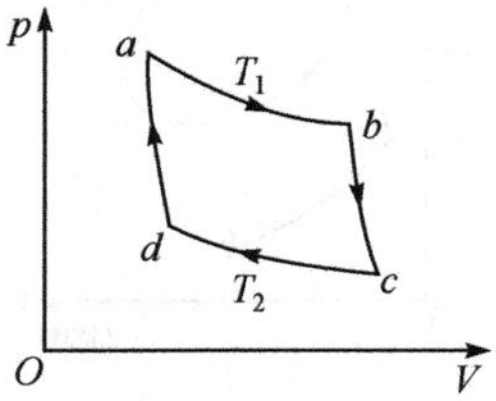

图 4-10　卡诺循环

卡诺发现,一次循环过程中,在 p-V 图中会留下一条闭合曲线(图 4-10),而该曲线所围的面积,恰好是完成一次循环后,系统对外所作的净功 W,将这个功与循环中真正从外界吸收的热量 $Q_{吸}$ 相比,就得出系统循环一周的效率

$$\eta_{卡诺}=\frac{W}{Q_{吸}}=1-\frac{T_2}{T_1} \tag{4-10}$$

从这个公式可以看出,在卡诺循环过程中,提高高温热源 T_1 的温度和降低低温热源 T_2 的温度,是提高热机效率的方向。低温热源就是环境,降低低温热源 T_2 的温度是不可取的,卡诺向人们指出提高热机效率的关键是提高高温热源 T_1 的温度。后来,热机就是循着卡诺指引的方向发展的。

4.3.3　当今热机的改进

从 1776 年瓦特发明第一台可以被生产应用的热机,再到卡诺热机循环理论的诞生,再到今天热机的普遍应用,热机已经发生了巨大的改进。内燃方式取代了外燃方式;汽油、柴油取代了蒸汽。

所谓外燃方式,就是燃料的燃烧发生在汽缸之外,如图 4-7 所示意的蒸汽机那样;所谓内燃方式,就是燃料的燃烧发生在汽缸之内。目前所使用的一切汽油机和柴油机,都无一例外地采用了内燃方式。汽油、柴油与空气混合后,在气缸内燃烧的温度远大于蒸汽的温度,因此热机的效率得到大大地提高。

奥托热机就是一种典型的,通过四个过程构成循环的汽油机。一般说来,汽油热机的循环是非常复杂的,因为发生了化学变化(燃烧和爆炸),系统的组成和性质也发生了变化。为了便于理论分析,奥托假设系统的组成、性质和质量都保持不变,混合气体近似于理想气体。因此,奥托同样利用 p-V 图分析了奥托热机做功的全过程(图 4-11)。

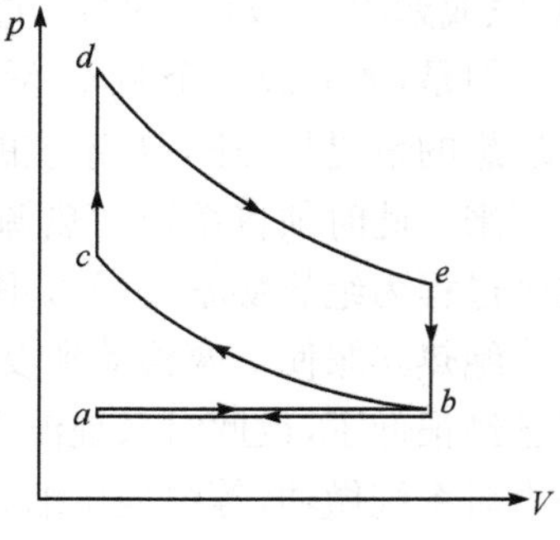

图 4-11　奥托循环 p-V 圈

(1) 吸气过程:汽缸在维持一个大气压的压强不变的情况下,靠外力,向外移动活塞,将汽油蒸汽和空气的混合气体吸入气缸内,此过程对应于 p-V 图中的 ab 段。

(2) 压缩过程:汽缸封闭,活塞向里移动,混合气体被迅速压缩,由于压缩速度很快,所以避免了通过汽缸传递热量,此过程为绝热过程,对应于 p-V 图中的 bc 段。

(3) 膨胀做功过程:此过程,还可以细化成两个过程:通过火花塞,点燃混合气体,气体燃烧爆炸,产生热量,汽缸内的压强突然增加,但是,由于该过程进行速度相当快,在这短暂的时间里,活塞只能有一个十分微小的外移。由于该位移很小,可以将这个过程看成是等体过程,即 p-V 图中的 cd 段;但是爆炸所产生的巨大压强,迅速推动活塞外移,这就形成了绝热膨胀,即 p-V 图中的 de 段。

(4) 排气过程:燃烧过的高压气体,迅速通过汽缸的阀门排出,随之,汽缸中的压强迅速降到一个大气压,同时降温放热。该过程是一个近似的等体过程,即图中的 eb 段。而后,靠飞轮的惯性带动活塞继续运动排出废气,此段为等压过程,即图中的 ba 段。

为了进一步提高效率,减少排放,人们不断对内燃机进行改造,例如涡轮增压系统,和智能可变气门正时系统,都是近年来人们改造热机的新理念、新技术。

刚才提到,热机是通过燃料在汽缸内燃烧对外做功的,由于输入的燃料量受到吸入汽缸内空气量的限制,因此影响了温度的升高,及输出功率的提高。在热机已经达到最佳状态时,若想向汽缸中进一步补充燃料,就得设法压缩更多的空气进入汽缸,从而提高热机的燃烧做功能力。

所谓涡轮增压系统,就是利用发动机排出的废气惯性冲力,来推动一个涡轮,从而构成一个涡轮增压系统,该系统将更多的空气增压进入汽缸。

涡轮增压系统,让热机更有劲,更省油。以排量为 1.8 升的内燃机来说,加上涡轮增压系统后,动力可以达到排量 2.4 升的水平,但是耗油量仅仅略高于 1.8 升。最重要的是还减少了尾气排放。

所谓智能可变气门正时系统,来自于英文 Variable Valve Timing。它是利用电脑控制空气进入热机的时机和数量,当热机需要输出较大的功率时,在电脑控制下,进气门就开得大一些,系统的循环就会加快;当热机处于待机状态,例如汽车等红灯时,电脑就控制进入汽缸的空气小一些,循环也因此减慢。当然,涉及更多的热机知识,已经超出本书的范围。有兴趣的读者可以参考专门的书籍。

4.4 致冷循环与致冷机

4.4.1 冰箱、空调

热机在循环过程中从高温热源吸热,对外做功。当让一个热机逆向循环时,热机就变成了制冷机。

冰箱、空调就是这样的制冷机。

现在以冰箱为例，来说说热机的逆向循环是如何制冷的。

众所周知，当液体变化为气体时，要从环境中吸收热量，相反，如果气体变化为液体时就要向环境放出热量。

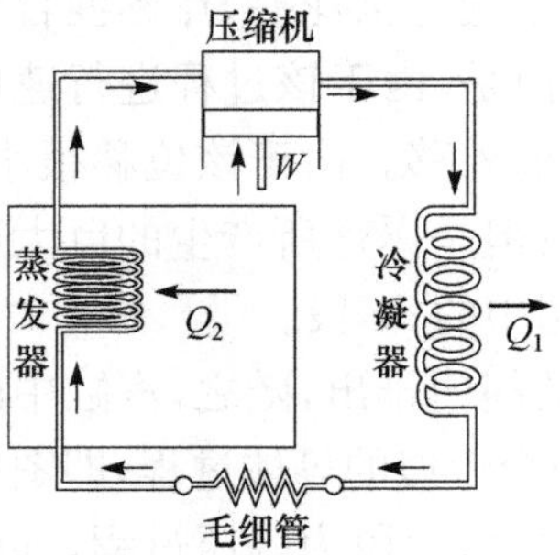

图 4-12　电冰箱制冷原理

人们首先选择一种在常温下为气态，同时，在一定压强下，不需要到很低的温度(即临界温度)，就能使其转变为液态的物质为工作物质(制冷剂)。常见的制冷剂是氨和氟利昂，氟利昂的临界温度为 29℃。像热机要经历循环过程一样，制冷机也要经历循环过程。参照图 4-12 所示，制冷机的制冷剂需要经历下列 4 个过程构成的循环。

(1) 压缩过程：蒸发器出来的低压制冷剂蒸汽被压缩机吸入气缸，经外力做功 W 进行压缩，使温度和压强升高。

(2) 冷凝过程：高温高压的制冷剂气体进入冷凝器中与冷却物质(外面的大气)进行热交换，把制冷剂在蒸发器中吸收的热量 Q_2 和压缩机做功产生的热量(与 W 相等)，一起放出热量 $Q_1=Q_2+W$，且气体变成高压液体。

(3) 节流膨胀过程：利用节流阀，使制冷剂由高压液体变成低压、低温液体。电冰箱、空调机中是用毛细管代替节流阀。就像电流通过电阻器之后能把电压降下来，流体通过毛细管之后也能把流体压强降下来。经过节流膨胀，制冷剂由高压液体变成低压、低温液体，进入蒸发器。

(4) 蒸发过程：低压液态制冷剂进入蒸发器进行汽化，制冷剂从需要制冷的空间(电冰箱是冷冻室，空调机是房间)吸收热量 Q_2，使冷冻室或房间的温度降低。至此，算是完成了一个循环。

由于科学家认为，冰箱中的氟利昂可能会破坏地球周围的臭氧层，于是研究逐步以新的制冷剂以取代目前的氟利昂。新的制冷剂有两种，一种是 R407C，另一种是 R401A。而对于这两种新型制冷剂对环境的影响还在进一步测试中。

4.4.2　热泵及其工作原理

早在 1852 年，开尔文首先提出了热泵的构想。到了 20 世纪初，美国在俄亥俄州建立了第一个热泵系统。

在冬天，热泵通过一个热机系统的逆向循环，将热量从地下土壤、地表水、地下水等低温热源中提取出来，再将它们传送到需要供热或者加温的高温热源中；在夏天，可以通过热机系统的正向循环，将室内多余的热量传输到如上所述的低温热源中，以达到为建筑物降温的目的。

虽然，在传输热量的过程中，要消耗电能，但是，比起锅炉管网和中央空调来说,所消耗的能量要小许多。一般情况下,做功所消耗的能量,仅仅是所供热量的三分之一或更低。

热泵的工作原理与电冰箱、空调器相同,同样采用氟利昂或类似物质,作为工作物质(简称工质)。同样由压缩机、冷凝器、蒸发器等部分组成。只要将图 4-12 中的冷凝器与蒸发器调换位置,冷凝器在室内,蒸发器放在寒冷的室外,便可将室外低温热源热量泵入室内取暖(图 4-13)。热泵在开始工作时,首先将低温低压的工质在蒸发器中蒸发,蒸发器安置在低温热源处,随着工质的蒸发,从低温热源中吸收热量。然后,通过压缩机将蒸发器中的汽化后的工质抽取并压缩到冷凝器中。此时的工质变成为高温高压气体。冷凝器设置在高温热源中,在冷凝器周围,用冷水来吸收冷凝器散发出来的热量,同时给工质降温,失去热量的工质变成低温低压液体。就这样,热泵完成了一次循环,把从低温热源中吸收的热量传给了高温热源。用于热泵的空调器可以加一个四通阀门,改变工质在冷凝器和蒸发器中的流向,使二者角色调换,但保障工质在压缩机的流向不变,那么,冬天可用热泵取暖,夏天可用它制冷了。

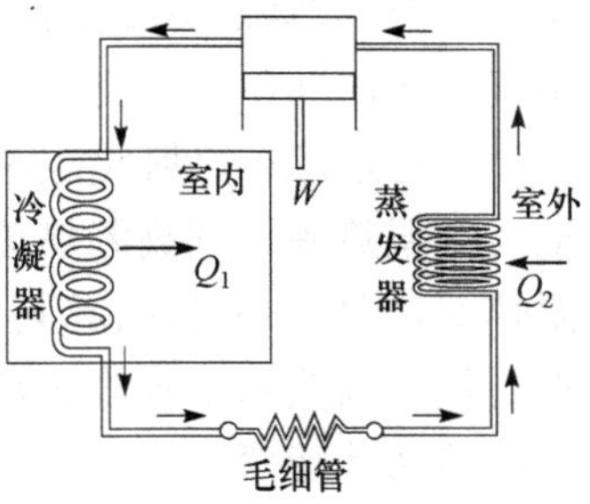

图 4-13 热泵工作原理图

4.5 能造出第二类永动机吗——热力学第二定律

4.5.1 什么是第二类永动机

如果读者稍加留意,就会发现,所有用内燃机驱动的车辆,都有排气管。排气管的作用,就是将热机从高温热源中吸收热量的一部分排放给环境,而环境充当了低温热源。很多人看到这种现象都觉得十分可惜,这不仅浪费了宝贵的能源,还会造成温室效应。何不干脆把排气管和低温热源去掉,使得从高温热源吸收的热量一点都不浪费,全部用来对外做功,便成了图 4-14 所示的从单一热源取热全部转变成功的效率 100%的热机,科学史上将这种满足人们美好愿望的热机,称为第二类永动机。第二类永动机可能吗?遗憾啊,无论从理论上,还是从实践上都已经证明了,这种美好愿望是不可能实现的,第二类永动机是不可能造成的。请看热力学第二定律的宣判词。

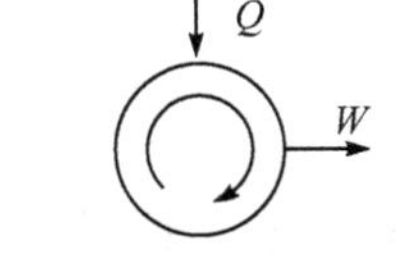

图 4-14 第二类永动机

4.5.2 热力学第二定律的判词

(1) 开尔文的判词：不可能从单一热源取热使之全部变成有用的功，而不引起其他变化。这里要强调的不是热不能全部转变成功，而是在不允许引起其他变化的限制下不能。

第二类永动机的“辩护律师”说话了。可以不必从单一热源，像其他热机一样安排一个低温热源，只要把传到低温热源的热量再传回高温热源不就行吗。接着提出熵概念的那位法官克劳修斯下判词了。

(2) 克劳修斯的判词：热量可自发地由高温热源传到低温热源，但热量不会自动由低温热源传到高温热源而不引起其他变化。不是热量不能由低温热源传到高温热源，而是不允许引起其他变化的限制下不能。前面所讨论的冰箱、空调、热泵都是从低温热源中吸收热量，然后将这些热量传到高温热源。但是它们都耗费了一定的功并转变为热。

开尔文和克劳修斯都是根据自发过程的方向性，对第二类永动机下判词，正是这些判词表明自然界制约过程的一条基本规律——热力学第二定律。

人们注意到，不单是上面克劳修斯提到的热传导现象的方向性，许许多多与热有关的宏观过程，都可以自发的由一种状态过渡到另一种状态，但是反过来，它们无论如何也不能“自发”了。比如说：在一个封闭的箱子中，用一个密封隔板分割出两个空间，其中一个充满某种气体分子；另外一个保持真空。如果将隔板去掉，气体分子就会自发地向真空扩散，最终，在整个箱子里的各处气体分子的密度就都一样了。这种现象称为气体的自由膨胀。但是，如果再指望气体分子自发地全部都回到最初所占据的空间，另一部分空间为真空，是根本不可能的。

类似于这样单向自发，反向不能自发的现象，还有很多很多，物理学家称它们为不可逆过程。

所有的不可逆过程都存在着初态和终态。为什么系统能够自发地从初态到终态，而不能再从终态自发地回到初态呢？

现实中发生了一个过程，你如何判断它是可逆过程还是不可逆的过程呢？

4.5.3 可逆过程与不可逆过程

举个例子说吧，如果你从教室出来，去到寝室，然后又回到教室。你可千万别以为这是一个可逆的过程。为什么呢，你可能会奇怪，明明是走去，又走回，怎么就不是可逆过程呢？

之所以说它不是可逆过程，就是因为热力学中对可逆过程有着明确的定义。即：凡是一个系统经过一个过程所产生的效果，在逆过程中能使系统和外界完全恢复原来状态的过程就定义为可逆过程。而相反，在过程中，不能使系统和外界都能回到原来状态的过程，或过程对环境造成的影响永远也无法消除的就是不可逆过程。

想想，在从教室到寝室，又从寝室回到教室的过程，你虽然回到了原来的地点，但是，你克服地面摩擦力所做的功，你为此而消耗的能量，却永远地消散在大地了，不可能再回到人体中，所以溜来溜去的活动，就是不可逆的。

现在，举一个可逆过程的例子，例如单摆。如果不考虑空气的阻力，当摆球从某个高度，摆到最低位置时，势能全部变成动能，随后靠动能，又将摆球送到与开始时对称的位置上，然后又经最低点回到开始的位置，摆球运动一周，系统和外界都回到原态，仿佛什么都没发生一样。如果空气摩擦不可避免，那单摆的摆动就成为不可逆过程了。要找真正的可逆过程，最好是到微观世界去找。区分可逆与不可逆过程的要领是看过程对环境造成的影响是否能在系统返回原态时能否全被消除。过程对环境造成的影响能消除的称为可逆过程，对环境造成的影响永远也无法消除的称为不可逆过程。

我们的话题可能扯远了，现在就说说，有什么办法使一个热力学过程成为一个可逆过程吧。要使一个热力学过程成为一个可逆过程，应该满足两个条件：其一，活塞和气缸之间应该没有摩擦力，因为，摩擦力所做的功变成热，会散发到环境中去，逆过程根本无法回收这些热而使环境复原；其二，过程进行得越慢越好，即过程尽量为准静态过程。

4.5.4 不可逆过程产生熵——熵增原理

对于不可逆过程，我们前面引入的熵就会发挥作用了。

由热力学第二定律得出熵增原理，该原理指出：在孤立或绝热系统中，系统的熵永不减少，对于可逆过程熵不变；对于不可逆过程，熵总是增加的。写成数学式是，对孤立或绝热系统

$$\Delta S \geqslant 0 \tag{4-11}$$

式中＞号对应不可逆过程，＝号对应可逆过程。

该原理给出了所有不可逆过程自发变化的方向和限度。所有不可逆过程都是向熵增加方向演化，直到熵最大为止。不可逆过程总是力图使系统由非平衡态向平衡态演化，平衡态对应最大熵，熵不变了，$\Delta S=0$，系统达平衡态后，内部只进行可逆过程。

例如，作为封闭系统中的高温热源，只有将它的热量传递给本系统中的低温热源，才能达到熵增加，这其实就是系统自发地由非平衡态，向平衡态过渡的过程，平衡态时，系统内各处温度相等，对应的熵最大。

还有，就是分子的扩散现象也证明了熵增原理：开始时，一个孤立系统中的所有气体分子，都堆积在容器中的一个角落，经过一定时间后，分子就扩散到整个容

器，当容器内各处分子数密度都一样时，这个孤立系统的熵达到最大。

总之，熵增原理使我们体会到系统内进行的不可逆过程会产生熵，如果系统不是孤立或绝热的，则系统可以通过热量将熵由一个系统传递给另一个系统，传递的熵 ΔS 与传递热量 Q 的关系是

$$\Delta S=\frac{Q}{T}$$

式中 T 是吸收或放出热量的系统的温度，系统吸热 Q 为正，系统的熵增加，系统放热，系统的熵减小。如图 4-15，一杯温度为 T_1 的开水在温度为 T_2 的空气中冷却，水放出热量 Q，熵减少了 $\Delta S_1=\frac{Q}{T_1}<0$；空气吸收了热量，熵增加了 $\Delta S_2=\frac{Q}{T_2}>0$。开水和空气各自不是孤立或绝热系统，但二者组合可视为孤立系统。在开水冷却过程中，孤立系统的总熵变 $\Delta S=\Delta S_1+\Delta S_2>0$，完全符合熵增原理。只有热量有携带熵传递的本事，功没有这种本领，依此我们可以这样解释为什么第二类永动机不可能了。当工质从高温热源吸热时，附带也把熵带进了工质系统，为了完成循环过程，工质应回到吸热前原来的状态，工质的熵也应回到吸热前的值，应把吸热时进来的熵排泄出去，只有热量能带走熵，不得已，只能向低温热源排出一点热量来屈从热力学第二定律了。

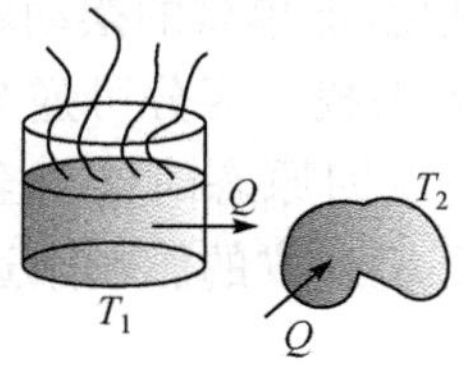

图 4-15　开水冷却过程中通过热量熵由开水传递到空气

不可逆过程带来熵增，熵增又带来什么后果呢？

4.5.5　熵增带来的后果

1. 熵增带来能量贬值——能源问题

请看图 4-16。在温度 T_1 的高温热源和温度 T_0 的低温热源(大气)之间安装两个完全相同的卡诺热机 A 和 B，所不同的是热机 A 直接从温度 T_1 的高温热源吸热 Q，对外做功 W_A，而热机 B 是让温度 T_1 的高温热源上流出的热量 Q 先经历一个不可逆过程(热传导)传到另一温度 T_2 的热源($T_1>T_2>T_0$)，然后再传到热机 B，对外做功 W_B。可以计算出热量 Q 从温度 T_1 的高温热源传到温度 T_2 热源这一不可逆过程的熵增为 ΔS。按卡诺机效率计算公式，可知热机的热效率 η_2 要小于 η_1。热机 B 比热机 A 做的有用功要少，所少做的功与不可逆过程的熵增成正比，等于 $T_0\Delta S$。可见热

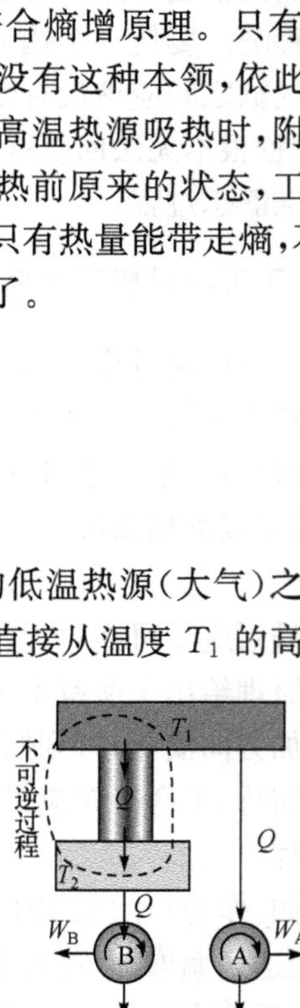

图 4-16　不可逆过程与能量贬值

传导那个不可逆过程带来了熵增，而熵增使能量的可利用度降低了。有人戏称熵增使能量"贬值"了。

地球上的煤和石油都让我们挖出来，利用热机转变成有用的功，一部分被排到大气中成了废热，那些满足你幸福生活的有用功，最终也会变成弥散开来的废热，其所以说为废热，是说不能再用来开动机器，无应用价值了，它与环境已无温差，热机的效率为 0。熵增似乎使能量疲劳了，没有做功的本领了。这就是能源危机啊。当然排出的热，如果散不出去，地球就要发烧，可怕的地球暖化使全人类忧心忡忡。

2. 熵增带来环境污染——环境问题

为了追求我们的幸福生活，制造出了和天文数字一样多的物品和设备，每一个制造过程都是一些不可逆过程，它们产生了大量的熵，可谓经济腾飞熵腾飞，刺激消费熵疯长。每一件商品精制出来，都伴随着有害人体的毒物排入江河湖海，排入天空和大地。扩散开来水被污染了，大地被污染了，空气被污染了。清澈如镜的水没有了，蓝天没有了，没有清洁的东西了，垃圾倒是多得不得了。人类呀，还想在地球上延续下去吗，为子孙想想吧！

3. 人口问题也是熵增问题

人生是一个不可逆过程，人要不断消耗资源，不断产生熵，多一个人就要多消耗一份资源，多产生一份熵，人口爆炸性增长，熵也爆炸性增长。万物生长靠太阳，太阳送给地球的能量最多只能同时养活 100 亿人。

不可逆过程带来熵增，熵增给人类带来上述三大难题，怎么办?

4.5.6 增智、增绿、节育、节约

在热力学第二定律的逼迫下，停止向文明前进，回到原始社会去！不，这是我们绝不能接受的。唯一的出路是：增智、增绿、节育、节约。

要使经济和社会不断向前发展，又要减少熵的产生，这就要求人类能巧妙地掌握和利用自然规律，需要人的高度智慧，知识和技术能扼制生产和经济发展中不应有的熵产生，因此人类要增智，而增智就要认真地发展卓有成效的教育事业。无疑，"科教兴国"的国策是有远见的。

太阳给地球送来的能量让沙漠或荒野吸收，便成了无用的能量，又增加了地球的熵。如果种植绿色植物，让植物吸收这些太阳能并以化学能形式贮存起来，到时候人类还能取用，更何况还能调节气候呢。那种滥伐森林的举动是一种罪恶，为了子孙后代，人类要植树成风，给地球增绿。

资源、生存空间是有限的，人口不能无限增长，人类要控制自已，要节育。节育是熵向我们提出来的叫人类"放明智一点"的法令。

不要浪费，要节约。节俭是中国人的传统美德，应该发扬光大。多给子孙留点东西吧！市场经济不一定无可指责，计划经济不是一无是处，至少热力学第二定律偏向支持后者。

4.6 熵增与宇宙——一个尚未了结的问题

读者不妨设想一下，倘若地球和周围的环境是一个孤立的系统，在这个系统中，所有高能量密度的能量源，通过燃烧等不可逆的过程，都将自己的能量释放出来，这种能量最后漫布在整个封闭系统中，达到了一个平衡态，此时系统的熵为最大。按照热力学，只有同时存在温度高低不同的两个热源，热机才能工作，然而，达热平衡后，整个系统中，到处的温度都是相同的，热机无法工作，任何机器不能开动。科学史上将之称为热寂状态。

1867年克劳修斯根据热力学第二定律，曾经推出宇宙热寂说。他将宇宙看作是一个孤立的绝热系统，他认为，在这个系统中熵总是在单向地增大，而随着熵的增大，有序的状态将要向无序的状态过度，宇宙中所有一切机械的、物理的、化学的、生物的各种各样的运动形式，都可以转化为热运动，而热又总是自发地由高温部分流向低温部分，直至达到温度处处相等的热平衡状态。

如果整个宇宙真的达到热平衡，那么再也没有任何可以维持运动或是生命的能量存在。这时宇宙就进入一个热的然而是死寂的永恒状态，即宇宙热寂状态(theory of heat death)。

这个理论一经出现，就好像在热油锅里倒入了一桶凉水，立刻在当时社会掀起轩然大波。人们仿佛看见了世界的末日，惶惶不可终日。

当时的英国诗人阿尔加依·查尔斯·斯温伯恩(Algernon Charles Swinburne，1837～1909)曾这样描述了热寂："不论是星星还是太阳将不再升起，到处是一片黑暗，没有溪流的潺潺声，没有声音，没有景色，既没有冬天的落叶，也没有春天的嫩芽，没有白天，也没有劳动的欢乐，在那永恒的黑夜里，只有没有尽头的梦境。"其实诗人忘了，按照热寂说，宇宙中的一切生命活动都停止了。哪里还有人再来感受被诗人描述的一切了呢？一时热力学第二定律被人们认为是最可恶的科学定律。

与此同时，也有许多科学家投入到驳斥热寂说的研究中去，20世纪出现的耗散结构理论、宇宙大爆炸理论等，都对热寂说提出了异议。

但是，人们也开始清醒地意识到，保护环境，降低排放，开发利用风能、太阳能等清洁能源的迫切性。

第4章习题

1. 布朗运动是分子的运动吗？怎么形成的？
2. 什么是热运动？有规律可寻吗？
3. 1摩尔物质包含有多少分子？摩尔质量是什么意思？你能估算出一个氧分子的质量吗？
4. 你对温度、压强这两个概念的理解如何？
5. 分子之间为什么会同时存在吸引力和排斥力，力学中常见的弹力与分子力有关吗？
6. 物质为什么有气、液、固三种状态呢？物质的物性与分子力有关吗？
7. 按华氏温标，人的正常体温度是98.6 ℉，相当摄氏温度多少度、热力学温度多少开？
8. 你是如何理解熵这个物理量的？它可引进你的专业吗？
9. 试述你对内能这个物理量的理解和改变内能的方式。
10. 一瓶气体被压缩，外界做功840J，放出热量500J，求气体内能改变多少？
11. 一个系统经历循环过程，内能的增量是多少？
12. 外界对系统做功500J，内能减少了200J，求系统与外界的热传递为多少？是放热还是吸热？
13. 一个热机的效率是30%，经历一次循环向低温热源放出热量100J，求向外输出的有用净功是多少？
14. 提高热机效率的关键是什么？一般热机的效率公式适用于卡诺机吗？卡诺机的效率公式适用于一般热机吗？
15. 卡诺循环高温热源的温度是800℃，低温热源的温度是400℃，求此卡诺机的效率是多少？如果一个循环中工作物质从高温热源吸热1.0×10^4J，对外输出净功多少？工作物质向低温热源放出热量多少？
16. 一个卡诺热机，使用500℃的蒸汽，排出蒸汽的温度为100℃，求卡诺机的效率是多少？如果在一次循环中从500℃的高温蒸汽中吸收热量$Q_1=5\times10^5$J，求输出净功w和放出热量Q_2多少？
17. 一个热机在一次循环中吸收了8000J的热量，放出了7000J的热量，该热机的效率是多少？
18. 当今内燃机有何改进？
19. 电冰箱是如何制冷的？热泵是怎么制热的？
20. 什么是第一类永动机？什么是第二类永动机？你能将空气里的热转变成功吗？
21. 什么是不可逆过程？系统熵变与什么有关？绝热或孤立系统熵变又怎样？
22. 你如何用文字表达热力学第二定律？如何用数学式表示热力学第二定律？
23. 不可逆过程带来了什么不好的后果？我们应如何应对？不可逆过程有积极的方面吗？

第5章 电磁学

现代生活的必需品，如电灯、电话、电视、电影、计算机、电冰箱、手机、GPS 等，都离不开电和磁。自从 1896 年世界上第一个有规模的发电厂（尼加拉水力发电厂）建立距今的短短一百多年间，世界上大部分人从没有用过电器，到充满了电器用品，这种变化的确是大得令人难以想象，并且深入到生活、思想、感情……

电磁学是研究电磁及其相互作用的现象、规律和应用的物理学分支学科。根据近代物理学的观点，磁的现象是由运动电荷所产生的，变化的电流产生磁场，变化的磁场产生电场，因而电学和磁学是相互联系无法分开的。

5.1 电荷与电场

5.1.1 电荷及其相互作用

1. 电荷

出门在外，头发被风一吹，像枯草似的，漂浮在空中，而且越梳越乱。刚走几步，裙子就贴在腿上，很不雅观。最经典的是睡前脱衣服时，噼里啪啦的一通乱响，黑暗中火星四溅……这些状况相信你一定遇到过，而且你也清楚它产生的原因，没错就是静电。下次看到图 5-1 的标志，要注意啊！

图 5-1 静电及防静电标志

早在2500年前，泰勒斯就发现用琥珀在毛皮上摩擦后，琥珀就会产生一种神奇的吸引力，可以吸起纸片或木屑等轻小物体。还有记载说16世纪时人们在聚会无聊的时候，女人们会摩擦她的琥珀首饰，拿它去戳青蛙，青蛙便无助地跳起来，人们觉得很有趣，但是不知道到底在琥珀和青蛙身上发生了什么。当时的人们不知道电是怎么回事，更不知道摩擦能产生静电的道理。魔术师们就利用不同的东西相互摩擦所产生的静电现象，表演各种小魔术来吸引观众。

古代人类因不明白电的本质，认为电是附着在物体上的，因而称其为“**电荷**”，并把显示出这种斥力或引力的物体称为带电体。有时也称带电体为“电荷”。后来人类对电的认识不断发展，但电荷的名称却沿用下来。现代科学已经证实，物体所带的电荷有两种，而且自然界也只存在着两种电荷，分别称为**正电荷**和**负电荷**。带同号电荷的物体相互排斥，带异号电荷的物体相互吸引，这种相互作用称为**电性力**。这是正负电荷的固有属性。静止电荷之间的相互作用力称为**静电力**。

静电并不总是令人讨厌的，它可是有很多用处的啊！比如博物馆里有些古书已经非常陈旧，在翻的时候无论怎样小心，书页都会有不同程度的破损，而在博物馆的实际工作里，又常常有翻阅它们的必要。这样的书页应当怎样去翻它呢？在这种情况下，只要用电来解决问题就可以了，就是使书卷充电。书里相邻各页得到同性的电荷以后，就会彼此排斥，因而毫不损伤地一页页分了开来。这样分离开的书页，无论是用手去翻它，或是用结实的纸去裱它，就都比较容易了。

摩擦为什么会起电呢？我们很清楚，物质都是由分子构成，分子由原子构成，原子由带正电的原子核和带负电的核外电子构成。在正常情况下，物体所带的正电荷和负电荷的数量是相等的。摩擦起电并没有创造出电荷，只是两个物体相互摩擦后，电子从一个物体跑到了另一个物体，得到电子的物体就带负电，失去电子的物体就带正电。正是由于这些跑来跑去的电子，才使物体带了电。带电过程中，正负电荷总是同时出现的，而且这两种电荷的电量值一定相等。当两种等量异号电荷相遇时，则相互中和，物体就不带电了。在一个与外界没有电荷交换的系统内，无论进行怎样的物理过程，系统内正、负电荷量的代数和总是保持不变，这就是由实验总结出来的**电荷守恒定律**，也是物理学中的基本定律之一。

2. 电荷的量子化

带电体之间的相互作用力有强有弱，这是什么原因呢？这是由于物体所带电荷的多少不同，我们用电量 Q 来表示。正电荷的电荷量取正值，负电荷的电荷量取负值。在国际单位制中，电量的单位是**库仑**，简称库(C)。

到目前为止的所有实验表明，电子或质子是自然界带有的最小电荷量的粒子，任何带电体所带的电量都是电子或质子电荷量的整数倍。这说明，物体所带的电荷量不可能连续地取任意量值，而只能取某一基本单元的整数倍值。电荷量的这种只能取分立的、不连续量值的性质，称为电荷的量子化。

电荷的基本单元就是一个电子所带电量的绝对值，即

$$e \approx 1.602\ 177 \times 10^{-19}\,\mathrm{C}$$

任何一个电荷都可以写成 $q=Ne$，其中 N 是一个整数。

5.1.2 电荷之间的相互作用——库仑定律

1. 基本模型——点电荷

在物理学的研究过程中，引入了许多的物理模型，如质点、刚体、绝对黑体等等。电磁学中的物理模型也很多，电荷的点模型就是其中一个。物体带电后的主要特征是带电体之间存在相互作用力。而静电力的大小与带电体的形状、大小、电荷分布、相对位置以及周围的介质等因素都有关系，可是我们要直接讨论静电力与这些因素之间的依赖关系是相当困难的。为了使问题简单化，在静电现象的研究中，我们常用到点电荷这个概念，它是从实际带电体抽象出来的理想模型。在具体问题中，当带电体的形状 、大小以及电荷分布可以忽略不计，即可将它看作是一个几何点，则这样的带电体就是**点电荷**，这个性质是不是很像质点呢？因此这一概念只具有相对意义，它本身不一定是很小的带电体。一个实际带电体能否看作点电荷，不仅与带电体本身有关，还取决于问题的性质和精度的要求。点电荷是建立电磁学基本规律时必要的抽象概念，也是处理复杂问题时不可少的分析手段。

2. 库仑定律

1785 年法国科学家库仑(C. A. Coulomb，1736～1806)（图 5-2）用他自己发明的扭秤进行了两个点电荷相互作用力的实验，并总结出了**库仑定律**：真空中两个静止的点电荷之间的相互作用力大小与他们电量 q_1 和 q_2 的乘积成正比，与他们之间距离 r_{12}（或 r_{21}）成反比，作用力的方向沿着这两个点电荷的连线，同号电荷相斥、异号电荷相吸，其数学表达式为

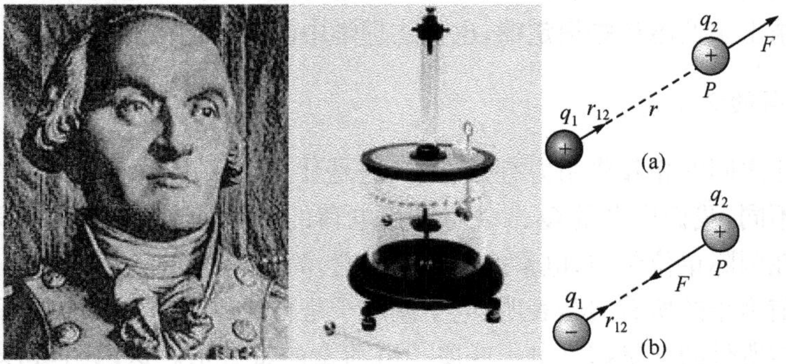

图 5-2　库仑和他实验用的扭秤，以及两个点电荷之间的相互作用力

$$F_{12}=k\frac{q_1q_2}{r_{12}^2}$$

在国际单位之中，电量的单位是库仑(C)，距离的单位是米(m)，力的单位是牛顿(N)，比例常数 $k=\frac{1}{4\pi\varepsilon_0}$，$\varepsilon_0$ 称为真空电容率(或真空介电常量)

$$\varepsilon_0=\frac{1}{4\pi k}\approx 8.85\times10^{-12}\mathrm{c}^2/(\mathrm{N}\cdot\mathrm{m}^2)$$

于是，真空中的库仑定律就可写作

$$\boldsymbol{F}_{12}=\frac{1}{4\pi\varepsilon_0}\frac{q_1q_2}{r_{12}^2}\hat{\boldsymbol{r}}_{12} \tag{5-1}$$

考虑到力是矢量，$\hat{\boldsymbol{r}}_{12}$表示 $\boldsymbol{r}_{12}$方向上的单位矢量。式(5-1)只适用于两个静止的点电荷的相互作用。不过实验已经证明，各点电荷之间的静电力彼此是独立的，即任何一对点电荷之间的静电力都遵守库仑定律，并不因为周围存在其他电荷而改变，这些点电荷之间的静电力可以和睦相处。所以，当空间有两个以上的点电荷时，作用在某一点电荷上的总静电力等于其他各点电荷单独存在时对该点电荷所施静电力的矢量和，这一结论称为**静电力的叠加原理**。现在有了库仑定律和叠加原理，我们就可以解决大部分的静电学问题了。

例 5-1 (选自程守洙《普通物理学》第五版)氢原子中电子与质子之间的距离为 $5.29\times10^{-11}\mathrm{m}$，试计算电子和质子之间的静电力和万有引力各为多大？已知引力常数 $G=6.67\times10^{-11}\mathrm{N}\cdot\mathrm{m}^2/\mathrm{kg}^2$。

解 按库仑定律计算，电子和质子之间的静电力为

$$F_e=\frac{1}{4\pi\varepsilon_0}\frac{q_1q_2}{r^2}$$

$$=8.99\times10^9\times\frac{(1.60\times10^{-19})^2}{(5.29\times10^{-11})^2}\mathrm{N}=8.22\times10^{-8}\mathrm{N}$$

应用万有引力定律，电子和质子之间的万有引力为

$$F_g=G\frac{m_1m_2}{r^2}$$

$$=6.67\times10^{-11}\times\frac{9.11\times10^{-31}\times1.67\times10^{-27}}{(5.29\times10^{-11})^2}\mathrm{N}=3.63\times10^{-47}\mathrm{N}$$

由此可见，在原子内部电子和质子之间的静电力远比万有引力大。因此，在处理电子和质子之间的相互作用时，只需考虑静电力，万有引力可以略去不计。

5.1.3 电荷如何相互作用——电场与电场强度

电荷之间相互不接触，它们是如何产生力的作用的呢？电磁理论认为，是通过

电场。电磁理论的具体内容可以归纳为两部分:场(电场和磁场)和路(直流电路和交流电路)。在中学大家接触电路问题比较多,而在大学物理中,特别着重场的研究,这一方面是由于场的概念和处理方法在理论和实践上都有着重要应用;另一方面,场的理论还是路的理论的基础。在处理一些具体问题时,两者可以相互补充。

1.“超距”作用——电场

电荷或带电体之间有相互作用,那么这种相互作用是怎样完成的呢?我们发现前面提过的万有引力以及静电力都是与距离的平方成反比的,它们都不是通过直接接触实现的,从牛顿开始就认为引力作用是即时作用,既不需要传播介质,也不需要时间,是一种“超距”作用。这种观点在电学和磁学的研究中又得到了进一步强化,并在很长时间里统治着人们的思想。

$$电荷\xrightleftharpoons{超距作用}电荷$$

但是法拉第(M. Faraday,1791~1867)却具有不同凡响的想象力,他提出了一种全新的概念和物理图像,就是场和力线。他认为带电体周围存在着一种特殊物质即电场,在电场中的其他带电体所受到的静电力实际上是由电场给予的,即电场力。近代物理学证明了这种看法是正确的。可以表示为

$$电荷\rightleftharpoons电场\rightleftharpoons电荷$$

现在我们知道电场其实和分子、原子等所组成的实物一样,也具有能量、动量和质量,是物质存在的一种形式,只是我们用肉眼看不到而已。相对于观察者静止的带电体在其周围产生的场我们称为静电场。我们不难发现静电场对外表现主要有:(1)放入静电场中的带电体会受到电场力的作用;(2)在静电场中移动带电体,电场力将对它做功,这表示电场具有能量。

2. 电场强度

电场概念的引入,把电荷间作用力的理论分为两部分:一部分是电荷激发电场;另一部分是电场对电荷有力的作用。既然电荷周围存在着电场,它的重要性质就是对场中的电荷有力的作用。那么,我们就可以通过电场对电荷的作用来描写电场的特性。要想精确地描述电场,我们可以放一个电荷到电场中,看看电场对它的作用,这个电荷叫做试探电荷(或检验电荷),试探电荷的几何尺寸要足够小,即可以看作是点电荷,因为只有这样,才能根据它在电场中各点所受的力来逐点确定电场的性质;其次,试探电荷所带的电量 q_0 也应足够的小,以致当试探电荷进入电场时,q_0 本身所产生的电场不致于显著地影响待测电场。

把试探电荷置于空间中某一点,如果它受到电场力的作用,就称在这点存在电场。带正电的试探电荷在这一点所受电场力的方向就是电场在该点的方向。我们

规定空间中某点的电场强度($\boldsymbol{E}$)等于带单位正电荷的试探电荷在该点所受到的电场力:即 $\boldsymbol{E}=\dfrac{\boldsymbol{F}}{q_0}$,电场是矢量,其单位为 N/C 或 V/m。

如果电荷 q 所在处的电场强度为 $\boldsymbol{E}$,则 q 所受到的力为 $\boldsymbol{F}=q\boldsymbol{E}$。显然,正电荷所受电场力方向与场强方向相同,负电荷所受电场力方向与场强方向相反。

3. 点电荷的场强

根据我们已经学过的库仑定律可以很容易地求出点电荷 q 所产生的场强 $\boldsymbol{E}$。我们可以这样做,将点电荷 q_0 放在距 q 为 r 的位置,则根据库仑定律它所受到的力为

$$\boldsymbol{F}=\frac{1}{4\pi\varepsilon_0}\frac{qq_0}{r^2}\hat{\boldsymbol{r}}$$

则将点电荷 q_0 放在电场 $\boldsymbol{E}$ 的一点,其所受力为 $\boldsymbol{F}=q_0\boldsymbol{E}$,两式相比,可得

$$\boldsymbol{E}=\frac{1}{4\pi\varepsilon_0}\frac{q}{r^2}\hat{\boldsymbol{r}} \tag{5-2}$$

这就是距点电荷 q 为 r 的位置上的电场强度。如果 q 为正,从径向朝外为 $\boldsymbol{E}$ 的方向;若 q 为负,则相反,$\boldsymbol{E}$ 的方向沿径向指向 q。

4. 场强的叠加原理

前面我们提到一个点电荷受到其他多个点电荷的作用力等于所有这些电荷对这一电荷的库仑力的矢量和。同样,若干个点电荷在空间某一点产生的电场强度 $\boldsymbol{E}$,等于每个电荷在该点产生的电场强度的矢量和。这就是**电场强度的叠加原理**。

5.1.4 电场线与电通量

1. 电场线

电场强度在空间中到底是如何分布的呢?人们用电场线来给出电场的直观图像。电场线这个概念是法拉第第一个提出来的。汤姆孙·开尔文对法拉第给予了高度的评价,他说:"在法拉第的许多贡献中,最伟大的一个就是场线的概念了,我想借助于它,就可以把电场和磁场的许多性质简单而极富启发性地表示出来。"爱因斯坦认为"它的价值要比电磁感应的发现高得多"。因为电场中每一点的场强 $\boldsymbol{E}$ 都有一定的方向和大小,所以我们在电场中描绘一系列的曲线,使曲线上每一点的切线方向都与该点处 $\boldsymbol{E}$ 的方向一致,这些曲线就叫做**电场线**。几种常见的电场线见图 5-3。电场线的疏密就描述了电场强度的大小的分布情况。显然在电场

中，电场线稀疏的地方电场强度就小，电场线密集处电场强度就大。

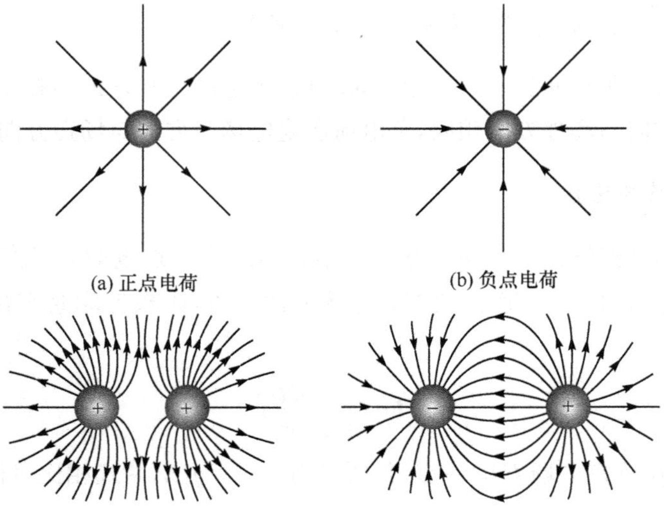

(a) 正点电荷　(b) 负点电荷

(c) 等量同号点电荷　(d) 等量异号点电荷

图 5-3　几种常见的电场线分布

电场线只是形象描述电场强度分布的一种手段。电场线实际是不存在的，但借助于实验可将电场线模拟出来。图 5-4 是通过实验模拟所得到的点电荷所产生的场强分布。

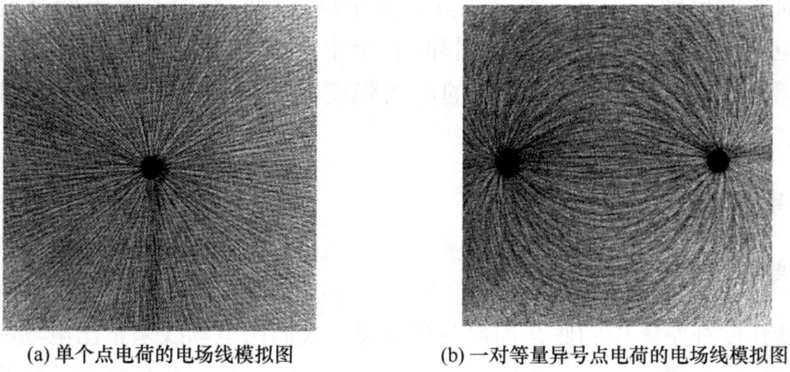

(a) 单个点电荷的电场线模拟图　(b) 一对等量异号点电荷的电场线模拟图

图 5-4　点电荷的场强分布

电场线有下列基本性质：

(1) 电场线起始于正电荷(或来自无穷远处)，终止于负电荷(或延伸向无穷远处)，不会在没有电荷的地方中断，也不会形成闭合线；

(2) 在没有点电荷的空间里，任何两条场线不会相交。

2. 电通量

电通量在数值上等于穿过某曲面的电场线的总根数，用 Φ_e 表示。不过这个根数，可正、可负还可带有小数。

通量的概念不仅适用于电场(或磁场)，还适用于其他矢量场。为便于理解通量的概念，让我们考虑一段沿水平方向以速度 v 匀速流动的水。在水中有一个由细丝围成的平面线框，它的面积为 S。单位时间内通过线框 S 的水的体积，与线框平面在水中的取向有关。如果线框平面与水的流速相垂直(图 5-5(a))，那么，单位时间内通过线框的水的体积，也就是流量(flux)

$$\Phi_W = vS$$

如果此线框平面不与流速相垂直，而是倾斜一个角度 θ(图 5-5(b))，那么通过线框的流量应小于垂直放置时的量值，这时

$$\Phi_W = vS\cos\theta$$

我们很容易想象出，当线框平面与水的流速平行时($\theta=90°$)，通过线框的流量为零。

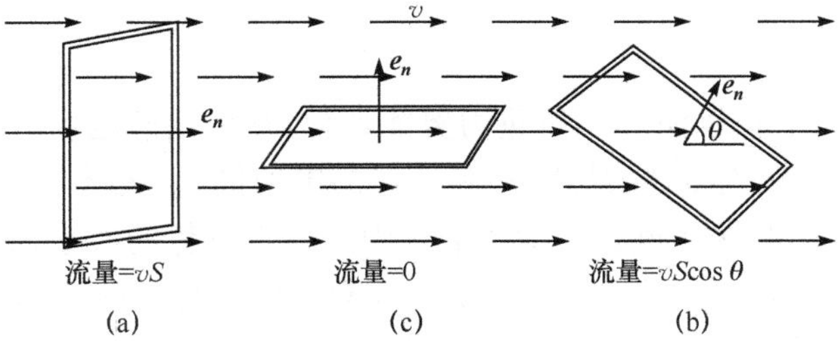

图 5-5 电通量示意图

对于电通量，我们有十分类似的定义，这里与流速相对应的量为电场强度 E，与流量相对应的叫**电通量**。设在场强为 E 的匀强电场中有一个面积 S 的平面。平面的方向是用它的法线表示的。设 $\boldsymbol{e}_n$ 为平面法线方向的单位矢量。由图可知，E 与 $\boldsymbol{e}_n$ 之间的夹角正是 θ 角。那么，通过平面 S 的电通量为

$$\Phi_e = ES\cos\theta = E_n S \tag{5-3}$$

式中 $E_n = E\cos\theta$，就是场强沿平面的法线方向分量。

所以，在匀强电场中，通过一平面的电通量等于场强沿该平面法向分量与它的面积的乘积。由上式可知，当 θ 为锐角时，$\Phi_e>0$；当 θ 为钝角时，$\Phi_e<0$；当 $\theta=90°$ 时，$\Phi_e=0$。电通量以牛顿·米^2/库仑($N\cdot m^2/C$)为单位。

1813 年德国数学家高斯(J. C. F. Gauss，1777～1855)通过缜密的运算论证了通过给定闭合面的电场线数与空间电荷之间的关系。在真空中通过任一闭合面的电场强度通量，等于该曲面所包围的所有电荷的代数和除以 ε_0。这就是真空中的

高斯定理。高斯定理说明了通过封闭曲面的总的电通量只决定于它所包围的电荷的电量，与曲面内电荷的分布无关。但是应该注意的是，高斯定理表达式中的场强 E 是曲面上各点的场强，它是由曲面内、外的电荷共同产生的，且与电荷的分布有关。

5.1.5 电势与电容

1. 静电场力的功

静电场的另一重要性质就是在静电场中移动带电体，电场力将对它做功。在力学中我们引进了保守力和非保守力的概念，重力为保守力，在重力场中可以引入重力势能的概念。经过证明，静电场力也是保守力，静电场是保守场。即在任何静电场中移动一试探电荷从 a 点沿任意路径到 b 点，静电场力所作的功只与试探电荷的电量和 a、b 两点的位置有关，与中间路径无关。基于此我们可以证明当试探电荷在静电场中沿任意闭合回路运动一周，静电场力所做的功为零，称为**静电场的环路定理**。比照重力场，在静电场中我们可以引入静电势能和电势的概念。

2. 静电势能

正如我们研究重力场时，引进重力势能那样，在讨论静电场的性质时，也可以认为电荷在电场中一定的位置处，具有一定的**电势能**，静电势能也与重力势能相似，是一个相对的量，为了确定电荷在电场中某一点电势的大小，必须选定一个作为参考的电势能的零点。通常当电荷分布在有限区域时，我们选定电荷 q_0 在无穷远处的静电势能为零。可见电荷 q_0 在电场中某一点 a 处的静电势能在数值上等于 q_0 从 A 点处移到无穷远处电场力所做的功。电势能的单位为焦耳(J)。

单位正电荷放在某点处的电势能在数值上等于静电场中该点的**电势**。在国际单位制中，电势的单位是 J/C，我们给它一个简洁的名字，称为伏特(V)，1V＝1J/C。

电势零点的选择是任意的，视研究问题的方便而定。当电荷分布在有限区域时，像静电势能一样通常选择无穷远处的电势为零；在实际工作中，通常选择地面的电势为零。但是对于“无限大”或“无限长”的带电体，就不能将无穷远点作为电势的零点，这时只能在有限的范围内选取某点为电势的零点。

在电场中，任意两点 a 和 b 的电势差，通常也叫做**电压**。取用电压表(伏特表)测量电压，静电场中任意两点 a、b 之间的电势差，在数值上等于把单位正电荷从点 a 移到点 b 时，静电场力所做的功。

在实际问题中，往往遇到的都是两点之间的电势差问题。电势和电场强度 $\boldsymbol{E}=\dfrac{\boldsymbol{F}}{q_0}$ 一样，都是描述电场性质的物理量；电势与零电势的选择有关，但两点之间的电势差与零电势的选择无关。若某电场由多个静止点电荷激发，则电场中某点的电势等于各电荷单独在该点产生的电势的叠加(代数和)这称为**电势叠加原理**。

5.2 电 流

我们生活中说到的电其实就是当电气设备工作时在电线中移动的电荷。我们通常能看到一个物体是否有动量,这是因为我们能看到这个物体是否在运动。我们也能“看”到一个物体的熵是多还是少,这是因为我们能觉察到它是冷的还是热的。然而,我们没有能确定物体是否有电的器官。触电能使我们感觉到电的存在,但我们必须避免它的发生,因为这是危险的。

5.2.1 电线上的鸟——电的流动

风筝为中国人所发明,我们已经知道它在电学发展史上的功绩了(雷雨天,富兰克林用风筝捕捉电,图 5-6)。当然如果你喜欢放风筝,请一定记住:不要在雨天放风筝,另外,离高压线要远点啊!

图 5-6 用风筝引电

不过你想过吗?为什么看见麻雀可以悠哉悠哉地停在电线上?难道我们的身体还不如麻雀结实?如果触不触电是由个人体质决定的,那看来我们确实不如鸟结实。我们经常可以看到成群的麻雀或乌鸦停落在几万伏的高压线上,它们不仅没有触电,而且一个个显得非常安闲。但是,如果有人不小心碰到高压电线就会触电身亡。同样一根高压电线,为什么小鸟触电没事呢?

我们知道,对人造成伤害的是电流,如果电流足够大,就会致命。导体中存在持续电流的条件,首先是保持导体两端存在一定电压。我们通常把提供这个电压的装备叫**电源**。最常见的电源有电池、发电机、太阳能电池。他们就像电泵一样在电路中驱动着电荷流动。

那么电荷究竟是如何在导体中流动的呢？以金属导体为例，负极每流出 1 个电子进入导体后，就要把导体另一端的自由电子挤走 1 个。挤走的电子进入正极被中和。所以，电流实际是电子一个一个地“移动”。和电子移动的距离相比，导线是非常长的，而电通过的时间却极短。因此，从电池出来的电子，在经过导线的途中，只是走了非常非常短的一段距离。位于导体中的电子，和从电池里出来的电子，是完全相同的。所以，我们把导体中的自由电子流进正极，就看成是从电池出来的电子流进正极一样，“电流就是电荷的定向流动”。我们来考虑在电路中的一点 P（见图 5-7），每秒钟流过这个点的电荷可多可少，用电流强度 I 表示，简称**电流**，其定义为

$$I=\frac{q}{t} \tag{5-4}$$

电流是标量，其单位是库仑/秒（C/s）。我们也给这个导出单位取一个简洁的名称称作安培，用 A 表示，即 A=C/s。电流表或安培表（图 5-8）可以用来测试电路中的电流强度的大小。

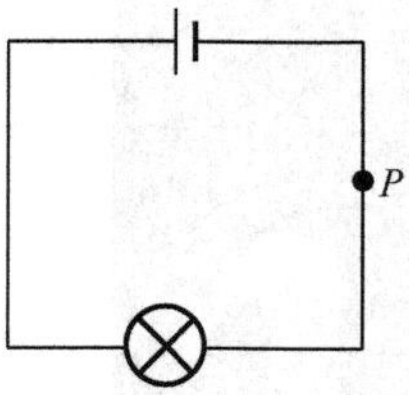

图 5-7　每秒钟有一定量的电流通过电路中的点 P

图 5-8　安培表

就电流总体来说，它的流动速度是非常快的，1 秒钟可以走 30 万公里，换句话说，电流的速度与光速一样，这可以通过公式证明，不过证明过程会很复杂，有兴趣的朋友自己找参考书看看吧。在实际的导线中，同时移动的电子是非常多的，远远不只是 1 个。比如，1A（安培）电流的意思是，在 1 秒钟内，同时约有 6.25×10^{18} 个电子流过。

5.2.2　生活中常用的两种电——直流电和交流电

电流有直流和交流之分。你打开过干电池吗？它是不是由锌皮外壳和中间的碳棒组成？中间的碳棒是正级，锌皮是负极，碳棒的电势始终比锌皮的电势高。如果把电源的正负极用电线与小电灯接通，那么，电路中的电流始终是从干电池的正极流出经小电灯再从负极流入干电池，电流的方向始终不变。这种方向随时间不作周

期性变化的电流就叫做“直流电流”,简称“**直流**”。电池和直流发电机都是直流电源。与它连通的电路称直流电路,是由直流电源和电阻构成的闭合导电回路。

交流电源两个极的电势与干电池不同,它没有固定的极性。相同的一端一会儿是正极,一会儿是负极。也就是说,它的电极极性是随时间变化的,而且两个电极之间电压的大小也是随时间变化的。如果把电源的两极用导线与电灯泡接通。那么,电路中的电流的大小和方向也随时间而变化。这种大小和方向都随时间变化的电流叫做“交变电流”简称“**交流**”。

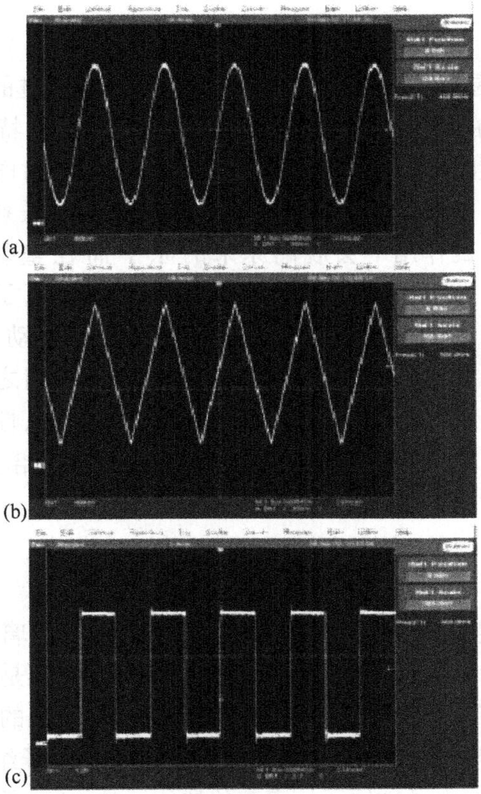

图 5-9 常见交流电波形图

交流电的波形可以是正弦的、方形的或锯齿形的,见图 5-9,某些交流电的波形是不规则或复杂形状。家庭用户使用的交流电是正弦波。

交流电每一秒钟完成周期变化的次数,叫做交流电的“频率”(符号:f)单位是赫兹(符号:Hz)。我国电力工业统一规定交流电都采用 50 赫兹的频率。交流电完成一次周期变化的时间叫做“周期”。例如:频率为 50 赫兹的交流电每一秒钟有 50 个完全周期。因而,它的周期就为 1/50=0.02 秒。

水电站发电机发出来的电流和农村照明及动力用电都是交流电。交流电比直流电有很多优点,例如便于用变压器来改变电压,可以把电能输送到较远的地方去。用交流电来发电、送电、用电,具有投资小、操作简单、运行可靠等优点。

5.3 导电和不导电的材料——导体、半导体和绝缘体

电并不是在任何材料中都能流动的。根据导电能力的强弱我们可以将所有物体分为导体、半导体和绝缘体。下面我们一一来看他们的特点。

5.3.1 导体

导体(conductor)是容易导电的物体,即能够让电流通过的材料。金属和酸、碱、盐溶液等可以导电的物体,这些物体统称为导体。导体的特征就是它的内部有大量的可以移动的自由电荷。对于金属导体来说,这种自由电荷就是自由电子。金属原子的最外层电子跟原子核的联系很弱,在其余原子的作用下会脱离原来的原子而在整块金属中自由"游荡",成为自由电子。失去了外层电子的原子变成带正电的离子,在平衡位置附近做热振动。所以,整块金属就是由做热振动的正离子和在它们之间做无规则热运动的自由电子组成的。金属的导电性能由强到弱的顺序为:银、铜、金、铝、锌、铂、锡、铁、铅、汞。图 5-10 是常用的铜丝。

图 5-10 铜丝

5.3.2 绝缘体

与导体相对的是绝缘体(insulator),比如普通的橡胶、玻璃、塑料、陶瓷等。不善于传导电流的物质称为绝缘体,绝缘体又称为电介质(并不是能导电的物体叫导体,不能导电的物体叫绝缘体,这是一般人常犯的错误),它们的电阻率极高。包在电线外面的塑料就是绝缘体。其实绝缘体也是原子核与电子组成的,但是由于它们的微观结构比较稳定,电子被原子核牢牢的拉住很难移动,所以绝缘体不容易导电。绝缘体和导体,没有绝对的界限。绝缘体在某些条件下可以转化为导体。

水,我们生活中不可缺少的物质,它是导体还是绝缘体呢? 你会不会马上回答"当然是导体"呢? 呵呵,不要马上回答啊! 水有时可是绝缘体啊,这里要注意,导电的原因:无论固体还是液体,内部如果有能够自由移动的电子或者离子,那么它就可以导电。没有自由移动的电荷,在某些条件下,可以产生导电粒子,那么它也可以成为导体。比如纯净的蒸馏水就是绝缘体,它不能导电,而普通的水中由于含有一些杂质就变成了导体,所以千万不能用湿布去擦开关、插座等带电的东西,除非你用的是蒸馏水,和不含杂质的抹布!

导体和绝缘体虽然“性格”各异，却是一对不能分离的“好搭档”。它们经常结合在一起使用。例如，电线内是导电的铜丝，外面包着绝缘的塑料；架在高空的高压导线，必须悬挂在一长串的瓷柱上。导体是电流流向四面八方，绝缘体又将电流限制在一定的范围内，保证用电安全。

5.3.3 半导体

半导体(semiconductor)，指常温下导电性能介于导体与绝缘体之间的材料。如锗、硅、硒、砷化镓及一些金属的氧化物或硫化物等。与导体和绝缘体相比，半导体材料的发现是最晚的，直到20世纪30年代，当材料的提纯技术改进以后，半导体的存在才真正被学术界认可。半导体的导电能力比导体差一点，在一些特殊情况下，比如温度升高、用光照射、加电磁场，或在半导体中加进一些杂质等，半导体的导电能力会一下子增强许多。半导体可以做成各种电子元件，在收音机、电视机以及测温上有着广泛的应用。顺便指出，现在使用的半导体材料大多数要制成晶体，因而把用半导体材料制作的晶体二极管、晶体三极管通称晶体管。

半导体材料很多，按化学成分可分为元素半导体和化合物半导体两大类。锗和硅是最常用的元素半导体；化合物半导体包括Ⅲ-Ⅴ族化合物(砷化镓、磷化镓等)、Ⅱ-Ⅵ族化合物(硫化镉、硫化锌等)、氧化物(锰、铬、铁、铜的氧化物)，以及由Ⅲ-Ⅴ族化合物和Ⅱ-Ⅵ族化合物组成的固溶体(镓铝砷、镓砷磷等)。除上述晶态半导体外，还有非晶态的玻璃半导体、有机半导体等。

图5-11给出了常见物质的导电能力。

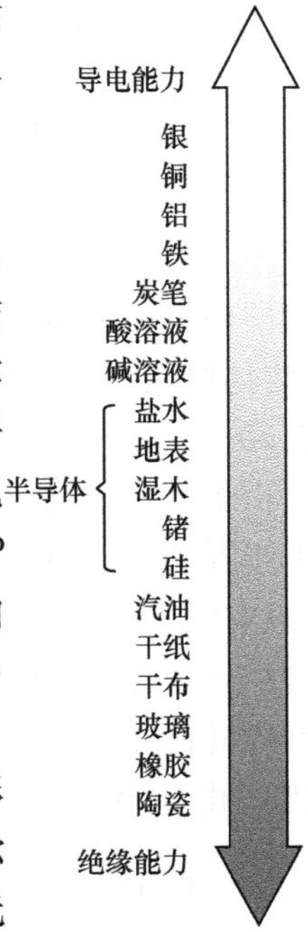

图5-11 常见物质导电能力

LED(light emitting diode)，又称为发光二级管，属于一种固态的半导体器件。发光二级管主要是由PN结芯片、电极和光学系统组成。它利用固体半导体芯片作为发光材料，当两端加上正向电压，半导体中的载流子发生复合，放出过剩的能量而引起光子发射产生可见光。具体如基本工作原理图5-12所示，由两个半导体(P型和N型半导体)和中间一个有源层组成。当它两端加上正负电压时，电子开始移动并和空穴(带正电的离子)结合产生辐射光，即直接把电转化为光。

LED的核心部分是PN结(在P区和N区的交界面形成空间电荷区称PN结)，P区带过量的正电荷(通常称“空穴”，如：由单晶硅通过特殊工艺掺入少量的三价元素组成，会在半导体内部形成带正电的空穴)，N区带过量的负电荷(电子，如：由单晶硅通过特殊工艺掺入少量

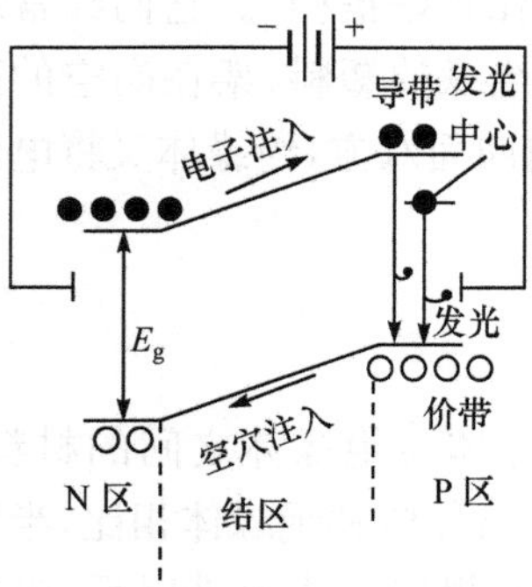

图 5-12 LED 的工作原理

的五价元素组成，会在半导体内部形成带负电的自由电子）。当正向导通的电压加在这个半导体材料的 PN 结上时，电子就会从 N 区向 P 区移动，空穴从 P 区向 N 区移动，在 P 区和 N 区的交界处电子和空穴发生复合，即电子和空穴就会被推向量子阱，在量子阱内电子跟空穴复合，复合过程中能量就会以光的形式从 LED 中发射出来。电流从阳极流向阴极时，晶体就发出从紫外到红外不同颜色的光线，光的强弱与电流有关；而光的波长也就是光的颜色，这是由形成 PN 结的材料决定的。

电子和空穴复合可分为两类：一类是伴随光辐射的复合，另一类是不伴随光辐射的复合。前者是由于空穴和电子的复合以光（含紫外光、红外光）的形式辐射能量，这是发光的主要机理，也是发光器件所追求的。而后者复合不伴随光的辐射，这对固体发光器件来说是有害的（因为以热的方式辐射可以使器件的温度升高）。所以对于固体发光器件来说，就是要研究如何增强带有光的辐射形式的复合。因此，研究 LED 芯片原理及应用的目的，就是当半导体 PN 结处流过正向电流时，能以较高的能量转换效率来辐射出 200～550nm 波长范围的可见光谱（包括紫外、红外），从而做成实用的发光器件。

5.4 欧姆定律与焦耳定律

5.4.1 电阻

不过即便是在导体中，电也是要受到阻力的。讲运动学的时候，我们提到过摩擦阻力，物体要运动就总会遇到阻力。电也是一样，它要流动，一定会遇到阻力。

那么，决定导体电阻大小的因素究竟有哪些呢？实验表明，用同一种材料制成的横截面积相等而长度不相等的导线，其电阻跟导线的长度成正比；长度相等而横截面积不相等的导线，其电阻跟导线的横截面积成反比。导线的电阻跟它的长度成正比，跟它的横截面积成反比。如果用长度、截面积都相等，但是材料不同的导线，电阻也不同。显然，导体的电阻除了跟导体的形状有关，跟材料自身的性质也有关。反映材料导电性好坏的物理量，就叫做材料的**电阻率**即 ρ。导体的电阻跟它的长度和电阻率成正比，跟它的横截面积成反比，这条定律叫**电阻定律**即：$R=\frac{\rho l}{S}$。当然我们还发现，一般材料在温度接近绝对零度的时候，物体分子热运动几乎消失，材料的电阻趋近于 0，此时称为超导体，达到超导的温度称为临界温度。想了解超导现象的同学快通过互联网查一查吧！

我们知道，在同一电路中，导体中的电流跟导体两端的电压成正比，跟导体的电阻阻值成反比，这就是**欧姆定律**，基本公式是 $I=U/R$。

欧姆定律由欧姆(G. S. Ohm，1781～1854)提出，为了纪念他对电磁学的贡献，物理学界将电阻的单位命名为欧姆，简称欧(Ω)。1Ω 定义为：当导体两端电势差为 1 伏特(V)，通过的电流是 1 安培(A)时，它的电阻为 1 欧(Ω)。

5.4.2 “不死鸟”和高压线

好了，有了以上的知识，我们再来解释电线上的鸟为什么电不死的问题(图 5-13)。就像电荷分正负，电线也分火线和零线。看看你家的所有家用电器你就会发现，所有电器上的导线至少是两根。这两根导线就分别接零线和火线。功率大的电器，比如电冰箱、空调还有我们用的电脑，在零线和火线之外一般还要接出一根线，这根线叫地线，一般接在电器的机壳上，用来导走多余的静电荷，保证安全。

图 5-13　电线上的小鸟

在我国，家用的照明电压是 220V，也就是说，零线和火线之间的电压是 220V。有些国家如美国、日本等，用的照明电压在 110 伏左右。如果是几万伏的高压线，那么意味着，电线与地面之间的电压是几万伏，也意味着火线与零线之间电压是几万伏。

前面说过，对人造成损伤的是电流，但是根据欧姆定律，要产生足够大的电流，第一，电阻要足够小；第二，电压要足够大。人体表皮的电阻较大，而体内的电阻很小。一般来说，240V 的电压就可以击破表皮，这是极度危险的。但是如果只接触一根线，并且身体的其他部分与大地之间是绝缘的，一般来讲就不会形成电流，所以不会伤及生命。

但是，如果我们接触到了高压线(无论以任何形式)，由于我们的身体与大地相连，高压线与地面间的电压极大，身体就成了高压线与大地之间的“导线”，强大的电流会穿过我们的身体，即使穿着绝缘性能良好的鞋，高压电也足够击穿它，到达地面。如果出现这种情况，恐怕就相当危险了。如果同时接触零线、火线二条电线，那更活不了，但是小鸟只接触了一根电线，而且它高高在上，距离大地非常之远，不会成为高压线与大地间的“导线”，所以它们不会触电。

当然，电线上的鸟身上也有电流通过。当它站在电线上的时候，它的两脚之间有一定的距离，所以可以把它和它脚下的那段电线看作两个并联的电阻。但是，与那一小段电线的电阻相比，鸟身上的电阻就显得非常大了。根据并联电路分流的原理可以知道，虽然鸟的体内有电流流过，但是这个电流是非常小的。感兴趣的读者可以自己计算一下啊！

基本上没人听说过有鸟因为停在电线上而触电的，但是有时会出现这种情况，某些鸟在与蛇等爬行动物搏斗的时候把那些家伙带到了空中，然后刚好把它们掉在了高压线上，这时就危险了。蛇的身体较长，掉到电线上时常会将零、火两根线连在一起，这样不但蛇会触电死亡，而且还会造成短路，引发火灾。钻进变电室的老鼠也常因为这个原因被电死，并且造成机器故障。乌鸦和喜鹊等鸟类喜欢在电线杆子上垒窝，这也同样是十分危险的，这样还很容易造成短路。

5.4.3 焦耳定律

既然高压线如此危险，为什么输电时一定要用高压呢？大家还记得讲机械能时介绍过功的概念吧。我们知道电流也可以做功，叫电功(用字母 W 表示)。电流在单位时间内做的功就叫电功率(用字母 P 表示)，电功率等于电路两端电压乘以电路中的电流强度，即

$$P=IU \tag{5-5}$$

我们的家用电器消耗电能的多少，都在于它们的额定功率；而电线输送电能的多少，也在于功率，即火线与零线间的电压乘以输电线中的总电流。

我们知道，电流流过时导体会发热，发热会消耗电能。电流通过导体产生的热量跟电流的二次方成正比，跟导体的电阻成正比，跟通电的时间成正比，即焦耳定律。数学表达式：$Q=I^2Rt$(适用于所有电路)。它定量说明了传导电流将电能转换为热能的定律。

从这个式子我们可以看出，如果要减少输送途中损失的能量，一个办法是减小电阻，我们知道长为 l，截面为 S，导电率为 ρ 的导线，电阻为 $R=\rho\dfrac{l}{S}$。要减小 R，就必须增大 S，或减小 ρ。增大 S，则要求导线很粗，显然材料用量就多，减小 ρ，金银的 ρ 最小，但价格昂贵，目前我们只能使用性价比较高的铜做导线。另一个办法是减小电流，但是如果要想在减小电流的同时仍然输送等量的电功率，那么就要提高电压，目前输电线一般选几万伏乃至十几万伏的高压，就是这个道理。

5.5 磁现象与磁场

5.5.1 基本磁现象

磁现象和电现象一样,很早就被人们发现了。人们最早发现的磁现象是从天然磁石吸引铁质物质的现象开始的。中国“磁石”这个名字,就是从“慈石”转变过来的,意思是磁石吸引铁就像一个慈爱的母亲吸引自己的孩子一样。无独有偶,居住在欧亚大陆另一端的法国人也是用类似的名称“aimant”(法文这个字也有“吸引”和“慈爱”的意思)来称呼磁石的。战国时代的中国人已经发现了磁体的指向性,并利用这一原理,制成了早期的指南针,为世界的航海业作出了巨大的贡献。这在公元前3世纪战国末年的《韩非子·有度》中即有记载:“故先王立司南,以端朝夕”。最初的指南针是用天然磁石制成的,样子像一只勺,底圆,可以在平滑的“地盘”上自由旋转,等它静止的时候勺柄就会指向南方,古人称它“司南”(图5-14)。在现代生活中,利用磁场的仪器或工具随处可见,如生活生产中涉及的磁体有喇叭、磁盘、磁带、磁卡、门吸、电动机、电流表、质谱仪、回旋加速器等等。

我们知道磁铁具有磁性,可以吸引铁、钴、镍、锰等金属。所有的磁铁都有两极,一个北极(即N极),一个南极(即S极);在这两极上,磁铁的磁性特别强,如条形磁铁的磁极在它的两端。只有一个磁极的磁铁是不存在的,一块磁铁,如果从中间锯开,它就变成了两块磁铁,它们各有一对磁极。两个磁铁之间还存在着相互作用,同性磁极相互排斥,异性磁极相互吸引。

图5-14 司南

地球也是个大磁体哦!地磁场模型见图5-15,其地磁南极在地理北极附近,地磁北极在地理南极附近。指南针在地球的磁场中受磁场力的作用,所以会一端指南一端指北。

你知道吗?地震之前会有很多宏观异常,电磁异常就是一种。电磁异常指地震前家用电器如收音机、电视机、日光灯等出现的异常。最为常见的电磁异常是收音机失灵,在北方地区日光灯在震前自明也较为常见。唐山地震前,市内有人见到关闭的荧光灯夜间先发红后亮起来,北京有人睡前关闭了日光灯,但灯仍亮着不息。另外在大地震来临之前,各种动物往往会出现极度烦躁的现象:鸡鸣狗吠,鱼儿浮出水面等等。为什么在地震前会出现这种现象呢?这都与地球的磁场有关。地壳中的岩石,含有许多磁性物质。当地震来临之前,这些岩石发生强烈的形变,造成地磁局部异常,这就是所谓的“震磁效应”。由于磁场的剧变,就会使电磁波的

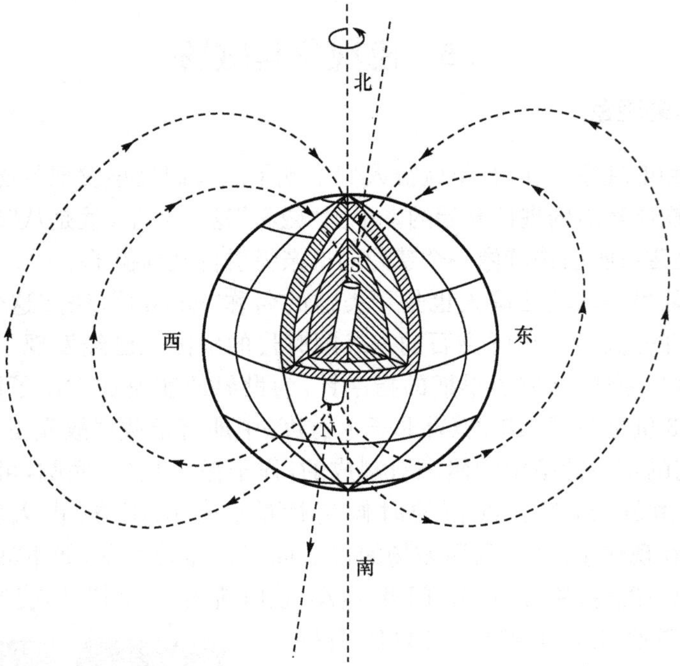

图 5-15　地磁场模型

传播发生异常,致使收音机接收不到电台的讯号。而动物对磁场的反应比较灵敏,由于长期适应了地磁的大小,当磁场突然改变时,就会出现烦躁不安的现象了。因此,在地震观测站,往往养有各种小动物。地磁除了应用于预报地震之外,还常常用来探矿,而且在军事上也有广泛的应用。

5.5.2　磁的相互作用——磁场与磁感应强度

1. *磁场*

历史上很长一段时期里,磁学和静电学的研究一直是独立发展的,人们认为电和磁之间没有关系。直到 1819 年丹麦科学家奥斯特(H. Oersted,1777～1851)发现放在载流导线附近的小磁针会受到磁力作用发生偏转,这在历史上首次揭示了电与磁之间的关系。1820 年安培(A. Ampère,1775～1836)发现放在磁铁附近的载流导线也会受到磁力的作用而发生运动,随后又发现载流导线之间或载流线圈之间也有相互作用,并总结出两电流之间的作用力和电磁铁之间的作用力遵从相似的规律。这时人们才知道磁现象和电荷的运动是密切相关的。1822 年,安培由此提出了有关物质磁性本质的假说。他认为,一切磁现象的根源是运动电荷(或电流),运动电荷在其周围激发磁场,磁场对场中的运动电荷施加磁场力。近代理论表明,原子核外电子绕核的运动和电子自旋等运动就构成了等效的分子电流。当铁磁体被磁化时，这些分子电流按一定的方式排列起来。所以我们可以将这种磁相互作用形象地表示如图 5-16。

图 5-16　磁相互作用

实验和近代理论都证实了一切磁现象起源于电荷的运动。电荷在其周围空间激发电场，而运动电荷在周围空间还要激发磁场；磁场的基本特征是对场中的其他运动电荷或载流导线有磁力的作用。与电场相仿，磁场也是物质的一种形态，它也具有能量、动量和质量。同时磁场也是在一定空间区域内连续分布的矢量场，在磁场中任一点处，它都具有一定的数值和方向。

为了定量地描述磁场，我们可以仿照电场中引入电场强度 $\boldsymbol{E}$ 的方法来定义描述磁场性质的物理量——磁感应强度矢量 $\boldsymbol{B}$。

2. *磁感应强度*

我们来看看磁场对运动电荷的作用力，从而引出磁感应强度 $\boldsymbol{B}$ 的定义。

经实验观测知，当运动的带电粒子沿不同方向通过磁场中某一确定点时，其所受作用力的大小是不同的，且存在着这样一个特殊方向，当带电粒子沿该方向入射时，其所受的作用力为零，我们把这一方向就定义为 $\boldsymbol{B}$ 的方向，表征该点的磁场方向；其次，当带电粒子的运动速度垂直于 $\boldsymbol{B}$ 时，它所受到的磁力最大，记为 $\boldsymbol{F}_{\max}$，$\boldsymbol{F}_{\max}$的方向即垂直于运动电荷的速度又垂直于 $\boldsymbol{B}$ 的方向，如图 5-17 所示。按照这个实验结果，我们将运动电荷 q 在空间某点处所受的最大的磁场力 $\boldsymbol{F}_{\max}$与电荷量 q 和运动速度的乘积 qv 之比规定为磁场中该点的磁感应强度 $\boldsymbol{B}$ 的大小，即

$$\boldsymbol{B}=\boldsymbol{F}_{\max}/qv \tag{5-6}$$

该点磁感应强度 $\boldsymbol{B}$ 的方向可以由小磁针放在该点时，N 级所指的方向来确定。在 SI 国际单位制中 $\boldsymbol{B}$ 的单位是特斯拉，符号为(T)。

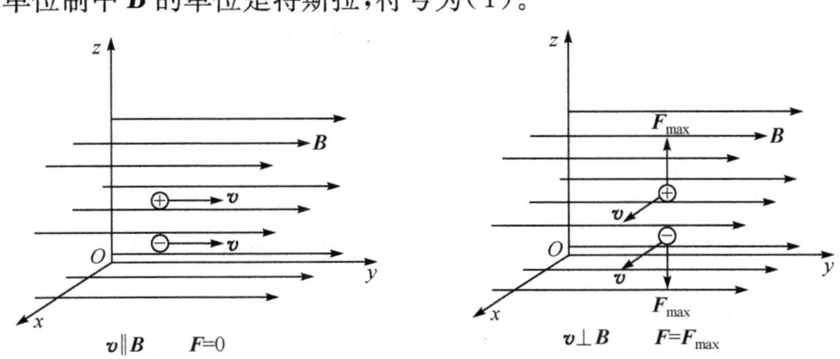

图 5-17　运动电荷在磁场中的受力

5.5.3　磁场的高斯定理

1. *磁感应线*

人类没有能感觉磁性的器官，所以我们只能推测在每一块磁铁的周围都有磁力。我们可以用间接的方法来显示磁场的分布。做这个试验最好是用铁屑。在一张光滑的厚纸或玻璃板上均匀地撒上一薄层铁屑；拿一块普通磁铁放在厚纸或玻璃板下面，再轻轻敲厚纸或玻璃板来抖动铁屑。磁力是能自由地穿过厚纸或玻璃板的，所以铁屑在磁铁的作用下就要磁化；磁化了的铁屑在我们抖动它们的时候，就会和厚纸或玻璃板分开，并且在磁力的作用下很容易转过身来，落在磁针在这一点应取的位置上，也就是沿着磁感应线排列起来。结果使我们明显地看出那些看不见的磁感应线是怎样分布的，得到图 5-18 所示的图像。磁力造成了一组复杂的弯曲的线。你可以看出铁屑怎样从磁铁的每一极辐射开来，又怎样在两极中间连接起来，形成一些短弧和长弧。这样，铁屑就让我们亲眼看到了物理学家所想象的情景，就是每一块磁铁周围存在着的看不见的情景。离磁极越近，铁屑组成的线就越密，越清楚。相反地，离磁极越远，线就越稀，越不清楚。这就明白地向我们证明了，磁感应线是随着距离的加长而变弱的。同时我们也可以确定磁场的方向：规定小磁针的北极在磁场中某点所受磁场力的方向为该点电磁场的方向。

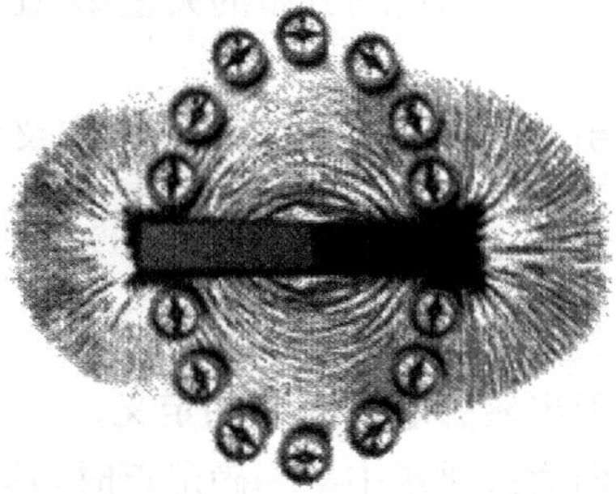
图 5-18　条形磁铁周围的磁场线

在磁场中画一些曲线，使曲线上任何一点的切线方向都跟这一点的磁场方向相同，这些曲线叫磁感应线。磁感应线是闭合曲线，规定小磁针的北极所指的方向为磁感应线的方向。磁铁周围的磁感应线都是从 N 极出来进入 S 极，在磁体内部磁感应线从 S 极到 N 极。

那么用磁感应线如何表示磁场的强弱呢？我们规定：通过磁场中某点处垂直于 $\boldsymbol{B}$ 矢量的单位面积的磁感应线数等于该点 $\boldsymbol{B}$ 矢量的量值，因此，磁场较强的地方，磁感应线较密；反之，磁感应线就较疏。

图 5-19 所示是几种不同形状的电流所激发的磁场的磁感应线图。表示电流和电流激发磁场的磁感线方向之间关系的定则称为安培定则，也叫右手螺旋定则。通电直导线中的安培定则（安培定则一）：用右手握住通电直导线，让大拇指指向电流的方向，那么四指的指向就是磁感线的环绕方向；通电螺线管中的安培定则（安培定则二）：用右手握住通电螺线管，使四指弯曲与电流方向一致，那么大拇指所指的那一端是通电螺线管的 N 极。

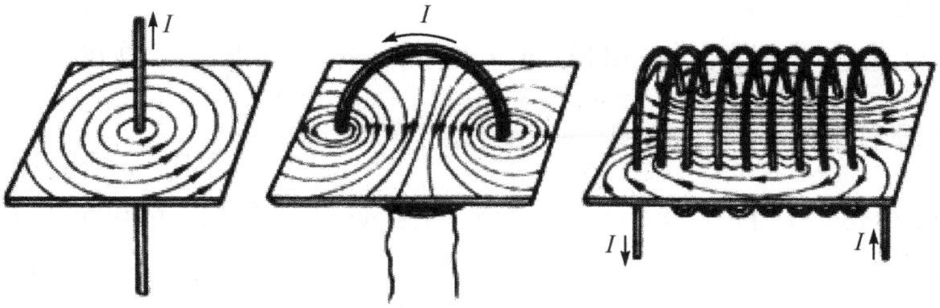

(a) 直电流 (b) 圆电流 (c) 螺线管电流

图 5-19 几种不同形状的电流磁场的磁感应线

我们说过地球本身是磁体，在地磁两极附近，磁感应线与地面垂直。由于太阳带电粒子(太阳风)进入地球磁场，在地球南北两极附近地区的高空，夜间出现的灿烂美丽的光辉，称为极光现象，见图 5-20。在南极称为南极光，在北极称为北极光。

图 5-20 极光

2. 磁通量

在磁场中，通过一给定曲面的总磁感应线数，称为通过该曲面的磁通量，用 Φ_M 表示。通过面积 S 的磁通量定义为 B 垂直于 S 面的分量 $B_\perp$ 与 S 之积

$$\Phi_M = B_\perp S = BS\cos\theta \tag{5-7}$$

式中 θ 为磁场方向与该表面法线间的夹角，B 为磁感应强度，S 为该线圈的面积。磁通量的单位为：韦伯(Wb)。

然而，作为一个矢量场，磁场的性质与电场颇为不同。磁力线是闭合的曲线组，不中断,不交叉。换言之,在磁场中不存在发出磁力线的源头,也不存在会聚磁力线的尾间,因此通过任意闭合曲面的磁通量为零。这一规律叫做磁场的高斯定理。

5.5.4 磁场对运动电荷的作用——洛伦兹力

我们已经指出,当带电粒子沿磁场方向运动时,作用在带电粒子上的磁力为零;带电粒子的运动方向与磁场方向垂直时,所受磁力最大,记作 $\boldsymbol{F}_{\max}$,其值为 $\boldsymbol{F}_{\max}=Bqv$。在一般情况下,运动电荷的速度矢量如果不与磁力线相平行,则会受到磁场的作用。图 5-21 中电荷 q 的运动速度 v 以及磁场方向都已标出。电荷受力的方向标在图下部的框内。具有相同速度矢量的异号电荷所受磁场力的方向相反。

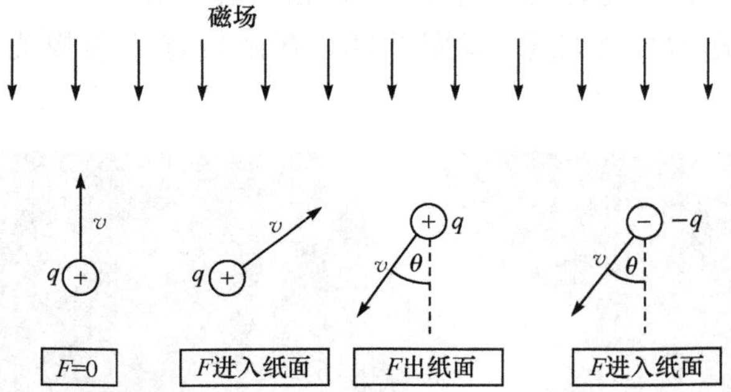

图 5-21 运动电荷所受磁场力的方向

当然正电荷在磁场中的受力方向可以按照我们中学习惯用的左手定则判断。伸直左手手掌,使手掌朝向磁场,即磁力线穿过掌心,四指指向正电荷运动的方向,则拇指的方向即为磁场对正电荷的作用力的方向。还可以用普通物理的判断方法,右手螺旋定则来判断,即:伸直右手手掌,四指指向正电荷运动方向,进而四指朝磁场方向弯曲握拳,竖起拇指的方向即为受力方向。这些方法只不过是描述方式的差异而已。

磁场对运动电荷作用力即洛伦兹力,其大小取决于四种因子的乘积:(1)电量 q;(2)电荷的运动速率 v;(3)磁感应强度 B;(4)$\sin\theta$,θ 为磁力线与速度矢量之间的夹角。综合即为

$$F=qvB\sin\theta \tag{5-8}$$

洛伦兹力总是和带电粒子运动速度相垂直,这一事实说明磁力只能使带电粒子的运动方向偏转,而不会改变其速度的大小,因此磁力对运动带电粒子所做的功恒等于零,这是洛伦兹力的一个最重要的特征。

5.5.5　磁场对载流导线的作用力——安培力

运动电荷在磁场中要受到磁力的作用，而电流就是许多正电荷的流动，所以放置在磁场中的载流导线也要受到磁力的作用，即**安培力**。

载流导线长度元(dl)所受的磁场力的大小

$$dF = I(dl)B\sin\theta \tag{5-9}$$

式中 I 为导线电流，θ 为电流方向与磁场方向的夹角。对于在匀强磁场中的直导线 L 所受到的安培力为：$F=IBL\sin\theta$。与运动电荷类似，磁场力垂直于由导线中电流方向和磁力线所确定的平面。

5.6　电磁感应现象

1. 庞大的电磁铁

在冶金工厂里，可以看到搬运重物的电磁起重机(见图 5-22)。这种起重机在举起和移动铁块的工作上对铸钢厂及这一类的工厂作了相当大的贡献。几十吨重的大铁块或机器零件，都不必捆扎就能很方便地用这种起重机来搬运。铁片、铁丝、铁钉、废铁和别的各种铁料，用其他方法来搬运都很麻烦，用了电磁起重机，就能不装箱不打包，很方便地搬来搬去。电磁铁的应用比比皆是，我们先来看看它的基本原理——电磁感应现象。

图 5-22　电磁起重机

2. 电磁感应现象

1831 年，法拉第向皇家学会提交的一个报告中，提出“电磁感应现象”，并概括了可以产生感应电流的五种类型:变化的电流、变化的磁场、运动的恒定电流、运动的磁铁、在磁场中运动的导体。无论用什么方法,只要穿过闭合回路的磁通量发生变化,闭合电路中就有电流产生的现象称为**电磁感应现象**。引起此电流的电动势称为**感应电动势**,若将此导体闭合成一回路,则该电动势会驱使电子流动,形成感应电流。电磁感应现象的发现,不仅进一步揭示了电与磁现象的内在联系,推动了电磁学理论的发展,而且在实践上开拓了广泛的应用前景。电磁感应现象是电磁学中最重大的发现之一。

对于电磁感应现象中感应电流的方向如何判断呢?楞次在大量实验的基础上,总结出感应电流方向所遵从的规律,称为**楞次定律**:闭合回路中所产生的感应电流具有确定的方向,即它总是使感应电流所产生的通过回路所围面积的磁通量去阻止回路中原磁通量的变化。大家结合图 5-23 来判断一下感应电流的方向吧。

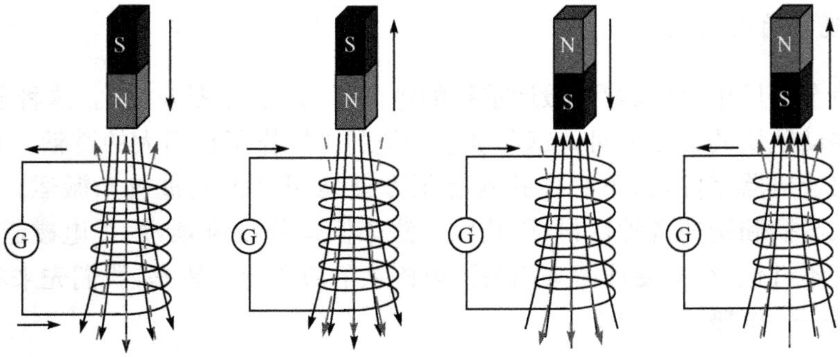

图 5-23 由楞次定律判断感应电流的方向

由电磁感应现象的分析可知,当穿过闭合回路的磁通量发生变化时,回路中就有感应电流产生。感应电流的产生说明回路中有电动势存在。实际上,电磁感应所直接产生的应是感应电动势,只有当电路闭合时感应电动势才会产生感应电流。

3. 法拉第电磁感应定律

法拉第发现了电磁感应现象并作了深入的研究,他经过大量实验总结出了感应电动势与磁通量变化之间的关系,称为**法拉第电磁感应定律**:通过回路所包围面积的磁通量发生变化时回路中产生的感应电动势与磁通量对时间的变化率成正比,可表示为

$$\varepsilon=-\frac{\Delta\Phi}{\Delta t} \tag{5-10}$$

式中 ε 的单位是伏特,Φ 的单位是韦伯。式中负号表明感应电动势的方向,反映出该感应电动势是阻碍引起感应电动势的磁通量的变化的。

例 5-2 （选自程守洙《普通物理学》第五版）如图 5-24 所示，导线 AB 在导线上以速度 v 向右滑动。已知导线 AB 的长为 50cm，$v=4.0\text{m/s}$，$R=0.20\Omega$，磁感应强度 $B=0.50\text{T}$，方向垂直于回路所在平面，试求：(1)AB 运动时所产生的动生电动势；(2)电阻 R 上所消耗的功率；(3)磁场作用在 AB 上的力。

解 (1)设在 Δt 时间内，导线 AB 移动的距离为 Δx，AB 长为 l，则在这段时间内回路面积的增量为 $\Delta S=l\Delta x$。通过该回路所围面积的磁通量的增量为

$$\Delta\Phi=Bl\Delta x$$

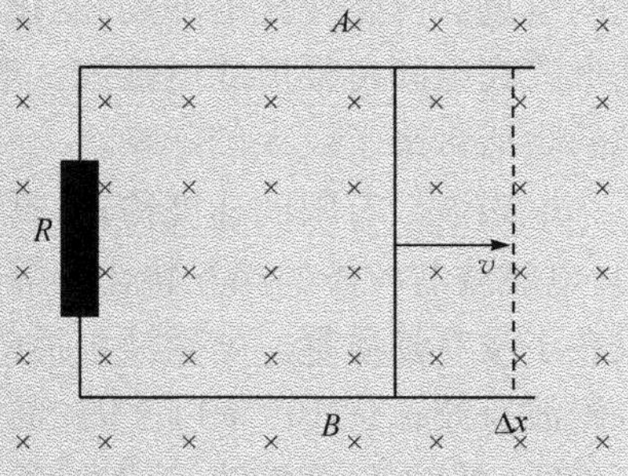

图 5-24

根据法拉第电磁感应定律，在运动导线 AB 段上产生的动生电动势为

$$\varepsilon_i=-\frac{\Delta\Phi}{\Delta t}=-Bl\frac{\Delta x}{\Delta t}=-Blv$$

所以在导线 AB 段产生的感应电动势的大小为 $\varepsilon=Blv=0.5\times0.5\times4=1(\text{V})$。

(2) 电阻 R 上所消耗的功率为

$$P=\frac{\varepsilon^2}{R}=\frac{1}{0.2}=5(\text{W})$$

(3) 回路中产生的感应电流为

$$I=\frac{\varepsilon}{R}=\frac{1}{0.2}=5(\text{A})$$

则磁场作用在 AB 的力为

$$F=BlI=0.5\times0.5\times5=1.25(\text{N})$$

由法拉第电磁感应定律知，当通过导体回路的磁通量发生变化时，回路中就有感应电动势产生。虽然引起磁通量变化的原因各不相同，但大致可以分为两种：一种是磁场不变，导体在磁场中运动，由此在导体中产生的感应电动势叫做**动生电动势**，如图 5-25(a)；另一种是导体不动，而磁场随时间变化，由于这种原因在导体中产生感应电动势叫做**感生电动势**，如图 5-25(b)。

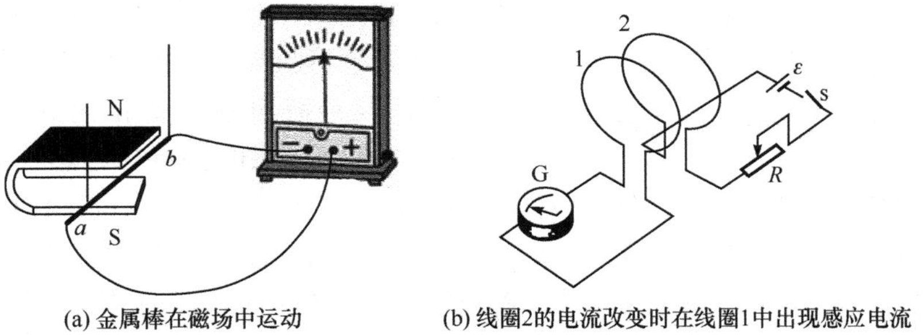

(a) 金属棒在磁场中运动　　(b) 线圈2的电流改变时在线圈1中出现感应电流

图 5-25　动生电动势和感生电动势

5.7　电磁学带给人类的幸福生活

1865年，英国物理学家麦克斯韦(J. C. Maxwell，1831～1879)天才地预言：变化的电场会产生变化的磁场，变化的磁场又会产生变化的电场，变化的电磁场以波动形式在空间传播形成电磁波。电场和磁场紧密联系、相互依存。这一预言给人类的生活带来了巨大的影响。

电磁波以有限的速度传播，具有可交换的能量和动量，电磁波与实物能相互作用，电磁波与粒子的相互转化等等，都证明电磁场是客观存在的物质，它的"特殊"只在于没有静质量。电磁波包括的范围很广，目前已经发现的并得到广泛应用的电磁波有波长达10^4米以上的，也有波长短到10^{-14}米以下的，可以分为无线电波、红外线、可见光、紫外线、X射线和γ射线等等。它们在真空中的传播速度却都是c(光速)，不同的只是他们的波长和频率，频率越高，对应的波长就越短。

你知道吗？我们看电视、听收音机时，离不开电磁波；飞机、轮船遇到危险时，发出的求救信号是电磁波；宇航员在宇宙飞船里，也是通过电磁波接收地面指挥中心的命令。现代人的生活，一刻也离不开电磁波。下面我们来看看电磁学在生活中的一些应用实例吧！

5.7.1　电磁炉

随着人们生活水平的普遍提高，环保和节能的概念已经深入人心。电磁炉作为绿色能源，相对于传统厨房设备有着绝对的优势，已开始步入千家万户。电磁炉又称为电磁灶，它起源于德国。电磁炉是现代家庭烹饪食物的一种新型炊具。它采用的原理就是我们学到的电磁感应哦！(见图5-26)，其内部利用交变电流通过线圈产生交变磁场，交变磁场在铁质锅的底部产生感应电流(又称涡电流)，涡电流使锅体快速发热，用来加热和烹饪食物。电磁炉可以直接加热锅体，不需要其他电热元件，与传统电热设备相比具有热效率高、加热速度快的特点。与燃气灶相比，电磁炉可谓是无明火、无明烟、无废气、清洁卫生，大大改善了厨房的工作环境。

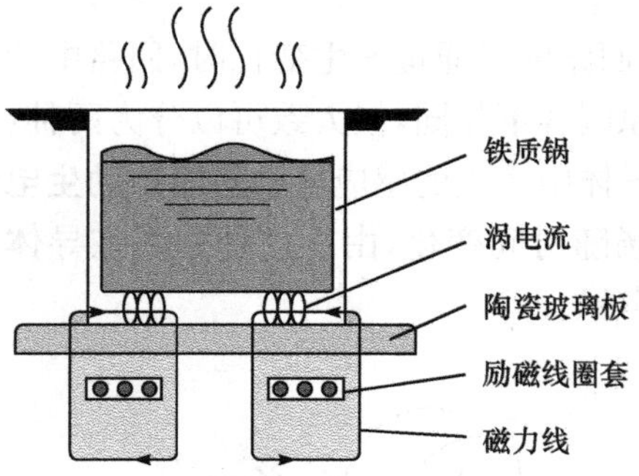

图5-26　电磁感应实物图

那什么是涡电流呢？当金属块处在变化的磁场中或相对于磁场运动时，金属块内部产生感应电流。金属块中形成一圈圈的闭合电流线，类似流体中的涡旋，叫做涡电流，简称涡流。对于大块的良导电体，由于电阻很小，涡电流强度可以很大。涡电流在金属块内流动时，就会释放出大量的焦耳热。用交流线圈激发交变磁场，使放置在交变磁场中的金属块内产生涡电流而被加热，这叫做感应加热。感应加热是感应电炉所依据的原理，用于加热、熔化及冶炼金属。感应加热的独特优点是无接触，可在真空容器内加热，因而可用于提纯半导体材料等工艺中。电磁场在磁导率较高的金属中，产生的涡电流更大，因此电磁炉的锅具一般为电阻率和磁导率较高的铁质材料。

5.7.2 现代通信——走进信息时代

《孙子兵法》上说："知已知彼，百战不殆"。说明及时准确地掌握信息是非常重要的。在电磁波发现以前，人们只能靠自己的眼睛和耳朵来获取信息，但它们毕竟只能感受到有限距离内的信息，所以人们盼望有千里眼、顺风耳，去洞察千里之外的瞬息万变，去聆听万里之遥的风声鹤唳，但这种愿望在古代，只能是神话式的幻想。现代通信——网络作为快捷的通信方式，越来越被人们所接受。像电子邮箱，只要轻点鼠标，几秒钟之内好友就会收到你发的邮件。又如像 QQ、MSN 等聊天工具，也已成为现代人联系的方式。从电磁波的发现至今虽然只有 100 多年，但电磁波在现代通信、科学技术等方面的应用却已十分广泛。现代通信的内容也丰富多彩，包含语音、数据、文字、音乐、图像等。

现代通信主要有：

(1) 移动通信。是指移动用户之间或移动用户与固定用户之间的通信方式。移动通信的基地台是按蜂窝结构布局的，这种布局可以增加电磁波覆盖的有效面积，避免基地台的重复建设，因而移动电话也称为"蜂窝移动电话"。

(2) 光纤通信。是以激光为光源，以光导纤维(见图 5-27)为传输介质进行的通信。光纤通信具有传输容量大、抗电磁干扰能力强等突出优点，是构成未来信息高速公路骨干网的主要通信方式。

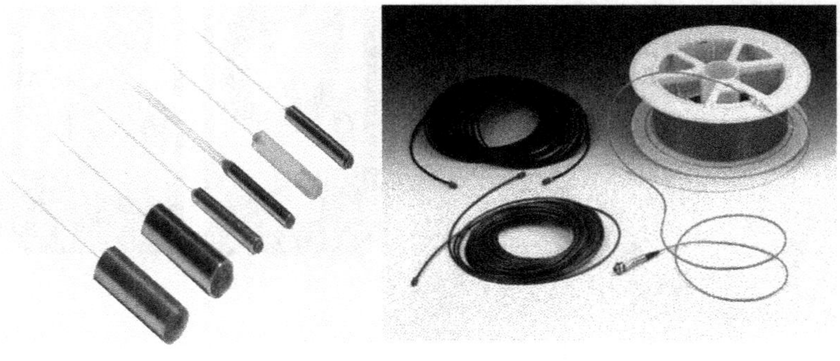

图 5-27 光纤

(3) 卫星通信。是利用人造地球卫星作为中继站，转发无线电信号，在多个地球站之间进行的通信。卫星通信具有传输距离远、覆盖区域大、灵活、可靠、不受地理环境条件限制等独特优点。以覆盖面积来说，一颗通信卫星可覆盖地球面积的三分之一多，即三颗同步通信卫星就可以覆盖整个地球（见图 5-28）。

图 5-28 三颗同步通信卫星可以覆盖整个地球

(4) 互联网络。是全世界的计算机、计算机网络互相连接成的信息传送网络，包括有线网络和无线网络。互联网络的用途非常广泛，如信息查询、电子邮件、远程登录、文件传送、远程医疗、网上聊天、电子会议等。

下面我们主要看看基于卫星通信的卫星电话吧！

在今天，电话已经成了习以为常的一种“电器”。只要拿起话筒，输入一串数字，我们就可以轻而易举地和千里之外，甚至地球背面的朋友交谈。然而，这小小的一台机器，细细一根电线，是如何千里传音的呢？

大家小时候可能做过所谓的“土电话”（见图 5-29）吧。也就是用一根线把两个纸杯的底部连起来，把线拉直以后，一个人站在很远的地方对着纸杯说话，另一个人只要把自己手里的纸杯罩在耳朵上，就能清楚的听见。电影《地道战》中，就是用这个法子在各个地道里进行联系的。这是因为声音的本质就是振动，而通过线绳传递的振动，损失要比在空气中传播时受到的损失小。所以只要通过绳子，声音信号就可以清晰地传播了。然而，电话经常要把信号传到千里以外，这就不能用绳子来直接传播振动了，否则传不了多远，振动的信号就全都会损失殆尽。

图 5-29 土电话与移动电话

幸亏有电磁场，它可以每秒走 3×10^5 公里，只要有一根电线，你指哪儿它到哪儿，而且还是高保真，用来传输信号再合适不过了。不过声音并不是现成的电信号，还需要把机械波转化成电流的波动，电话就是做这个用的。当我们对着话筒讲话，我们说的每一句话都将成为一系列电信号。这些信号在电线上行走，然后在对方的听筒里再变回声音。

基于卫星通信系统来传输信息的电话就是卫星电话。卫星电话是现代移动通信的产物，其主要功能是填补现有通信（有线通信、无线通信）终端无法覆盖的区域，为人们的工作提供更为便捷的服务。现代通信中，卫星通信是无法被其他通信方式所替代的，现有常用通信所提供的所有通信功能，均已在卫星通信中得到应用。

什么是卫星通信呢？简单地说，就是利用人造卫星作为中继站，进行地球上（包括地面、海洋和空中）无线电台、电站之间的通信。也就是说，由地面电台将电磁波发射到卫星上，再由卫星发射到地面上各接收站。由于地球表面裹着一层电离气体的外衣，因此，一般的电磁波是不能穿过它达到外层空间，它们都被反射回地面。微波则能畅行无阻在它中间穿行，因此，卫星通讯所用的波段是微波。通信卫星有无源卫星和有源卫星。无源卫星只对电磁波直接反射，由于在空间中的传播损耗、卫星表面反射的无规则性等原因，接收站收到的信号非常微弱，通信质量很差。有源卫星装有电子设备，能将接收自地球站的信号进行放大等处理，再转发回地球，大大提高了通信质量。

5.7.3 广播与电视

1895 年意大利的马可尼和俄国的波波夫几乎同时发明了无线电，但马可尼首先取得了国际专利。此后发射和接收设备便应运而生，并在很短时间里不断改进，达到群众性使用的水平。世界各国一时竞相建设广播电台、生产收音机。随着发射功率的不断增大，特别是短波频率的使用，使得无线电波越传越远，甚至跨越国界，这样国际广播也就逐渐产生。

无线电波是电磁波谱中频率最低的波段，主要用于通信。无线电波根据波长可分为超长波、长波、中波、短波、超短波、微波等。

1906 年 12 月 24 日即圣诞节前夕的晚上 8 点钟左右，美国匹兹堡大学教授费森登通过马萨诸塞州布朗特岩的国家电器公司 128 米高的无线电塔成功地进行了一次广播。广播的节目有读圣经路加福音中的圣诞故事，小提琴演奏曲，还播送了德国音乐家韩德尔所作的《舒缓曲》等。人们听到电波传来的精彩节目，感到十分惊奇。这是人类历史上第一次进行的正式的无线电广播。

通常将声音广播简称为广播，它是指通过无线电波或导线传送声音的新闻传播工具。无线广播有调幅和调频两种调制方式广播：

① 调幅广播（AM）：一般用于中频和高频广播。带宽约为 9～10 千赫，最高频率约为 4.5～5 千赫。

② 调频广播（FM）：工作在更高频段。带宽约为 200 千赫，最高频率可达 15 千赫，因而保真度高。另外，调频广播的信噪比高，抗干扰能力强。

1923年的一天，一个朋友告诉贝尔德："既然马可尼能够远距离发射和接收无线电波，那么发射图像也应该是可能的。"这使他受到很大启发。贝尔德决心要完成"用电传送图像"的任务。于是他将自己仅有的一点财产卖掉，收集了大量资料，并把所有时间都投入到研制电视机上。终于在1926年1月26日，贝尔德研制的电视第一天公开播送，科学院的研究人员应邀光临贝尔德的实验室，放映结果完全成功，引起极大的轰动。世人将这一天作为电视诞生的日子。1928年美国首先播放了半小时，1935年德国建立电视台，1941年美国联邦通信委员会批准播放商业电视，这称为大众化电视广播的开端。1929年美国的伊夫斯首先完成彩色电视的实验，1945年美国无线电公司制成了世界上第一台全电子管彩色电视机。

广播电视的出现，加速了人类的文化交流，随着电子科学的发展和电视卫星通信网的完善，人类生活在广播电视的网络中。目前电视技术还在日新月异地发展。新的电视设备，如高清晰度电视、数码电视等新的视听媒介正在推广。随着高速信息通道和多功能媒体的发展，电视传播必将进入一个新的时代。

5.7.4 无线电导航与GPS

导航系统是确定航行物体的位置方向，并引导其按预定航线航行的整套设备（包括航行体上的、空间的、地面上的设备等）。无线电导航是所有导航手段中最重要的一种。利用无线电引导飞行器沿着规定的航线、在规定时间达到目的地的航行技术就是无线电导航。它是利用无线电技术测量导航参数，包括多普勒效应测速、利用雷达原理测量距离和方位、用导航台来定位等，它是一种广泛使用的导航系统。该系统具有不受使用时间和气候条件的限制，设备较简单，可靠度较高等优点。

无线电导航主要利用电磁波传播的三个基本特性：①电磁波在均匀理想的媒质中，沿直线（或最短路径）传播；②电磁波在自由空间的传播速度是恒定的；③电磁波在传播路线上遇到障碍物或在不连续媒质的界面上时会发生反射。通过测量无线电导航台所发射信号（无线电电磁波）的时间、相位、幅度、频率参量，可确定运动载体相对于导航台的方位、距离和距离差等几何参量，从而确定运动载体与导航台之间的相对位置关系，据此实现对运动载体的定位和导航。

现在我们经常会听到、用到GPS定位系统，GPS即全球定位系统（Global Positioning System）是美国从20世纪70年代开始研制，于1994年全面建成。具有在海、陆、空三大领域进行全方位、实时、三维导航与定位能力的新一代卫星导航与定位系统。GPS以全天候、高精度、自动化、高效益等显著特点，成功地应用于大地测量、工程测量、航空摄影测量、运载工具导航和管制、地壳运动监测、工程变形监测、资源勘察、动力学等多种学科，从而给测绘领域带来一场深刻的技术革命。

全球定位系统是美国第二代卫星导航系统。它是基于子午仪卫星导航系统逐渐发展起来的。和子午仪系统一样，全球定位系统由空间部分、地面监控部分和用户接收机三大部分组成。目前,全球定位系统的空间部分使用 24 颗高度约 2.02 万千米的卫星组成卫星星座见图 5-30。卫星的分布使得在全球的任何地方,任何时间都可观测到四颗以上的卫星,并能保持良好定位解算精度的几何图形。这就提供了在时间上连续的全球导航能力。

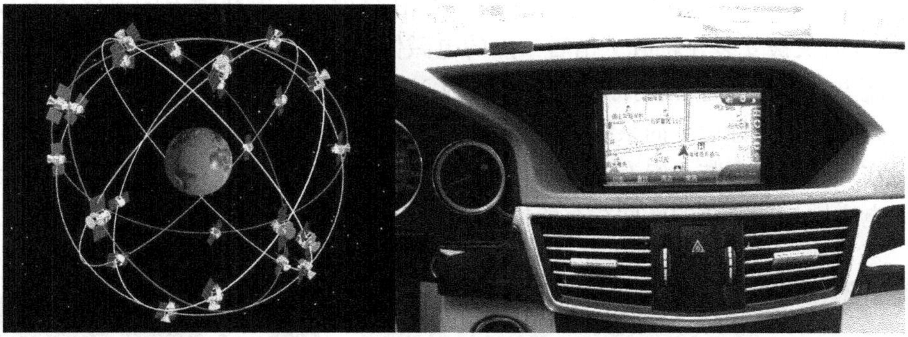

图 5-30 GPS 导航系统卫星分布图与车载 GPS 导航系统

GPS 的基本定位原理是:卫星不间断地发送自身的星历参数和时间信息,用户接收到这些信息后,经过计算求出接收机的三维位置,三维方向以及运动速度和时间信息。全球定位系统具有性能好、精度高、应用广的特点,是迄今最好的导航定位系统。随着全球定位系统的不断改进,软、硬件的不断完善,应用领域正在不断地开拓,目前已遍及国民经济各个部门,并开始逐步深入到人们的日常生活。比如车载 GPS 导航系统,其内置的 GPS 天线会接收到来自环绕地球的 24 颗 GPS 卫星中的至少 3 颗卫星所传递的数据信息,结合储存在车载导航仪内的电子地图,通过 GPS 卫星信号确定的位置坐标与此相匹配,进行确定汽车在电子地图中的准确位置,这就是平常所说的定位功能。

5.7.5 磁悬浮列车

火车作为人类出行的一种重要交通工具,即蒸汽、燃油、电力等各种类型机车之后,又迎来了磁悬浮列车。磁悬浮列车是一种靠磁悬浮力(即利用磁的吸引力和排斥力)来推动的列车。由于其轨道的磁力使之悬浮在空中,行走时不需接触轮轨,运行中只有空气的阻力,因此大大减少了前行中的阻力,显著提高了速度(速度可达 500km/h 以上)。

磁悬浮列车与以往的各类列车相比具有:高速、稳定、安全、污染小、效率高等优点。这些优点使得它将成为未来最具有竞争力的交通工具。磁悬浮技术的研究源于德国,早在 1922 年德国工程师赫尔曼·肯佩尔就提出了电磁悬浮原理,于 1934 年申请了磁悬浮列车的专利。进入 70 年代以后,随着世界工业化国家经济实力的不断加强,为提高交通运输能力以适应其经济发展的需要,德国、日本、美国、加拿大、法国、英国等发达国家相继开始筹划进行磁悬浮运输系统的开发。目前该项技术已经成熟。

磁悬浮列车如何运行的呢？它的关键就是其车厢下部装有电磁铁，当电磁铁通电后被钢轨吸引时就把列车悬浮起来了（图 5-31）。“常导吸引型”磁悬浮列车上装有的一系列极性不变的磁铁，钢轨内侧则装有两排推线圈，线圈里充有交流电，这样就将线圈变成了电磁体，由于它与列车上的电磁体的相互作用，就使列车开动起来了。列车头部的电磁体 N 极被安装在靠前一点的轨道上的电磁体 S 极所吸引，同时又被安装在轨道上稍后一点的电磁体 N 极所排斥。列车前进时，线圈里的电流方向不断交替，使得原来的 S 极变成 N 极，N 极变成 S 极。循环交替，列车就向前奔驰。稳定性由导向系统来控制。还是以“常导型磁吸式”列车为例，其导向系统是在列车侧面安装一组专门用于导向的电磁铁。列车发生左右偏移时，列车上的导向电磁铁与导向轨的侧面相互作用，产生排斥力，使车辆恢复正常位置。

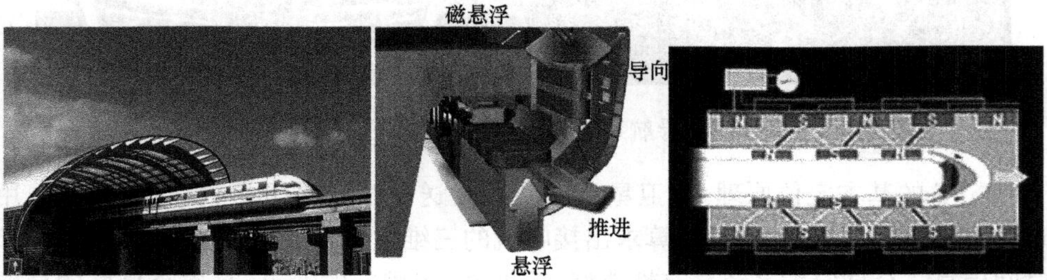

图 5-31　上海磁悬浮列车与某型磁悬浮列车原理图

上海磁悬浮列车是由中德共同研制的“常导磁吸型”列车，其时速可达 430 公里，这样的高速下乘客不会有不适感。其轨道全线两边 50 米范围内装有目前国际上最先进的隔离装置。上海磁悬浮列车专线西起上海轨道交通 2 号线的龙阳路站，东至上海浦东国际机场，专线全长 29.863 公里。列车在 14 分钟内就能在上海市区和浦东机场之间打个来回。

5.7.6　LED 照明

在发明电之前，人们的生活、社会的发展都离不开火。火，是光明的使者；火，是文明的象征。在中国有燧人氏钻木取火的传说。在古希腊，有天神普罗米修斯为使人类能够获得永恒的光明，盗来火种送给人类，激怒了众神之主宙斯的故事，这些传说和故事不仅说明了光明对人类的重要，也反映了人类在追逐光明的道路上所付出的种种苦难。

考古发现，早在 50 万年之前，人类就已经知道举起燃烧的木头用做照明，并成为现在仍在使用的火把；3 万 7 千年前，人类开始使用油灯照明。再后来，才出现了蜡烛等照明用具。但就电光源而言，从 1879 年爱迪生发明第一只灯泡算起，只有一百多年的历史。

在短短的一个多世纪里，电光源已经发展了四代：第一代光源指热辐射发光，如白炽灯、卤钨灯。第二代光源指利用弧光放电使气体(含金属蒸汽)发光，如高压钠灯、氙灯、金属卤化物灯。第三代光源指荧光粉发光，例如生活中用的日光灯，电视演播室、舞台用的三基色荧光灯等。第四代光源指固态照明，利用半导体发光，以目前正迅速发展的LED光源为代表。

作为第四代的LED光源，是继爱迪生发明白炽灯之后人类历史上的又一项重大发明，被誉为现代的节能环保型“绿色照明”。如今，LED产品已用于照明行业的各个领域，如背光照明(手机、液晶电视等)、大屏幕显示屏、汽车灯、交通信号灯、路灯、矿灯、景观照明、影视及舞台照明等等。

LED作为新一代光源，具有省电、寿命长、耐振动、高光效、响应速度快，冷光源、绿色环保等特点。特别是白光LED光源诞生以来，在建筑照明，景观照明，多媒体显示等各个领域得到广泛应用(图5-32)。在电视节目制作过程中也作为大屏幕显示，特殊效果灯，染色灯等经常使用(图5-33)。随着半导体技术进一步发展和产品的不断开发应用，在照明领域将会替代传统的灯具，成为主流光源。

图5-32　LED景观照明扮靓“水立方”

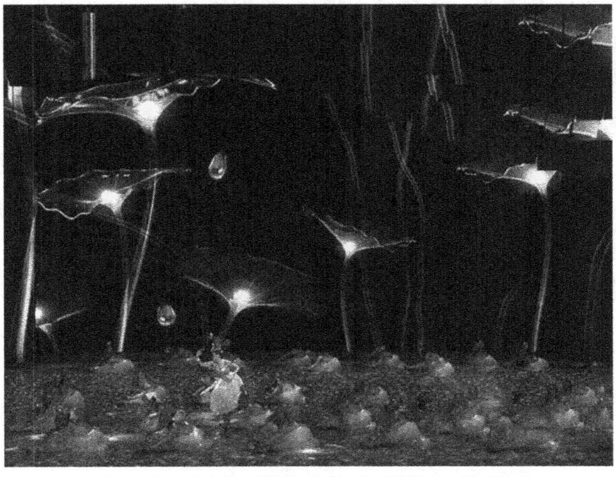

图5-33　LED照明在舞台背景中的应用

第5章习题

1. 一个金属球若带上正电，则该球的质量将如何变化？
2. 试找出点电荷和试探电荷的区别。
3. 有两个电量不相等的点电荷，它们相互作用时，是否电量大的电荷受力大？电量小的受力小？试说明理由。
4. 点电荷q如只受电场力的作用而运动，电场线是否就是该点电荷q在电场中运动的轨迹？
5. 电荷在电场中某点受到的电场力很大，该点的场强是否也一定很大？
6. 在真空中，两个带等值同号电量的点电荷相距0.01m时的作用力为10^{-5}N，试求：(1)它们相距0.1m时的作用力多大？(2)两点电荷所带电荷量是多少？
7. 在以一点电荷为中心，r为半径的球面上，各处的场强是否相同？
8. 有一个球形橡皮气球，电荷均匀分布在薄球上，在此气球被吹大的过程中，下列各处的场强怎样变化？(1)始终在气球内部的点；(2)始终在气球外部的点；(3)在气球吹大时，被气球表面掠过的点。
9. 空间里的电场线为什么不会相交？
10. 沿着电场线移动负的试探电荷时，它的电势能是增加还是减少？
11. 有两个相同平面，通过它们的电力线总数相等，若一为垂直穿过，一为倾斜穿过，问通过哪个平面的电通量较大？
12. 用手握铜棒与丝绸摩擦，铜棒不能带电。戴上橡皮手套，握着铜棒与丝绸摩擦，铜棒就会带电。为什么两种情况有不同结果？
13. 将一个带正电的导体A，移近一个不带电的绝缘导体B时，导体B的电势升高还是降低？为什么？
14. 为什么不把作用于运动电荷的磁力方向定义为磁感应强度$\boldsymbol{B}$的方向？
15. 如果一个电子在通过空间某一区域时不偏转，我们能否肯定这个区域中没有磁场呢？
16. 磁感应线和电场线在表征场的性质方面有哪些相似之处？
17. 你能画出通电直线、通电圆线圈、通电直螺线管周围的磁感应线吗？
18. 一闭合圆形线圈在均匀磁场中运动，在下列几种情况下哪些会产生感应电流，为什么？(1)线圈沿磁场方向平移；(2)线圈沿垂直于磁场的方向平移；(3)线圈以自身的直径为轴转动，轴与磁场方向平行；(4)线圈以自身的直径为轴转动，轴与磁场方向垂直。
19. 洛伦兹力和安培力分别指的什么？你能判断他们的方向吗？
20. 你能说出什么是电磁感应现象吗？试举出一些生活中与该现象有关的例子？

第6章 光　学

每天清晨我们被第一缕阳光唤醒，映入眼帘的是五彩缤纷的世界；白天我们沐浴阳光、夜晚我们的城市被七彩霓虹装点得绚丽多姿；植物利用太阳光提供了哺育世界的食物……正因为光与我们的生活密切相关，人们在2000多年以前就对其进行了研究，并发展成为一门研究“光”和“视”的科学——光学。光学是研究光的发生、传播、接收和显示等性质以及光与物质相互作用的科学，是物理学的一个重要组成部分，也是与其他应用技术紧密相关的学科。随着研究的深入，光学不再局限于人能感知的视觉范围，研究范围涉及微波、红外线、可见光、紫外线直到X射线的宽广波段范围内的电磁辐射。

从光学的发展历史来看，光学大致可分为几何光学、波动光学和量子光学几个分支。本章将介绍几何光学和波动光学的相关知识，初步解释一些奇异的光学现象，并对一些应用于科技、生产和生活的光学研究成果进行介绍。

6.1 神奇的光

6.1.1 从光到光学

光到底是什么呢？由于光与人类的生活关系太密切了，所以人类凭借日常经验很早就积累了许多光的知识。公元前400多年前，中国的《墨经》记录了世界上最早的光学知识，其中有影的定义和生成、光的直线传播、小孔成像实验、平面镜、凹球面镜和凸球面镜中物像关系等多条记载。无论从时间上还是就科学性而言，《墨经》称得上是世界上最早的几何光学著作。古希腊人对光同样充满好奇，毕达哥拉斯(Pythagoras，572 BC～497 BC)最早把光解释为光源向四周发射的一种东西，遇到障碍物即被弹开，如果被弹入人眼，人就会感觉到最后一个将光弹开的障碍物。

对于光的本性的探讨是从17世纪开始的，并展开了旷日持久的论战。主要可以分为两种学说，一个是以牛顿(I. Newton，1643～1727)为代表的微粒说——光是发光物体射出的大量微粒，另一个是以惠更斯(C. Huygens，1629～1695)为代表的波动说——光是发光物体发出的波动。由于牛顿的微粒说更好地解释了光在真空或均匀介质中是沿直线传播,光在不同介质的界面上的被吸收、折射和反射等光的现象,再加上牛顿当时在科学界的威望,微粒说占据了有利地位,并统治了整个18世纪,这导致了光学的停滞不前。直到19世纪初,托马斯·杨(Thomas Young,1773～1829)成功进行了干涉实验,又一次扛起了波动说的大旗,菲涅耳(A. Fresnel, 1788～1827)在理论上补充了惠更斯原理,波动光学初步形成。不过,在那个阶段讨论的主要是光的传播,很少涉及光的发射和吸收,至于光与物质相互作用问题还没怎么研究过,许多现象尚未发现。

19世纪末到20世纪初是物理学发生伟大革命的时代。19世纪后期,随着对电磁学的深入研究,人们初步认识到光其实就是一种电磁波。1872年,麦克斯韦(J. C. Maxwell,1831～1879)用四个方程推论出电磁波存在且以光速传播,我们看到的可见光实际上不过是一种波长在一定范围内的电磁波。这个结论在1888年为赫兹(H. R. Hertz,1857～1894)的一系列实验所证实。至此,波动说完全占了上风,似乎已经达到了完美。然而,历史的车轮总是滚滚向前。1900年普朗克(M. Planck,1858～1947)提出了辐射的量子论。他把光的能量看成不连续的、一份一份的,每一份叫做能量的"量子",这在当时是绝大部分科学家所不能接受的,就连普朗克自己也因为引入能量量子而惴惴不安。年轻而大胆的爱因斯坦(A. Einstein,1879～1955)不仅接受了能量量子的概念,而且成功用于解释光电效应,他把光的微粒叫做"光子"。新的光的微粒说——光的量子说由此诞生。1924年,法国的德布罗意(de Broglie,1892～1987)提出了波粒二象性的概念,也就是说光既是粒子也是波,光具有波粒二象性,几乎所有微观粒子或者电磁波都是如此。

此后,光学进入了一个崭新的时代,成为近代物理学和现代科学技术前沿的重要组成部分,其中最重要的成就是激光的诞生。今天我们的生活离不开激光(例如,CD机、指示笔、光纤通信等),激光还使光学的研究和应用进入了一个新的时期。

6.1.2 光——万物生长之源

对于人类而言,地球上光的最主要来源就是太阳,接下来在太空中最亮的就算是月亮了,然而它能发光也是太阳所赐,因为它实际上反射了太阳光。随着人类文明的进步,无论白昼黑夜、天气阴晴或月亮盈亏,我们能够全天候沐浴各种光辉。这些**产生光波的波源**,无论来自自然或是人类制造出的,都称作**光源**。

那么我们如何来描述光波呢?无论是哪种光源,发出的光都会具有一定的频率。图6-1是电磁波谱图。只有人眼对这个波段的光敏感,视觉才能成为可能。**可见光**是频率在$3.84\times10^{14}\sim7.69\times10^{14}$ Hz范围内的电磁波,对应的波长大约在400～700nm范围内,是电磁波谱中很窄小的一个波段。可见光波长最长的是红光，波长从长到短依次为红、橙、黄、绿、蓝、靛、紫，波长最短的是紫光。

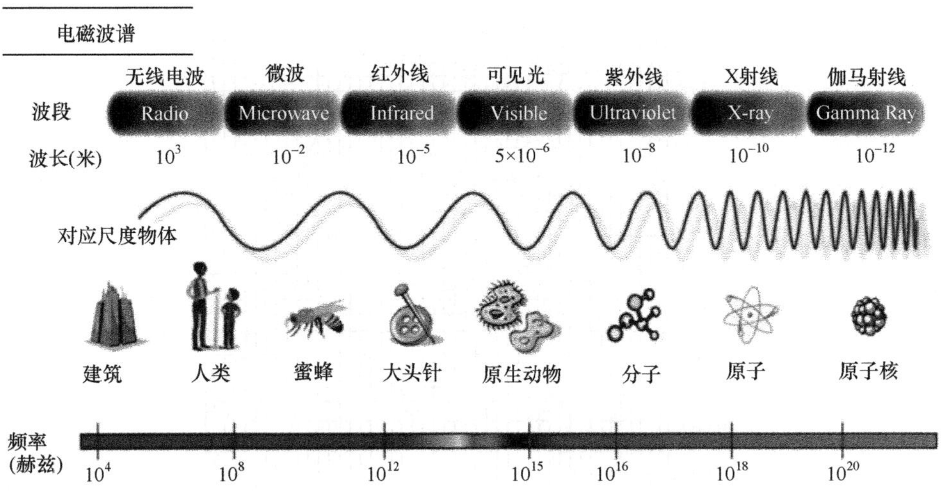

图 6-1　电磁波谱

如图所示电磁波有一个很宽的谱(范围)，一个富于想象力的作家称之为“麦克斯韦彩虹”。这个谱中的各种电磁波充斥在我们身边。电磁波的波长没有固定的上下界限，所以图中波长标尺和频率标尺的两端是开放的。通过图中对应物体，不同的电磁波波长在我们脑海里变得更加具体。一些特定区域都用熟悉的词语标明，如 X 射线和无线电波。可见光区是我们最感兴趣的，人眼最敏感的区域在 550nm 左右，即图中所示的 0.5×10^{-6}m

人眼对各种不同波长的光的视觉灵敏度不同，其中对黄绿光最敏感，对红色和紫色光较差。正因为如此，眼科医生会建议看绿色植物而不是其他颜色的物体来放松眼睛。眼睛对各种不同波长的光的视觉灵敏度可以利用视见函数表示，如图 6-2所示。

与机械波类似，对于光波我们也要用到**波长** λ、**频率** ν 和**周期** T 满足的关系：

$$\lambda\nu=u,\quad \lambda=uT,\quad T=\frac{1}{\nu}$$

真空中的光速为 $c=299792458$m/s。对于透光的介质，它的**折射率**为 $n=c/u$，因此光在其中传播的速度为 $u=c/n$。显然，对应**真空中的波长** $\lambda_0=c/\nu$，光在**介质中的波长**为

$$\lambda=\frac{u}{\nu}=\frac{c}{n\nu}=\frac{\lambda_0}{n}$$

式中 c 和 u 分别表示同一光波在真空、介质中传播的波速。

一般来说，按照发光机理分类，光源可以分为普通光源和激光光源两大类。普通光源的发光机理是自发辐射。所谓自发辐射就是光源中的分子、原子吸收了外界的能量之后，电子跃迁到较高的能级上(称为处于激发态)，但是正所谓平平淡淡

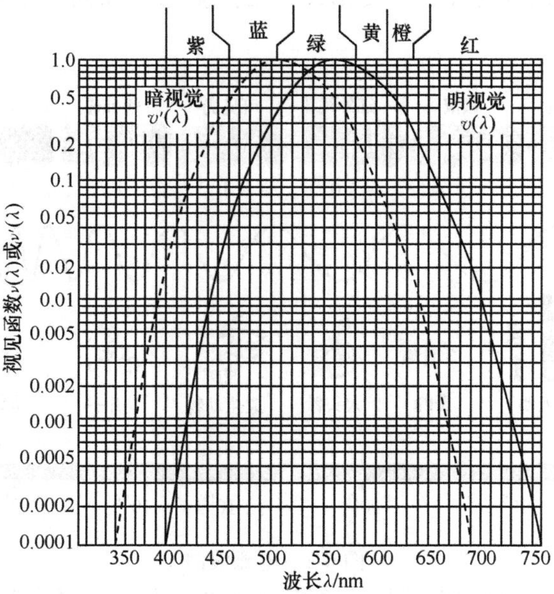

图 6-2 明视觉和暗视觉的相对视见函数实验曲线

明视觉以 $v(\lambda)$表示，暗视觉以 $v'(\lambda)$表示。当不同的单色光辐射通量能够产生相等强度的视觉时，$v(\lambda)$与这些单色光的辐射通量成反比。根据多次对正常眼的测量，当波长为 555nm 时，曲线具有最大值。通常取这个最大值作为单位 1。例如，对于波长为 600nm 的光来说，视见函数的相对值是 0.631，即为了使它引起和波长为 555nm 的光相等强度的视觉，所需的辐射通量（光源面积元在单位时间内辐射的总能量的多少）是波长为 555nm 的光的辐射通量的 1/0.631 倍，即 1.6 倍左右

才是真，脚踏实地的感觉是最好的，粒子也一样，它在激发态上是不稳定的，因此一瞬间就会自发地跃迁到较低的能级上，同时把能量以光的形式辐射出来。太阳、火焰、各种电灯、萤火虫等都是普通光源。激光的发光机理与普通光源不同，是受激辐射。关于能级和激光的相关知识，我们会在后面的章节中进行介绍。

6.2 光的粒子性——几何光学

光是以波动形式传播的，但是如果光在均匀介质中传播时遇到的障碍物的大小比光波的波长大很多时，波动的衍射现象就不明显。在这种情况下，光的传播可以被看成是沿直线传播的（即遵循**光的直线传播定律**），而且可以用标有光波前进方向的线来描述光走过的轨迹，这时研究的光学内容就是几何光学。

6.2.1 光学世界里的交通规则——反射和折射定律、费马原理

人类很早就发现了反射、折射现象，并对其进行了应用。《墨经》、《梦溪笔谈》

中国古代典籍里也对平面镜、凹面镜和凸面镜成像规律进行了描述。约在公元前3世纪，古希腊著名数学家欧几里得(Euclid, 330BC～275BC)在《光学》一书中明确地阐述了光的反射定律，并用这个定律解释了一系列观察到的自然现象，其中包括光在平面镜和球面镜上的反射现象。那么如何准确地计算出光传播的路径呢？光传播遵循的原则是什么呢？

1. 反射

我们能看到的物体要么是发光体、要么或多或少能够反射一些光，否则我们就看不到它们。

人们通常认为反射镜能反射大部分到达它的光线，是因为它有光滑的表面，从光滑表面反射回来的光使我们能够通过镜子看清自己的模样。但是，是不是所有光滑的表面都能够映出图像来呢？答案是否定的。我们知道对于同一个物体表面，对一种波长的光是光面，但是对另一种波长的光却可能是糙面。比如纸张看起来很光滑，但是并不能映出图像。用显微镜观察，会发现纸的表面是凹凸不平的。这是因为光波长很小，可见光的范围是400～700nm，因此对于反射表面的光滑程度要求很高。如果凹凸的尺度小于入射光的波长，便认为反射面很光滑，入射光就会遵循反射定律，光被有序地挡回来，如果凹凸的尺度大于入射光线的波长，即不光滑，入射光就会向四面八方散射开来(这种投射到粗糙表面上的光向各个方向反射的现象称为**漫反射**)。所以虽然触觉告诉我们白纸很光滑，但是对于一束光来说，犹如身处坑坑洼洼的山地之中，这就是白纸不能成为镜子的原因。

生活中注重细节的人会把皮鞋擦亮再出门，不过刚擦过的皮鞋为什么会有光泽呢？在没有抹鞋油的鞋面上，凹凸的尺度大于可见光的波长，光在鞋面发生了漫反射，因此鞋面就缺乏光泽，但是抹上薄薄的鞋油之后，再用软布或者鞋刷刷表面，就可以刷掉多余的鞋油，这样鞋油就填满皮革表面的凹下部分，于是凹凸的尺度就会小于可见光的波长，从而使皮鞋表面成为光面。

所以，“表面光滑”是相对而言的，而且我们看到的东西表面是否光滑，并不能决定其是否有光泽。或者说，光能够被有序反射与表面是否光滑没什么关系，而是取决于表面凹凸尺度是否小于入射光波长。

2. 折射

光在透明的物体里能够长驱直入地穿过，比如在水或者玻璃中光束通常是沿直线传播的，但是当它们从一个物体穿越到另一个物体时会发生偏折，科学家把这种现象叫做“折射”。折射现象在古时候就被发现了，比如，人们观察到插入河流中

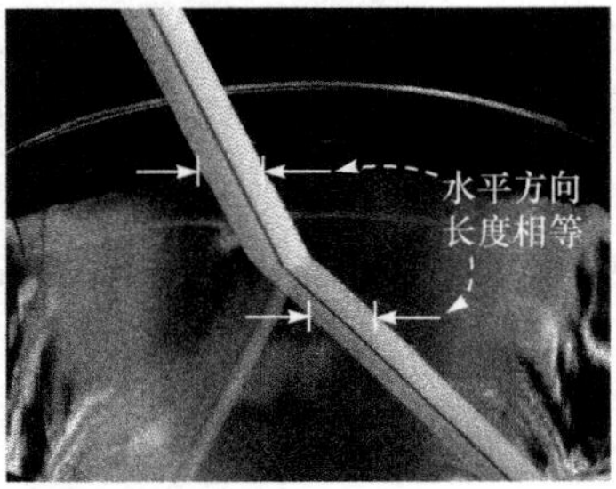

图 6-3　插到盛有清水的水杯中的吸管由于光的折射现象看上去发生了弯折

的棍子(我们现在常以插到盛有清水的玻璃杯中的筷子为例)看上去发生了弯曲,事实上棍子还是直的(图 6-3)。

我们将光看成是由大量微粒组成的、沿直线传播的光束,**光的折射是在两种介质里光的行进速度不同这个基础上产生的**。速度上的差别越大,那么折射的程度也越大。如果从速度较大的介质进入速度较小的介质,光的路径方向是折向靠近交界线的垂线(即**法线**)的;相反的情形则会折离法线。**表示光的折射程度的"折射率"就是这两个速度的比值**。比如,知道光从空气进入水里的折射率是$\frac{4}{3}$,那你同时就可以知道光在空气里行进的速度等于在水里的$\frac{4}{3}$倍。

另外,**光发生折射时波长会由于波速的改变而发生变化,而频率不变**,同时光的颜色在发生折射时也是不变的,因此我们可以很容易得到一个结论,即**光波的频率决定了光的颜色**。

3. *反射和折射定律*

光在透光的介质中的传播速度小于真空中的光速。由前面介绍的折射率的定义式,可以知道折射率总是大于 1 的数。在均匀的介质中光是直线传播的。光传播到两种介质的界面时通常一部分光被吸收;一部分光按照反射定律被反射;一部分光穿透入另一种介质,按照折射定律所规定的方向进行传播(图 6-4)。

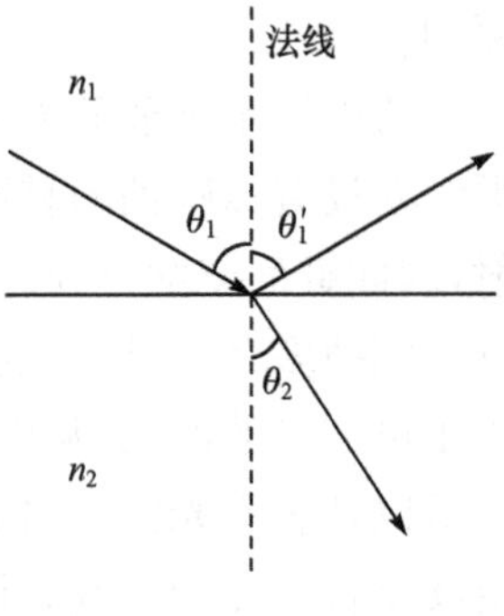

图 6-4　反射和折射定律示意图

反射定律是光线在均匀的各向同性介质表面上规则反射时传播方向所遵从的规律:入射光线和反射光线与界面法线间的夹角分别称为入射角 θ_1 和反射角 θ_1',则反射光按照 $\theta_1'=\theta_1$ 的方向反射出去,即**反射角等于入射角**。

折射定律可以说是由两个人建立的。一个是荷兰数学家斯涅耳(W. R. Snell,1591～1626),另一个是法国的笛卡儿(R. Descartes,1596～1650)。当光从一种介质入射到另一种介质表面时,不仅会发生反射,还可能进入第二种介质,传播方向会发生改变,折射光线与界面法线间的夹角称为折射角 θ_2,发生折射时折射角 θ_2

对于任意入射角 θ_1 存在以下关系：

$$\frac{\sin\theta_1}{\sin\theta_2}=n_{21}=\frac{n_2}{n_1} \tag{6-1}$$

即折射光线在入射面内，入射角和折射角的正弦之比为一常量，n_{21} 称为第二介质对第一介质的相对折射率。**折射定律**也可以写成如下形式：

$$n_1\sin\theta_1=n_2\sin\theta_2 \tag{6-2}$$

折射定律的发现是光学史上的一个重大事件，它使几何光学获得了进一步的发展，因此引起了许多著名学者的强烈反响，纷纷从不同的物理角度，采取不同的数学工具来解释和证明折射定律。比较重要的有三条途径：惠更斯原理、马吕斯-杜宾原理和费马原理。其中，费马原理对物理学的发展以及量子力学的建立有十分重要的启迪作用。

4. 光程与费马原理

费马(de Fermat，1601～1665)从下述假定推出了折射定律，即光以最短的时间从一种介质的某一点传播到另一种介质的某一点，而且在光密介质中光速较小。

为了介绍费马原理，需要介绍一个新概念：光在折射率为 n 的介质中从波源传到空间某一点所传播的距离 r 折算成光在真空中传播的长度，即为**光程**

$$\text{光程}=nr=\frac{c}{u}r=c\Delta t \tag{6-3}$$

光程对于几何光学的重要意义就体现在费马原理中，几何光学的基础本是三个实验定律——光的直线传播定律、光的反射和折射定律，法国数学家费马却用光程的概念高度概括地把它们归结成一个统一的原理——**费马原理：光在指定的两点间传播，实际的光程总是一个极值**。也就是说，光沿光程为最小值、最大值或恒定值的路程传播。在一般情况下，**实际光程大多是取极小值**，费马本人最初提出的也是最短光程。

可见，光很聪明，即便它的速度很快，它还是会选择一下自己要走的路，遵循的原则就是费马原理。

6.2.2 全反射——折射定律的特例

1. 光疏介质、光密介质与全反射

折射率小的介质称为**光疏介质**，折射率大的介质称为**光密介质**。光疏或者光密介质实际是相对而言的。比如空气与水相比，空气是光疏介质、水是光密介质；水与玻璃相比，水是光疏介质，玻璃是光密介质。

从折射定律来看，如果光从光密介质射向光疏介质，折射角将大于入射角，当

图 6-5 为使钻石变得璀璨夺目，就要按照一定角度对其进行切割，从而使入射的光在其底部发生全反射

入射角增大到某一数值时，折射角将达到90°，这时在光疏介质中将不出现折射光线，当入射角的正弦大于相对折射率时，将不发生折射，这时入射光波被“**全反射**”(图 6-5)。所以产生全反射的条件是：①光必须由光密介质射向光疏介质；②入射角必须大于临界角(**临界角**是折射角为 90°时对应的入射角)。玻璃相对于许多材料来说，都具有较高的折射率，所以如果在玻璃中传播的光总以超过临界角的角度入射，那它就不会从玻璃中溜走。

2. 光导纤维——地球村的神经

在互联网上冲浪、欣赏高清电视节目、与千里之外的友人清晰通话……这一切都要归功于“光导纤维”，即“光纤”。被誉为“光纤之父”的英籍华人科学家高锟在光纤及其应用方面做出了很多开创性工作，因此获得了 2009 年诺贝尔物理学奖。光纤方面的研究成果促使光纤通信系统问世，正是光纤通信为当今互联网的发展铺平了道路。

由于光的物理特性和全反射定律，细小的玻璃丝——光纤成为高速、便捷、成本低廉、信号损失很小的长距离信息传递介质。目前光通信用的光纤的基本原料主要是廉价的石英玻璃，科学家将它们拉成直径只有几微米到几十微米的丝，大概相当于人类头发直径的十分之一，这叫做光纤的芯(即**纤芯**)，然后再包上一层折射率比它小的材料，称为**包层**。根据全反射定律可以知道，**在纤芯中传播的光如果入射到纤芯和包层的边界时，只要入射角超过临界角，经过多次全反射，光就会在光纤芯内从一端传到另一端**(图 6-6)。用大量这样的光纤并成一束，光在各条光纤之间不会串通。如果纤维束的两端各条纤维的排列顺序严格对应，则可以利用它来传像(图 6-7)。

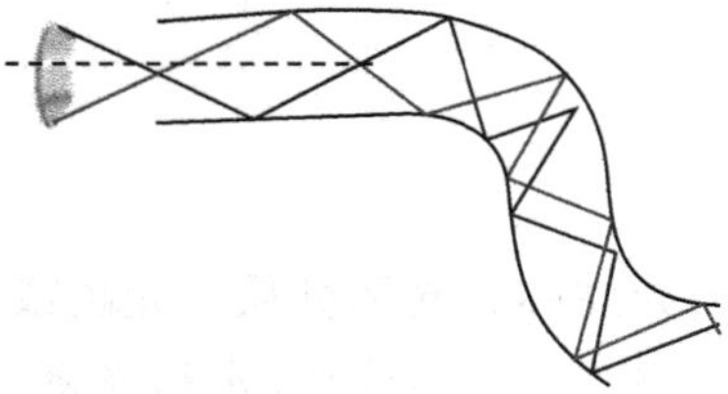

图 6-6 光线在光纤中的传播

图 6-7 蜜蜂与光纤传像

由于进入光纤一端的光传到另一端，在光纤侧面丢失的光很少(图 6-8)，而且光纤很细很柔软并可以弯成任意形状，利用它能探入人体内部(如胃、肠等)进行观察，这就是内窥镜(图 6-9)。例如，医生把两细束光纤通过咽喉送入胃中，可以探查患者胃部内壁的溃疡。从一束光纤的体外一端入射的光，即使这一细束光纤形成的是一条弯曲的路径，经过在光纤中的多次全反射，大部分光最后都会从其另一端射出，从而把胃的内部照亮。然后，一些从胃内反射的光以类似方式经第二束返回，被检测并在监视器屏上转换成图像供医生观看。

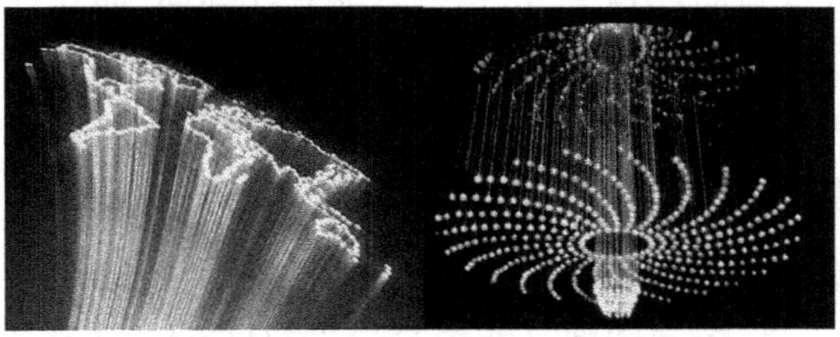

图 6-8 光纤侧面损失的光很少，大部分光都会传到出射端。左图中出射端的光点组成世界版图；右图是光纤灯

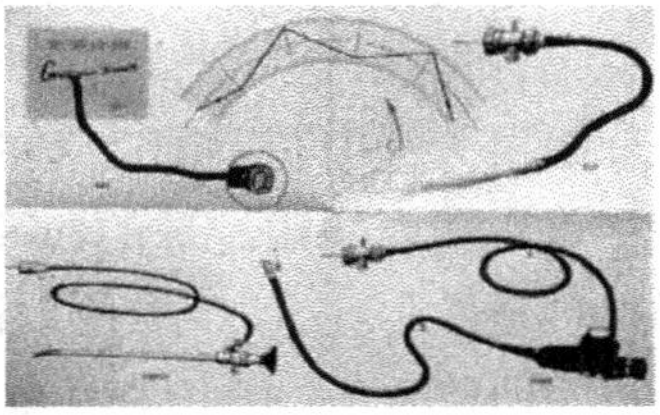

图 6-9 光纤由于良好的柔韧性、导光性和传像能力在内窥镜中大显身手

6.2.3 海市蜃楼——眼见为虚

《晋书·天文志》：“凡海旁蜃气象楼台，广野气成宫阙，北夷之气如牛羊群畜穹庐，南夷之气类舟船幡旗”。这是对海市蜃楼的如实描写，但当时并不了解其成因和机理。宋朝的苏轼在《登州海市》中说：“东方云海空复空，群山出没月明中，荡摇浮进生万象，岂有贝阙藏珠宫。”此处明确地表示海市蜃楼都是幻景。实际上海市蜃楼是一种光学现象，**海市蜃楼中出现的“物体”实际上对应真实物体所成的像**，人们看到其所处的位置并非对应真实物体所在的真实位置，因此这种幻象不是基于大脑的幻觉。也正因为如此，照相机可以拍下海市蜃楼的景象，因为相机的镜头能够看到人们所看到的东西(图 6-10)。

图 6-10 在海滨看到的海市蜃楼现象

图 6-11 海市蜃楼

海市蜃楼是如何产生的呢？是折射产生了图像(图 6-11)。本章前面介绍过，折射是光从一种介质射入另一种介质时发生的偏折。**当光在密度不均匀的同一种介质中传播时，也会发生折射和反射**。空气的密度会随着海拔高度增高而变小，当光进入密度较大的空气层时，就会减速，从而发生偏折。在夏天或者是艳阳天，最常见的海市蜃楼现象是在向远处伸展的路上出现了一汪水，在高速公路上行驶时，常会以为前方的道路上有一汪水，开到近处却发现路面很干燥。这是因为当路面很热的时候，路面附近的空气变热，从上方射入的光线在到达路面附近的热空气区域时发生偏折。这些光线的偏折程度有时会很大，以至于不能到达地面，而在远处的观察者看来，这些光都来自于高于地面的地方，就仿佛路上有一汪水似的。

如果大气中有不同密度的大气层，这些大气层的交界面就会造成光的偏折，使它在短距离内按照地球的曲率传播。这时经过地平线的物体就能够被看到。有些折射总是发生在大气中，所以图像总会有些扭曲。由于地球的曲率和曲面透镜产生了相似的效果，海市蜃楼总是很奇特，这些图像可能被放大、或者倒立，而且可能离地平线有相当的距离。这些图像还可能跳跃、闪烁，这是因为大气中的空气发生了位移以及温度和密度的变化。

6.2.4 球面镜和透镜

1. 球面镜

人类使用的最早的反射镜很可能是平静的水面。中国古代由于金属冶炼技术的发展，铜镜在公元前 2000 年夏初的齐家文化时期已经出现。后来随着技术的发展，古镜制作技术逐渐提高，应用范围逐渐扩大，种类也逐渐增多，出现了各种平面镜、凹面镜和凸面镜，镜的利用为光的反射的研究创造了良好的条件，使中国古代对光的反射现象和成像规律有较早的认识。

镜子通常由抛光的金属或者玻璃制成，表面还可能镀上金属或者介质膜。日常生活中的镜子通常是平的(其实可以看作是曲率半径为无穷大的球面镜)，称为**平面镜**。《庄子·天下篇》中记载："鉴以鉴影，而鉴以有影，两鉴相鉴重影无穷"。生动地描写了光线在两镜之间彼此往复反射，形成许许多多像的情景。《淮南万毕术》记载："取大镜高悬，置水盆于其下，则见四邻矣"。其原理和现代的潜望镜很类似。

平面镜会反映正常的图像，球面镜则会扭曲图像，例如哈哈镜的娱乐价值就是利用了这点(图 6-12)。不过球面镜还有很重要的实用价值。首先**凹面镜**的形状如果是抛物面(横截面一般是抛物线，x^2 的曲线就是抛物线)，光束就会聚焦在一点上，这是许多望远镜(包括大名鼎鼎的哈勃天文望远镜)聚光的方式。光会聚的点叫做**焦点**。《淮南子·天文训》记载："阳燧见日则燃而为火。"这说明中国古代已认识到凹面镜对光线有会聚作用。传说古希腊的阿基米德曾利用抛物镜面的聚光作用，把集中的阳光照射到入侵叙拉古的罗马船上，让它们自己燃烧起来。罗马的许多船只都被烧毁了，但罗马人却找不到失火的原因。

另外一种曲面镜是**凸面镜**，凸面镜反射的光好像都从一点射出似的，这一点也被称做**焦点**。凸面镜能够反射大范围的视野，虽然会产生一些扭曲，但却是很有效的工具，因此被用在汽车的后视镜上。在窄小胡同的交叉口，观察者需要扩大视野、注意车辆，也往往安装有作为安全眼的凸面镜(图 6-13)。

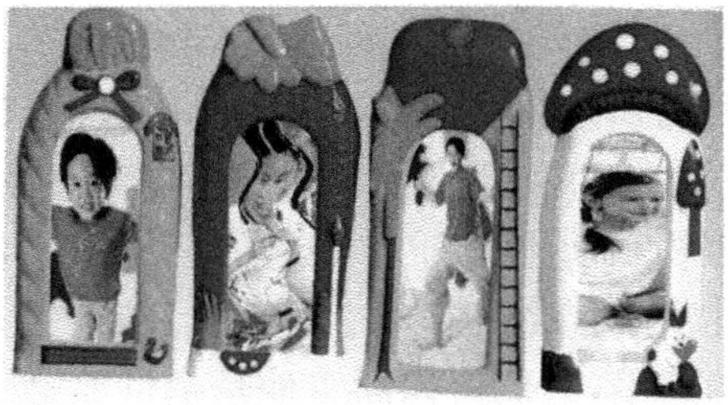

图 6-12 游乐场里的哈哈镜

图 6-13 盘山公路弯道处的凸透镜安全眼

2. 透镜

透镜一般都利用透明的光学材料制成，分为凹透镜和凸透镜两种。**凹透镜的中间比边缘薄，穿过凹透镜的光线会向外发散。凸透镜的中间比边缘厚，穿过凸透镜的光线会发生会聚**。透镜在生活中最常见的应用莫过于近视眼镜和老花镜(远视眼镜)了，无论是带镜框的眼镜还是隐形眼镜，其工作原理都是相同的。

实际上人的眼球本身就是个透镜，如果眼球的形状发生变化，就会导致光线不能准确聚焦到视网膜上。

近视的人眼球前后径过长，能够看清楚近距离的物体，但是看远处的物体时，光线会在到达视网膜之前聚焦，而不是聚焦在视网膜上。要纠正这种状况，就需要使光线进入眼睛之前被适度发散，从而使聚焦点推后一些，恰好在视网膜上成像，从而达到矫正近视的目的。利用凹透镜就可以达到这个效果，但是由于每个人的眼睛都有差别，因此必需本人亲自去验光配镜才可以选择到合适的眼镜。

远视的症状与近视眼正好相反，可以看到距离很远的物体，但是看不清近的物体，光线会在视网膜后成像。这就需要利用凸透镜进行矫正。实际上婴儿都是远视眼，在成长过程中逐渐看清楚近距离的物体。这样看来，"远视"作为老龄化过程中的自然现象也算是一种回归了。

光学仪器中很大一部分是成像的仪器，如显微镜、望远镜、投影仪和照相机等。成像是几何光学要研究的中心问题之一，要成像就要借助透镜，更准确地说应该是借助透镜组来实现预期目标。

6.2.5　光学——呈现万物

人类认识了光，能够解释光学现象之后，就开始利用光的性质和光学现象制造光学仪器。显微镜、望远镜和照相机都是常用的光学仪器，它们的核心部分都是由几个透镜组合而成的。根据它们的用途，**显微镜、望远镜所成的像必然是放大的虚像，而照相机则是缩小的实像。**

1. 光学帮助我们明察秋毫——显微镜

最早的显微镜是 16 世纪末期在荷兰制造出来的。荷兰亚麻织品商人安东尼·凡·列文虎克(A. van Leeuwenhoek ,1632～1723)，他自己学会了磨制透镜。他第一次描述了许多肉眼所看不见的微小植物和动物。列文虎克活到 91 岁。直到逝世，他除了用自己制作的显微镜观察和描绘观察结果外，别无爱好。从列文虎克写给英国皇家学会的 200 多封附有图画的信里，人们可以断定他是全世界第一个观察到球形、杆状和螺旋形的细菌和原生动物，还第一次描绘了细菌的运动，虽然他活着的时候就看到人们承认了他的发现，但要等到 100 多年以后，当人们在用放大倍数更高的显微镜重新观察列文虎克描述的形形色色的“小动物”，并知道他们会引起人类严重疾病和产生许多有用物质时，才真正认识到列文虎克对人类认识世界所作出的伟大贡献。

显微镜的功能是使近距离微小物体成放大的虚像。由**物镜**(靠近物的透镜)和**目镜**(靠近观察者眼睛的透镜)组成的显微镜的光路如图 6-14 所示。

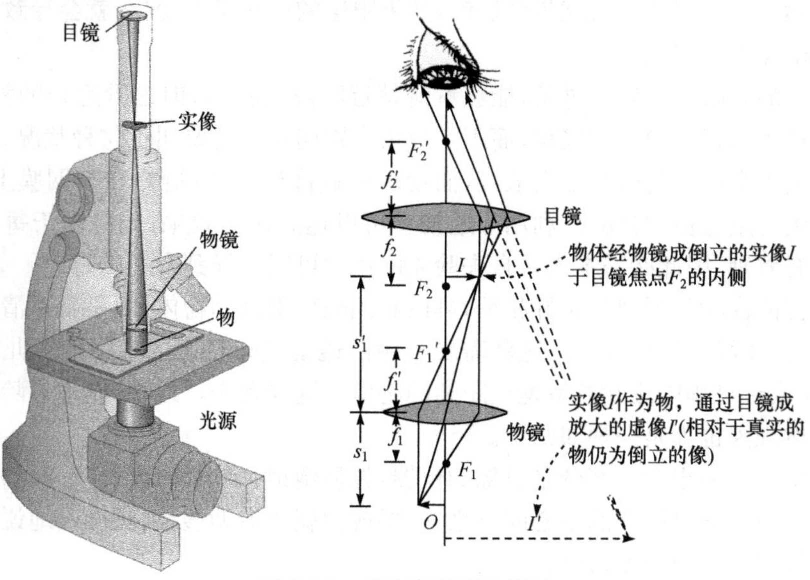

图 6-14　显微镜光路示意图

现在大多数显微镜用的是双透镜组。这些组合显微镜有一组透镜叫物镜，是用来聚光的，另一组透镜叫目镜，是用来放大影像的。大多数的显微镜都有可更换的放大倍数不同的物镜，以便于使用者聚焦观察更小的物体。目镜是个放大透镜，功能与凸透镜相似。

虽然显微镜使得观察微小物体成为可能（图 6-15），但是依赖于光的显微镜同时也受到光的特性的制约。比如类似原子这样尺度很小的物体，不能反射足够的光，不但肉眼观察不到，即使用了光学显微镜（工作在可见光波段的显微镜）也不能被观察到。1931 年，恩斯特·鲁斯卡（E. Ruska，1906～1988）通过研制电子显微镜，使生物学发生了一场革命。这使得科学家能观察到像百万分之一毫米那样小的物体。1986 年他被授予诺贝尔奖。

图 6-15 显微世界里的雪花

另外，光的衍射现象也会影响光学显微镜的分辨率（即显微镜观察细微结构的能力）。关于光的衍射我们会在后续内容中进行介绍。

2. 光学让我们看到天外有天——望远镜

最早的望远镜是由意大利物理学家伽利略（G. Galilei，1564～1642）研制的。伽利略望远镜由一个凹透镜（目镜）和一个凸透镜（物镜）构成，它的放大率等于物镜焦距与目镜焦距的比值。其优点是镜筒短而能成正像，但它的视野比较小。把两个放大倍数不高的伽利略望远镜并列一起、中间用一个螺栓钮可以同时调节其清晰程度的装置，因携带方便，常用来观看歌剧表演等，称为“观剧镜”。伽利略发明的望远镜在人类认识自然的历史中占有重要地位。除了观看表演，伽利略还把望远镜对准了天空，并有了许多奇妙的发现，伽利略观测到了木星的卫星及月亮上的山峰和谷地等。不过，如果观察太阳，一定要装上特殊遮光玻璃，如果不加此保护装置，就会灼伤眼睛甚至导致失明。

望远镜的结构和光路与显微镜有些类似，只是**望远镜的功能是对远处物体成视角放大的虚像**，使得观测遥远的物体变为可能。望远镜光路如图 6-16 所示。

望远镜大致可以分为折射式望远镜和反射式望远镜两种。折射式望远镜在两组透镜的应用方面和显微镜类似，也由用来会聚光线的物镜和用来放大图像的目镜组成。不过，望远镜的物镜主要目的是聚集尽可能多的光，因为被观测物体的亮度通常情况是非常弱的。

在地面上观察星空，由于受到地面杂光、天气等因素的影响，大气湍流带来的干扰及地球复杂运动的影响，接收到的电磁波信息会出现失真，因此为了观察到距离地球十分遥远、亮度极弱的宇宙天体，并克服上述因素的干扰，人类设法直接在太空中进行观察。

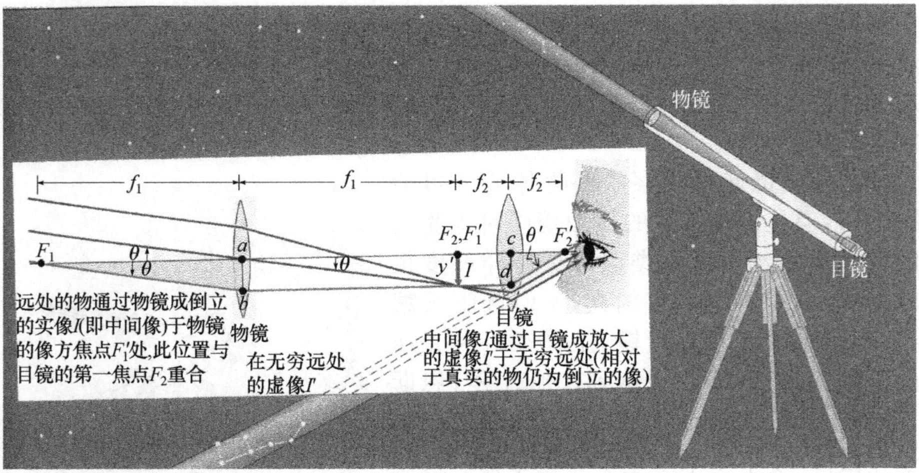

图 6-16　望远镜光路示意图

图 6-17　哈勃太空望远镜

目前世界上最著名的望远镜莫过于哈勃望远镜(Hubble Space Telescope,HST),它是人类第一座太空望远镜(图 6-17)。哈勃望远镜于 1990 年发射入轨。自 1990 年上任以来,哈勃望远镜取得了很多成绩,例如它提供了宇宙正在加速膨胀的证据,为很多星云拍摄了震撼的照片,这些惊人的图片比以往任何轨道卫星拍下的照片都要清晰(图 6-18、图 6-19)。美国宇航局称哈勃望远镜至少能工作到 2014 年,届时,它将被詹姆斯·韦伯太空望远镜"取代。詹姆斯·韦伯太空望远镜是 6.5 米口径的望远镜,工作在红外波段,其雄心是可以直接看到太阳系外遥远的行星。

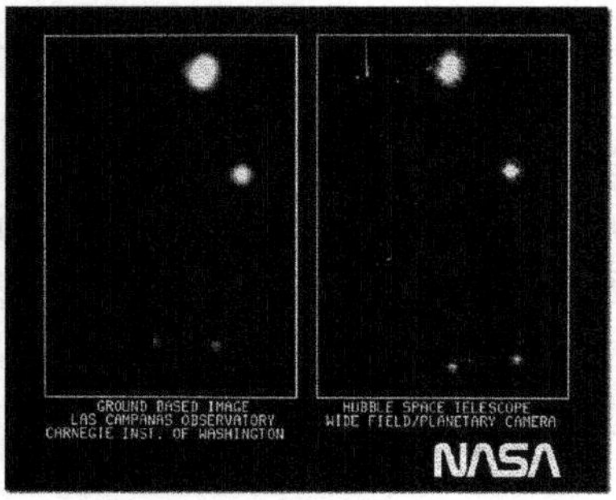

图 6-18　哈勃空间望远镜升空之初,由于制造的镜片厚度有误,首批传回地球的第一张图片(右侧)还不如地面望远镜拍摄的图片清晰(左侧)。这张照片包括了银河系的一部分

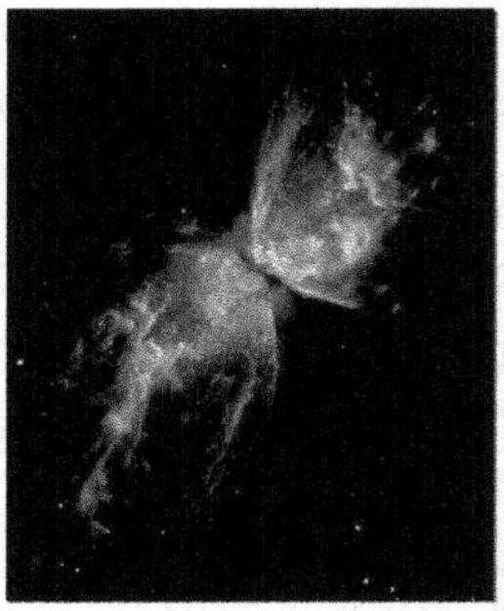

图 6-19　1993 年 12 月之后维修人员多次往返太空,为哈勃望远镜改头换面,这张照片是休整升级后的哈勃太空望远镜拍摄的壮观的蝴蝶星云

3. 光学让我们记录美好——照相机

照相机的功能是将远处的物会聚成缩小的实像于感光底片或成像感光器件上，为了能清晰成像，照相机的结构为下述两种形式之一：感光底片可在像方焦平面附近沿主光轴移动；或者镜头（相当于凸透镜）可在物与底片间移动（图 6-20）。

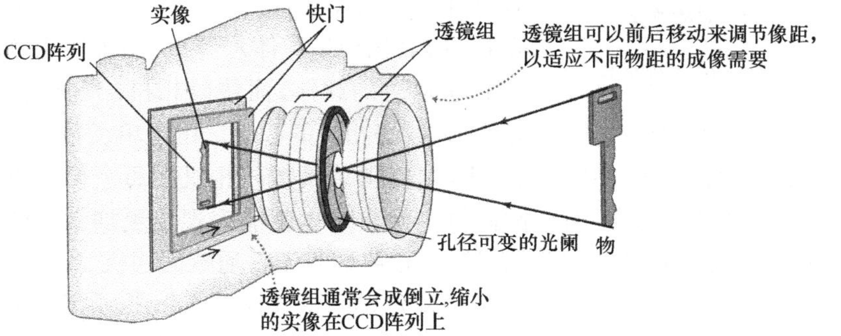

图 6-20 照相机光路示意图

照相机较之上述两种仪器多一个辅助部分——**光阑**。光阑设置在镜头上，它有两个作用：一是影响底片接受的**光通量**（对应光圈的大小，光圈大对应的通光孔径也大）；二是影响**景深**。景深是照相机允许清晰成像的物点前后空间的范围。一般来说光阑直径大，曝光量大，但景深短；光阑直径小，曝光量小，但景深长。不过，曝光量的控制还可以利用快门调节曝光时间来达到。总之，在使用照相机时，应充分兼顾这三者之间的关系，做出恰当的调配。

另外，广角镜头是摄像者常用的一种镜头。它的焦距比标准镜头短、视角大于标准镜头，在较短的拍摄距离范围内，能拍摄到较大面积的景物。从摄影原理来说，焦距越小视野越宽，照片内可以容纳的景物的范围也越广；而焦距越大则视野越窄，也就是说可以拍摄到很远的物体（图 6-21）。

图 6-21 从左至右的照片，使用的镜头焦距由小变大，可以看出视野渐次变窄

近几年数码单反照相机（即数码相机与单镜头反光相机的结合）受到广大摄影爱好者的青睐。在数码单反照相机采用的取景系统中，反光镜和棱镜的独到设计

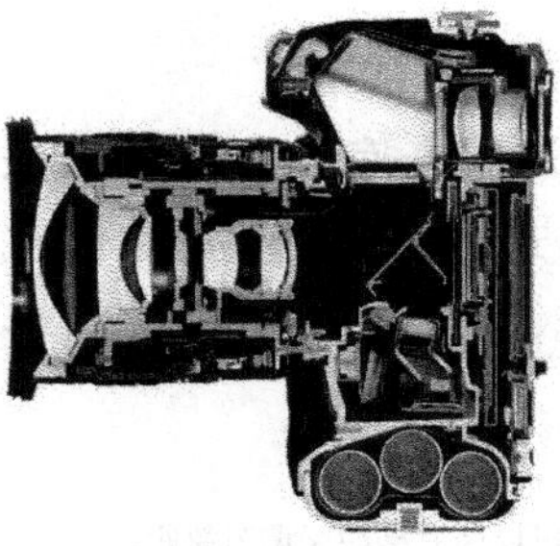

图 6-22 单反相机剖面图

使得摄影者可以从取景器中直接观察到通过镜头的影像。因此，可以准确地看见“胶片”即将“看见”的相同影像，这更利于拍摄(图 6-22)。单反数码相机还可以根据拍摄需要更换不同规格的镜头，这是普通数码相机不能比的。

目前数码相机的核心成像器件有两种：一种是广泛使用的 CCD(电荷耦合器件)；另一种是 CMOS(互补金属氧化物半导体)。传统相机使用“胶卷”作为其记录信息的载体，而数码相机的“胶卷”就是其成像感光器件，而且是与相机一体的，是数码相机的心脏。由于单反数码相机的感光元件的面积远远大于普通数码相机，这使得单反数码相机的每个像素点的感光面积也远远大于普通数码相机，因此每个像素点也就能表现出更加细致的亮度和色彩范围，从而使单反数码相机的摄影质量明显高于普通数码相机。

值得一提的是，两名美国科学家博伊尔(Willard S. Boyle)和乔治・E・史密斯(George E. Smith)因“发明了成像半导体电路——电荷耦合器件图像传感器 CCD”获 2009 年诺贝尔物理学奖。

6.3 光的波动性——波动光学

为什么肥皂泡或者油膜上会产生彩色的条纹？为什么在点光源的情况下，一根直杆的影子要比假设光沿直线传播所应有的宽度大一点？要想理解光场中可能发生的绚丽多彩的景象，就让我们循着物理学家们的足迹去了解干涉、衍射和偏振等光的波动现象吧！

6.3.1 光的相干性

干涉现象是波动过程的基本特征之一。在第 3 章已经指出：由频率相同、振动方向相同、相位相同或相位差保持恒定的两个波源所发出的波是相干波，在两相干波相遇的区域内，有些点的振动始终加强，有些点的振动始终减弱或完全消失，即产生干涉现象。

由于光是一种电磁波，所以对于光波来说，振动和传播的是电场强度 $\boldsymbol{E}$ 和磁感应强度 $\boldsymbol{B}$，其中能引起人眼视觉或对感光设备起作用的主要是电场强度矢量 $\boldsymbol{E}$，故通常把 $\boldsymbol{E}$ 矢量叫做**光矢量**。若两束光的光矢量满足相干条件，则它们是**相干光**。

虽然光波的相干条件与机械波相同，但光的相干性却有些特殊。机械波或无线电源的波源可以连续地振动，发出连续不断的正弦波，相干条件比较容易满足，因此比较容易产生干涉现象。对于普通光源，情况有所不同。例如，若在房间里放着两个发光频率完全相同的钠光灯，在它们所发出的光都能传到的区域，却观察不到光强分布有明暗相间的变化。这表明两个独立的光源即使频率相同也不能构成相干光源。一般说来，即使是同一光源的两个部分发出的光相遇，仍不能产生干涉现象。这是由普通光源发光本质的复杂性所决定的。

6.3.2 光的干涉

1. 杨氏双缝干涉

1802 年，托马斯·杨(Thomas Young，1773～1829)发表了著名的论文《光和色的理论》。他认为，整个宇宙中充满了稀薄的、具有很大弹性的以太；光是发光体在以太中激起的波动；光的颜色取决于光波动的频率。在牛顿的潮汐理论里，不同通道的水汇合于一处港口时会产生相长或相消叠加，受此启发托马斯·杨提出了干涉原理："只要同一光线的两部分精确地或非常接近地沿着相同的方向以不同的路线到达我们的眼睛，如果其路程差是某一长度的整数倍，则光会变得最强；而在这些干涉部位中间的状态光会变得最弱。"

(1) 杨氏双缝干涉实验

为验证自己的理论，托马斯·杨设计了著名的杨氏干涉实验，并第一个用实验方法成功地测得了红光和紫光的波长，它们分别为 0.0000256 英寸(650nm)和 0.0000174 英寸(442nm)。他还利用牛顿环现象作为自己理论的佐证。1803 年，托马斯·杨在《物理光学的实验和计算》一文中，利用干涉原理解释了获得毛发阴影时出现的衍射现象。

托马斯·杨首次把光描写成按一定的周期或频率变化的波动，明确地引进了波长和光程差的概念，从而建立了第一个真正的光的波动学说。他的理论能够解释干涉现象。

另外，值得一提的是法国的菲涅耳(A. J. Fresnel, 1788～1827)，1815 年开始发表光学研究论文，独立地发现了干涉原理。当他得知托马斯·杨早在 13 年前已作出该发现时，他于 1816 年在致托马斯·杨的信中写道："当一个人以为他已经作出了某种发现的时候，如果他得知另外一个人已经在他之前有了这种发现，他不会不感到遗憾……如果说有什么可以使我感到安慰的话，那就是使我有机会认识一位伟大的科学家，他以大量的重要发现而丰富了物理学的宝库。与此同时，所发生的这一切使我对我所研究的理论的正确性更加充满信心。"托马斯·杨在 1819 年给菲涅耳的回信中写道："我为您送我令人敬羡的论文表示万分感谢，在光学进展最有贡献的许多论文中，您的论文确实有很高的地位。"在对于科学的发现优先权问题上，菲涅耳和托马斯·杨相互谦让，相互理解，这是物理学史中一段值得让人怀念的佳话。

(2) 干涉条纹的位置和光强分布

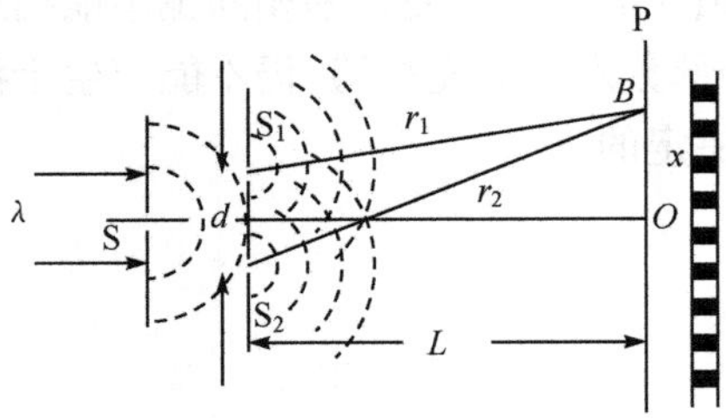

图 6-23 杨氏双缝干涉实验示意图

如图 6-23 所示，波长为 λ 的单色光源照射在单缝 S 上，使得 S 成为该实验的缝光源，S_1 和 S_2 是两个相距很近的狭缝（d 的数量级约为 0.1mm），且 S_1 和 S_2 与 S 之间的距离相等，S 发出的光入射到 S_1 和 S_2 上，由于通过 S_1 和 S_2 的光波是同一入射波的一部分，因此满足振动方向相同，频率相同，相位差恒定的相干条件（图中所示的相位差为零，即 S_1 和 S_2 处的光波是同相的）。这样，S_1 和 S_2 发出的光在空间相遇，将产生干涉现象。若在 S_1 和 S_2 后方放一个观察屏，则在屏上可以看到明暗相间的干涉条纹。杨氏双缝干涉条纹是不定域的，只要屏离双缝不太近（L 为几米左右），屏上都会有干涉条纹。在两相干光波叠加的区域内，处处都存在干涉现象，称之为不定域干涉。

形成干涉明、暗条纹所应满足的条件如何呢？下面将进行定量分析。如图 6-24 所示，狭缝 S_1 和 S_2 间的距离为 d，双缝所在的平面与屏幕 P 平行，两者之间的垂直距离为 L，通常 $L \gg d$。在屏幕上任取一点 B，B 点与 S_1 和 S_2 的距离分别为 r_1 和 r_2，过 S_1 和 S_2 的中点 O_1 作一条垂线与屏交于 O 点，B 点与 O 点的距离为 x。

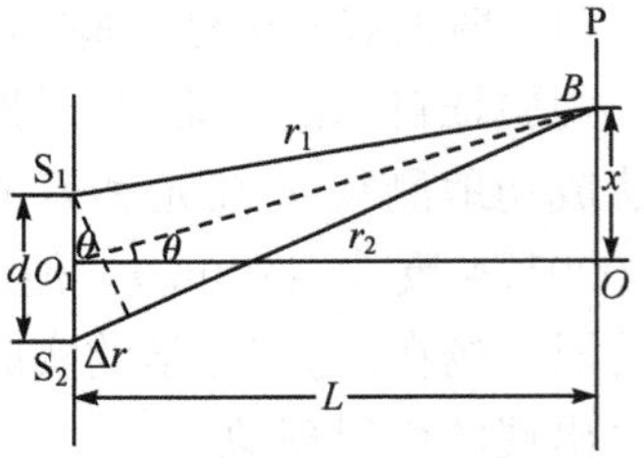

图 6-24 杨氏双缝干涉条纹的计算

光波通过 S_1 和 S_2 之后经过不同的距离才能达到 B 点，这会导致它们之间的相位差改变，即相位差的改变来自于两列波经过的路径的光程差 Δr。由于两束光都在同一种介质——空气中传播，折射率为 1，因此光程差为 $\Delta r = r_2 - r_1 = d\sin\theta$，其中 θ 也是 O_1B 与 O_1O 的夹角。

如果 Δr 满足条件

$$d\sin\theta = \pm k\lambda, k=0,1,2,\cdots \quad (6\text{-}4)$$

即 Δr 为零或者波长的整数倍时，两列波到达 B 点时正好同相，因而在那里完全**干涉相长**，那么 B 点就是一明条纹的中心；O 点处也为一明条纹的中心，此明条纹叫中央明条纹，由于 O 点处对应的 k 值为 0，中央明条纹也称为零级条纹。在 O 点两侧，与 $k=1,2,\cdots$ 相应的 x_k 处，Δr 分别为 $\pm\lambda, \pm 2\lambda, \cdots$，这些明条纹分别叫做第 1 级、第 2 级……明条纹。它们对称地分布在中央明纹的两侧。

如果 Δr 满足条件

$$d\sin\theta = \pm(2k+1)\frac{\lambda}{2}, k=0,1,2,\cdots \quad (6\text{-}5)$$

即 Δr 是半波长的奇数倍，两列波到达 B 点时正好反相，它们在那里将**干涉相消**，B 点就是暗纹的中心。

相邻明条纹(暗条纹)间的距离为

$$\Delta x = x_{k+1} - x_k = \frac{L}{d}\lambda \tag{6-6}$$

由于 L、d、λ 均为常量，因此干涉条纹是等距离分布的。由此式可以看出，利用双缝干涉可以测量入射光的波长。

如果用复色光源入射，则干涉条纹是彩色的。由于条纹间距与波长成正比，各种颜色的明条纹将按照波长大小逐级分开，形成彩色条纹。例如用白光入射时，各种不同波长的零级明条纹重合，重叠之后仍为白色，而其他各级条纹则不重合，在零级明条纹两侧由内至外形成由紫到红的彩色条纹。

例 6-1 在杨氏干涉实验中，用钠光灯作光源($\lambda=0.5893\mu m$)，屏幕与双缝距离为 600mm，试计算(1)在 $d=1.0mm$ 和 $d=10mm$ 两种情况下的相邻明条纹间距；(2)若相邻条纹的最小分辨距离为 0.065mm，能分清干涉条纹的双缝间距 d 最大是多少？

解 (1) 已知 $\lambda=0.5893\mu m=5.893\times10^{-4}mm$，$L=60mm$，由式(6-6)可知，$d=1.0mm$，明纹间距为

$$\Delta x = \frac{L}{d}\lambda = \frac{600\times5.893\times10^{-4}}{1.0}mm = 0.35mm$$

当时 $d=10mm$，明纹间距为

$$\Delta x = \frac{L}{d}\lambda = \frac{600\times5.893\times10^{-4}}{10}mm = 0.035mm$$

由结果可知若双缝间距增加，则条纹间距变小。若想观察到清晰的干涉图样，须选择合适的双缝间距。

下面我们对干涉图样的光强分布进行一下分析。设狭缝 S_1 和 S_2 发出的光波，单独到达屏上 B 点引起的光振动的振幅分别为 E_1 和 E_2，由于两振动方向相同，在 B 点叠加后的振幅满足

$$E^2 = E_1^2 + E_2^2 + 2E_1E_2\cos\varphi \tag{6-7}$$

φ 为两分振动的相位差，$\varphi=\frac{2\pi}{\lambda}\Delta r$。因为**光的强度正比于光波振幅的平方**，所以叠加之后的**光强**为

$$I = I_1 + I_2 + 2\sqrt{I_1I_2}\cos\varphi \tag{6-8}$$

由于离开双缝的光具有相同的振幅，设 $I_1=I_2=I_0$。所以在两束光的相位差

为 2π 的整数倍，即光程差是零或者波长整数倍的地方，光强 $I=4I_0$，是光强极大出现的位置。而对于相位差为 π 的奇数倍，即光程差是半波长的奇数倍的地方，光强 $I=0$，是光强极小出现的位置。

值得指出的是，两束强度相同的非相干光叠加，合强度最大只会达到单一光束强度的 2 倍，而**干涉现象中两相干光叠加的最大合光强则会达到单一光束强度的 4 倍**。

2. 迈克耳孙干涉仪

1881 年，迈克耳孙（A. A. Michelson，1852～1931）为了测定光在地球上不同方向传播时是否有不同的速度，精心设计了一种干涉装置，这就是迈克耳孙干涉仪。1887 年，迈克耳孙和莫雷（E. Morley，1838～1923）一起改进了这个实验，因此该实验又称作“迈克耳孙-莫雷实验”。

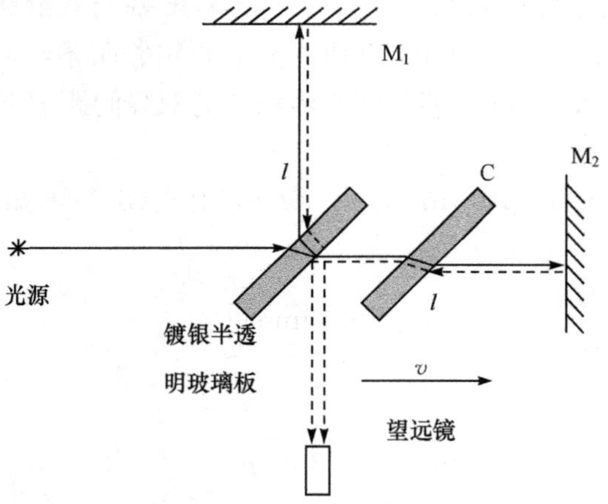

图 6-25　迈克耳孙-莫雷实验原理图

迈克耳孙-莫雷实验原理如图 6-25所示。从光源发出的单色光在镀银半透镜上分成两支，一支经半透膜反射，然后被 M_1 反射沿原路返回，再次透过玻璃板进入望远镜；一支穿过玻璃板到达反射镜 M_2，经反射后沿原路返回，其中的一部分被玻璃板的半反半透膜反射进入望远镜。玻璃板 C 起着补偿光程差的作用（因为其中一束分光需通过玻璃板三次后进入望远镜，另一束分光束仅通过一次就进入望远镜，为不使两相干光束之间的光程差过大，在光路中安置相同厚度的玻璃板 C，以补偿光程）。经仔细调节后，我们便可看到明暗相间的干涉环纹。

迈克耳孙干涉仪的主要特点就是两束相干光在空间上是完全分开的，可以利用移动平面镜的位置或者在光路中插入其他介质的方法改变两束相干光的光程差，这使其具有广泛用途。例如精密测量薄膜厚度、波长或检验工件表面加工质量等，而且现代科技中有多种干涉仪都是由迈克耳孙干涉仪衍生而来的。

对于物理学的发展来说，迈克耳孙干涉仪对于光速的准确测量，促成了光速不变原理的确立，为狭义相对论奠定了重要的实验基础，对于物理学发展起到了重要推动作用。

3. 薄膜干涉——彩色的肥皂泡

薄膜干涉是常见的光的干涉现象，具有丰富多彩的内容。

我们在日常生活中看到油膜、肥皂泡所呈现的彩色(图 6-26)，就是一种光的干涉现象。因太阳光中含有各种波长的光波，当太阳光照射油膜时，经油膜**上下两表面反射的光形成相干光束**，有些地方红光得到加强，有些地方绿光得到加强……这样就可以看到油膜呈现出彩色条纹。如果用单色光照射在竖立的肥皂膜上，由于干涉，在膜表面可以看到单色明暗相间的横条纹。

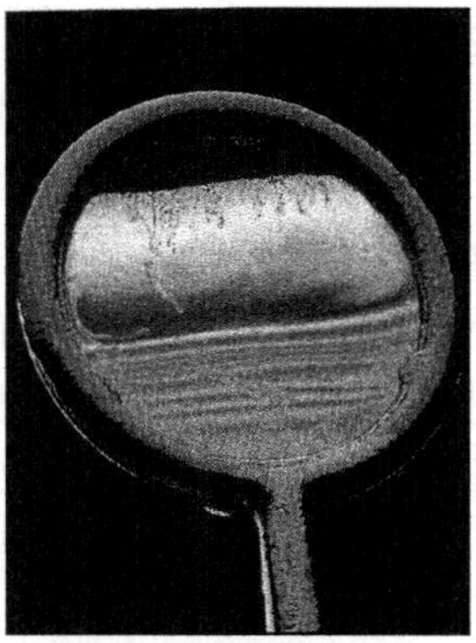

图 6-26 竖立的肥皂膜上由于干涉产生了单色明暗相间的横条纹

类似的现象出现在照相机镜头、眼镜镜片的镀膜层上，劈尖和牛顿环等装置呈现的也是薄膜干涉条纹。

6.3.3 光的衍射

机械波和电磁波都有衍射现象，在林黛玉进贾府一回中对王熙凤"未见其人先闻其声"的描写就是声波的衍射现象。如果光在均匀介质中传播时遇到的障碍物的大小比光波的波长大很多时，波动的衍射现象就不明显。在这种情况下，光的传播可以被看成是沿直线传播的。我国很早就利用光的这一性质，发明了走马灯、皮影戏(图 6-27)等。

光作为一种电磁波，在传播中若遇到尺寸比光的波长大得不多的障碍物时，它就不再遵循直线传播的规律，而会**传到障碍物的阴影区并形成明暗变化的光强分布**，这就是**光的衍射**现象。光的衍射不限于光通过窄开口(如一条缝或一个针孔)的情况。它**也发生在通过边沿**，例如刀片的边沿时，这时的衍射图样如图 6-28 所示，强度极大和极小的线近似地平行于边沿，不管是刀片的内沿还是外沿。

图 6-27 当光波遇到的障碍物大小远大于光波波长时，可以被看成是沿直线传播的，中国传统的皮影戏就是利用这个原理制作出的

图 6-28 刮胡刀片衍射图样。当光经过，例如左侧的竖直边时，它向左和右扩展而发生衍射，产生沿左边的图样

1. 菲涅耳光斑

在光的波动理论中，衍射很容易得到解释。然而，因为它与占主导地位的牛顿的微粒说背道而驰，经过了很长时间才被采纳。

在19世纪初期，在法国科学圈内盛行的观点还是牛顿的观点，当时菲涅耳是一个年轻的军事工程师并具有卓越的数学才能。菲涅耳确信光的波动论，他把波动的周期性相位变化同惠更斯原理结合起来，并用解析的形式进行精确的表达。他考虑了在给定时刻，从任何部位传到指定地点的所有振动的叠加，这就是惠更斯-菲涅耳原理。应用该原理，菲涅耳对衍射问题进行了精确的计算，用它可圆满地解释光的干涉和衍射现象，也能解释光的直线传播。

菲涅耳向法国科学院提交一篇论文说明自己用光做的实验以及他对它们的波动理论的解释。1819年，由法国科学院组织了对于这篇论文的有奖辩论会，组织者都是牛顿的支持者并想挑战波动观点。其中，泊松（Poisson, Simeon-Denis，1781～1840）指出，如果菲涅耳的理论是正确的，则会产生一个奇怪的结果，即**光波经过一个球的边缘时，应该照到球的阴影区域并在阴影的中心产生一个光斑**。评奖委员会安排了对这位数学家的预言的检验并发现预言的光斑确实在那里，这就是我们今天所说的**菲涅耳光斑**（图6-29）。这个未料到的并与直觉相反的预言被实验所证实，这强有力地建立起人们对波动说的信心，为光的波动说战胜微粒说作出了决定性的贡献。

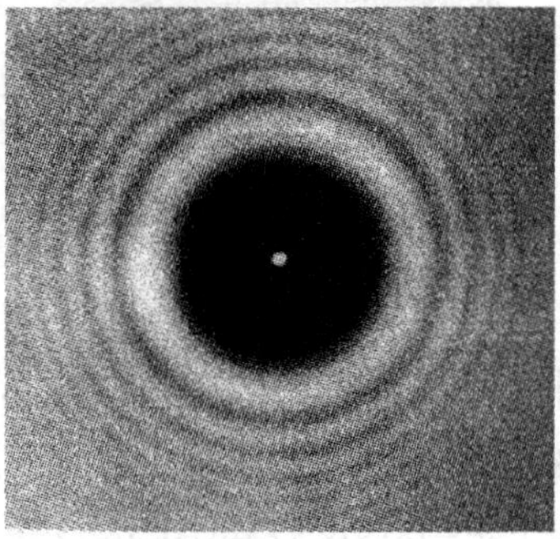

图6-29　菲涅耳光斑

2. 圆孔衍射与光学仪器的分辨能力

(1) 圆孔衍射

光通过圆孔也会产生衍射，光学仪器中所用的光学镜片大多为圆形，总是有一定的通光孔径，因而会产生衍射，所以圆孔衍射对于像的质量有直接影响。圆孔衍射的衍射图样如图6-30所示，中央是一个明亮的圆斑，称为**艾里斑**。艾里斑外围是一组同心的明环和暗环。对于直径为d的圆孔的衍射图样的第一极小半径由下式给出：$\sin\theta=1.22\dfrac{\lambda}{d}$，式中$\theta$

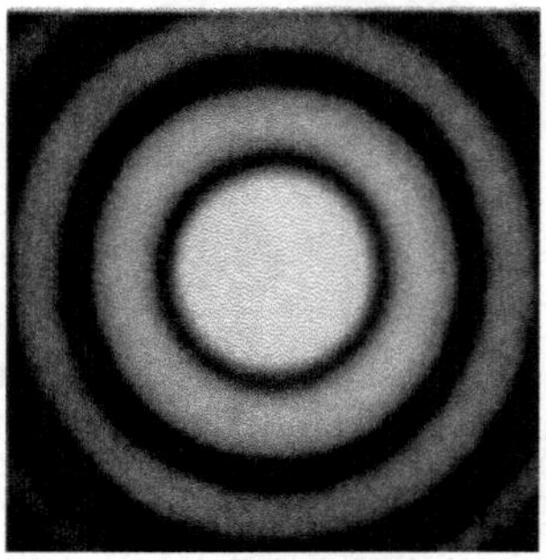

图6-30　艾里斑

是从中心轴线到该圆形极小上的任一点的角度。

(2) 光学仪器的分辨率

衍射现象的存在使得光学显微镜受到影响,那是因为光通过显微镜的时候,会发生衍射,衍射使得光波之间相互干扰,两个相邻的微小物体就很难区分开来,于是就会影响辨识微小物体的能力,即光学仪器的分辨率。那么两个物点靠近到什么程度,其像点无法分辨呢?

光学仪器通常是由一个或几个透镜组成的系统,这个系统可以用一个透镜代替而看成一个透光圆孔,其直径为透镜透光部分的直径。物体通过光学仪器成像时,由于光的衍射,像点是有一定大小的艾里斑,因此对于相距很近的两个物点,其对应的两个艾里斑就会相互重叠甚至无法分辨出两个物点的像,即由于光的衍射现象,使光学仪器的分辨能力受到了限制(图 6-31)。当两个物点刚好能被分辨的角距离叫做最小分辨角 θ_R,由于此时角度很小,可以用 θ_R 代替 $\sin\theta$,得到

$$\theta_R = 1.22\frac{\lambda}{d} \tag{6-9}$$

这一判定原则叫做**瑞利判据**。

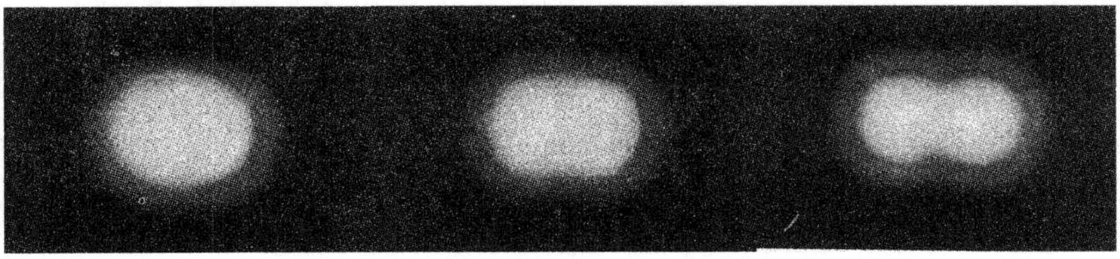

图 6-31 由左至右两个物点由相互重叠逐渐变为刚好能被分辨

光学仪器的最小分辨角的倒数叫做**分辨率**,根据最小分辨角的公式可知分辨率与波长成反比,与仪器的透光孔径成正比。在天文观察上,一般采用直径很大的透镜,可以提高望远镜的分辨率。近代物理指出,运动电子(如电子显微镜中的电子束)相应的波长,比可见光的波长要小三四个数量级。所以,电子显微镜的分辨率要比普通光学显微镜的分辨率大数千倍,其分辨距离约为 0.1nm 比常规显微镜的分辨距离 200nm 小得多。

(3) 人眼分辨能力与"点彩派"

人眼作为精密的光学系统,它的分辨率也可以由瑞利判据近似得到(图 6-32)。

在正常光照条件下,人眼瞳孔的直径约为 3.0mm,在可见光范围内,人眼最敏感的波长为 550nm,由瑞利判据的表达式可以得到人眼的最小分辨角为

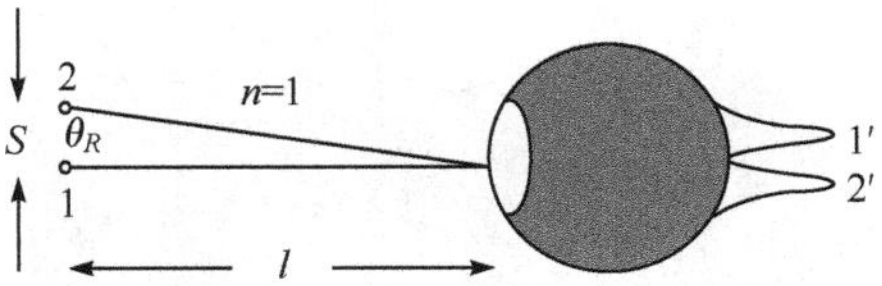

图 6-32 人眼分辨能力示意图

$$\theta_R = 1.22\frac{\lambda}{d} = \frac{1.22\times550\times10^{-9}}{3\times10^{-3}} = 2.2\times10^{-4}(\mathrm{rad})$$

大约为 $1'$。因此，对于正常人眼的明视距离(即 0.25m 处)来说，可分辨的最小距离为

$$S = 1\cdot\theta_R = 0.25\times2.2\times10^{-4} = 5.5\times10^{-5}(\mathrm{m}) = (0.055\mathrm{mm})$$

据此我们可以分析一下太空中的宇航员是否能看到地面上的长城，假设长城最宽10m，可以算出肉眼能够识别长城的最远距离大约是 45km。

例 6-2 对于可见光，平均波长为 $\lambda=550\mathrm{nm}$，试比较物镜直径为 5.0cm 的普通望远镜和直径为 6.0m 的反射式天文望远镜的分辨率。

解 已知 $d_1=5.0\mathrm{cm}=5\times10^{-2}\mathrm{m}$，$d_2=6.0\mathrm{m}$，由式(6-9)可得两个望远镜的最小分辨角分别为

$$\theta_{R1} = 1.22\frac{\lambda}{d_1} = 1.342\times10^{-5}\,\mathrm{rad}$$

$$\theta_{R2} = 1.22\frac{\lambda}{d_1} = 1.12\times10^{-7}\,\mathrm{rad}$$

由此可得

$$\frac{\Delta\theta_{R1}}{\Delta\theta_{R2}} = \frac{d_1}{d_2} \approx 120$$

由于分辨率等于光学仪器的最小分辨角的倒数，所以天文望远镜的分辨率约为普通望远镜的 120 倍，这说明可以通过增加物镜孔径的方法提高光学仪器的分辨率。

当瑞利判据与绘画艺术相遇，就产生了科学与艺术结合的典例。乔治·修拉是新印象主义(又称点彩派)的创始人，他创造出了独特的绘画手法，他主张用未经调和的原色绘画，绝对避免在调色板上混合颜色。他用细小的各原色色点来塑造形象，绘制画面，中间色留给观察者在自己眼中去调和。这也是“点彩派”名称的由来。这种用色点排列而成的画不能精细地刻画绘画对象的细节，但是各种颜色的并置，会因对比关系使画面显得更加明亮，产生出光的灿烂辉煌的效果。

图 6-33 “大碗岛上的星期日中午”

修拉的“大碗岛上的星期日中午”是其最高杰作(图 6-33)。当你离画面足够近时，相邻点之间的角距离比最小分辨角大，因而这些点能被一个个地看出来，它们的颜色是修拉用的原色。然而，当你站得离画面足够远时，角距离比最小分辨角小，因而各点不能被单独地看清楚。由此引起的从任何一组点进入你的眼睛的颜色混合可以使你的大脑对该群质点“制

造”一种颜色——一种在该群中实际上可能不存在的颜色。而此时你看到的不再只是色彩笔触的图案，而是显现出来的物体的形状，修拉利用你的视觉系统去创造出了令人惊叹的作品。

6.3.4 光的偏振

在讨论光的干涉和衍射的规律时，并没有追究光是横波还是纵波。因此，通过这两类现象无法判定光究竟是横波还是纵波。从17世纪末到19世纪初，在这漫长的一百多年间，相信波动说的人们都将光波与声波相比较，无形中已把光视为纵波了，惠更斯也是如此。相信光为横波的论点是杨于1817年提出的，1817年1月12日，杨在给阿喇果的信中根据光在晶体中传播产生的双折射现象推断光是横波。菲涅耳当时也已独立地领悟到了这一思想，并运用横波理论解释了偏振光的干涉。事实上，双折射现象是一种偏振现象，**光的偏振现象有力地证明了光是横波的论断**。

1. 自然光与偏振光

横波和纵波在某些方面的表现是截然不同的。我们先看一个机械波的例子。如图6-34所示，在机械波的传播路径上，放置一个狭缝。当狭缝与横波的振动方向平行时，横波便穿过狭缝继续向前传播；而当狭缝与横波的振动方向垂直时，由于振动受阻，就不能穿过缝继续向前传播。而纵波却都能穿过狭缝继续向前传播。

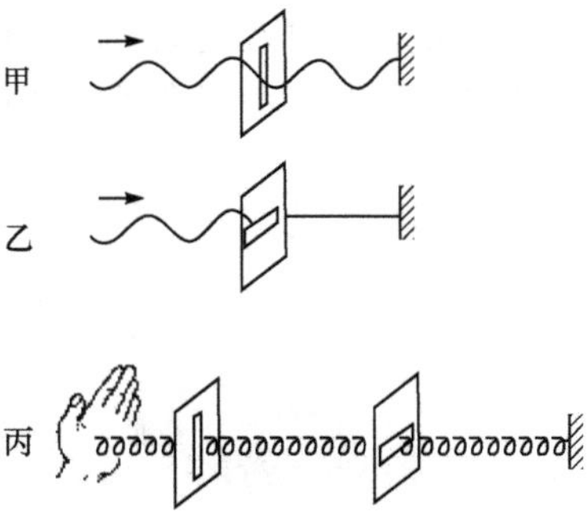

图6-34　机械波传播示意图

我们已经知道光波是横波，而普通光源发出的光中，包含着各个方向的光矢量，没有哪一个方向占优势，即在所有可能的方向上，光矢量 E 的振幅都相等。如图6-35(a)所示，这种无限多个振幅相等、振动方向任意、彼此之间没有固定相位关系的光振动的组合，叫做**自然光**。由于光是横波，自然光经反射、折射或吸收后，可能只保留某一方向的光振动。振动只在某一固定方向上的光，称为**线偏振光**(简称**偏振光**)。

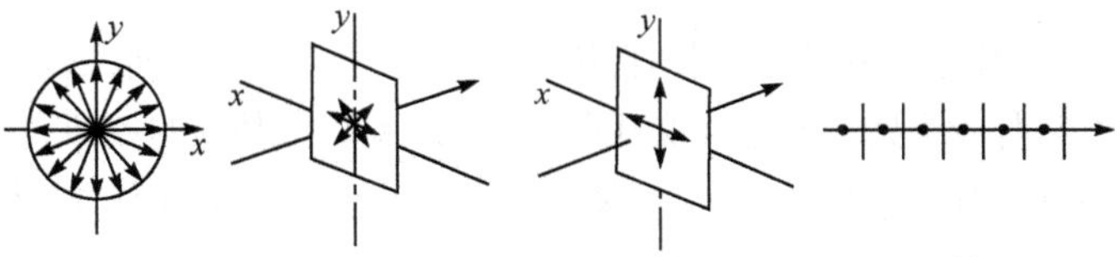

(a)　(b)　(c)

图6-35　自然光与偏振光示意图

由于自然光中各个光振动是相互独立的，常将自然光分解成图 6-35(b)所示的两个方向互相垂直、振幅相等、没有任何相位关系的线偏振光。为了简明地表示光的传播，常用和传播方向垂直的短线表示在纸面内振动的线偏振光，而用圆点表示在与纸面垂直方向上振动的线偏振光，如图 6-35(c)所示。对自然光来说，圆点和短线作等距分布，表示没有哪一个方向的光振动占优势，自然光是完全非偏振光。若某一方向的光振动比与之相垂直方向上的光振动占优势，那么这种光叫做**部分偏振光**。

一般光源(如太阳光、日光灯等)发出的光都是自然光。使自然光成为偏振光的方法通常有以下几种：利用反射和折射、利用二向色性、利用晶体的双折射、利用散射。

2. 如何消除偏振光

在拍摄表面光滑的物体，如玻璃器皿、水面、陈列橱柜、油漆表面、塑料表面等，常常会出现耀斑或反光，这光是由于光的偏振而引起的(图 6-36)。在拍摄时加用偏振镜，并适当地旋转偏振镜，能够阻挡这些偏振，借以消除或减弱这些光滑物体表面的反光或亮斑。

日常生活中人们佩戴的墨镜中也藏着光的偏振的知识。尤其是司机为了减小光滑物体反光或者阳光刺眼造成的行车危险，一般都会选择偏光墨镜。

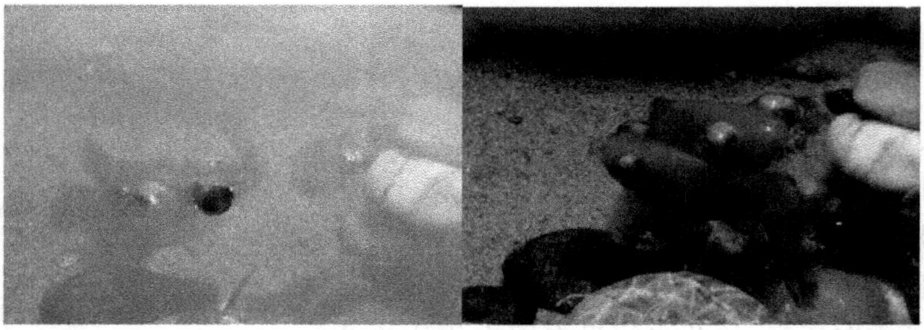

图 6-36　水的反光是光的偏振引起的，如果戴上偏光墨镜就会降低眩目的感觉，照相时利用偏振镜把水面偏振光消除，可以拍摄到清晰的水下金鱼

3. 偏振与 3D 电影

科幻巨片《阿凡达》引领了 3D 电影的热潮(图 6-37)，那么，你知道 3D 电影的原理到底是什么吗？D 是英文 Dimension(线度、维)的字头，3D 是指三维空间，国际上是以 3D 电影来表示立体电影，它最常用的制作方法就是利用光的偏振现象。

3D 电影的基本原理是怎样的呢？人的视觉之所以能分辨远近，是靠两只眼睛的视差。人的两眼分开约5厘米，两只眼睛除了瞄准正前方以外，看任何一样东西，两眼的角度都不会相同，这样在视网膜上形成的像也并不完全相同。虽然视差很小，但经视网膜传到大脑里，大脑就用这微小的差距，产生远近的深度，从而产生立体感。一只眼睛虽然能看到物体，但对物体远近的距离却不易分辨。根据这一原理，如果把同一物体，用两只眼睛的视差制造出两个影像，然后让两只眼睛各自看到自己一边的影像，透过视网膜就可以使大脑产生景深的立体感了。各式各样的立体演示技术，也多是运用这一原理，我们称其为“偏光原理”(图6-38)。

图6-37 3D电影《阿凡达》

图6-38 3D电影放映基本原理示意图

偏振放映技术目前在3D电影院中较为常见，其中较为广泛采用的是线偏振技术，即观众需要配戴偏光眼镜来观看电影。电影院放映3D电影时，通过两个放映机，把两个摄影机拍下的两组胶片同步放映，使这略有差别的两幅图像重叠在银幕上。这时如果用眼睛直接观看，看到的画面是重影模糊不清的，要看到立体电影，就要在每架电影机前装一块偏振片。从两架放映机射出的光，通过偏振片后，就成了偏振光。左右两架放映机前的偏振片的偏振化方向互相垂直，因而产生的两束偏振光的偏振方向也互相垂直。

这两束偏振光投射到银幕上再反射到观众处，偏振光方向不改变，如图6-38所示，图中浅灰色和深灰色箭头表示出射光对应的偏振方向是互相垂直的，分别只能通过偏振眼镜的左镜片和右镜片。当观众带上偏振眼镜后，左右两片偏振镜的偏振轴互相垂直并与放映镜头前的偏振轴一致，所以每只眼睛只看到相应的偏振光图像，即左眼只能看到左机映出的画面，右眼只能看到右机映出的画面，通过双眼汇聚功能将左、右像叠和在视网膜上，由大脑神经产生三维立体的视觉效果，展现出一幅幅连贯的立体画面，使观众产生强烈的身临其境的感觉。

6.4 色 彩

我们生活的世界五彩缤纷，人们的衣食住行中充满丰富的色彩，穿的是各种颜色的衣服，吃不同颜色的瓜果蔬菜，住在装饰风格各异的房子里，然而色彩是什么？它属于物体本身吗？

6.4.1　牛顿三棱镜分光实验

人们能够正确认识色彩，牛顿对太阳光进行的三棱镜分光实验功不可没。1665年，牛顿进行太阳光的实验，它把太阳光分解成简单的组成部分，这些成分就如同彩虹呈现出美丽的色彩，形成一个颜色按一定顺序排列的光分布——**光谱**。它使人们第一次接触到光的客观的和定量的特征，各单色光在空间上的分离是由光的本性决定的，而且这个现象也说明了光的色散(图6-39)。

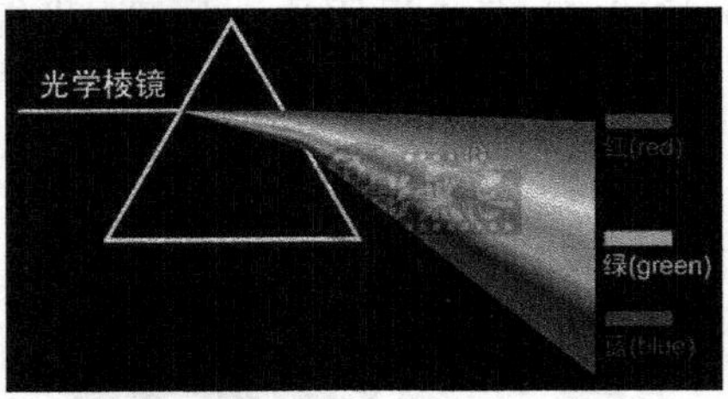

图6-39　白光通过三棱镜会发生色散，红光偏折的角度比波长较短的蓝光偏折的角度小

牛顿还发现把曲率半径很大的凸透镜放在光学平玻璃板上，当用白光照射时，则见透镜与玻璃平板接触处出现一组彩色的同心环状条纹；当用某一单色光照射时，则出现一组明暗相间的同心环条纹，后人把这种现象称牛顿环。借助这种现象可以用第一暗环的空气隙的厚度来定量地表征相应的单色光。

牛顿通过实验指出：白色光实际上是所有色彩的组合。

6.4.2　色彩与光的吸收、反射

我们现在都知道当白光通过一个透明的三棱镜的时候，白光会被分解成不同的颜色，然而在牛顿之前，科学家们认为是三棱镜赋予了光线色彩。经过漫长的探索，科学家发现人们能否看到色彩取决于观察者的大脑和光的物理作用。

研究发现**物体之所以看上去有颜色，是因为它们反射一定波段的光，吸收剩余波段的光。白色物体能够反射所有的波长，而黑色物体吸收所有的波长。**人类的视觉系统分辨出这些波长来，就组成了我们眼中绚丽多彩世界的颜色。

与美术颜料的三原色不同的是，光学的**三基色**是红、绿和蓝。电视图像的每一个点都是由红、绿、蓝三种光按照合适比例组成的。比如，如果是红旗，红色就要打得很强，绿色和蓝色光关闭；黄色的五星则需要同等强度的红光和绿光混合获得。如果用纯红色的光去照射绿色的物体，你会勉强看到绿色的物体看上去是黑色的。这是因为绿色的物体吸收绿色之外的所有波段的光，所以大量吸收了红光。但是，在白光光源或者太阳光的照耀下，绚丽的颜色就会出现。所以，不难理解为什么有时买的衣服拿回家穿上时会发现颜色有出入了，因为商店的灯光与太阳光或者家

中灯光的三基色配比有差异。

6.4.3 色彩与光的散射

光是大自然的魔术师，天空的颜色为何变幻？落日为何是红色？云为什么是白色的？这些都与光的散射现象分不开。

当光束通过光学性质均匀的介质(例如玻璃或清水)时，如果在光束的侧向进行观察，几乎看不见光。但是光束通过光学性质不均匀的介质时，则从各个方向都可以看到光，这种现象称为**光的散射**。正如前面提到的，如果看到光，一定是有物体将其反射到你的眼睛里。如果我们能够从侧面清晰地看到穿过窗户射入室内的光束轨迹，一定是太阳光被空气中的浮尘所散射造成的结果。

光的散射可以在含有明显颗粒的混浊介质中发生(比如阳光在房间散射的例子)，称为**廷德尔散射**。所以有经验的司机在大雾的天气一定不会开远光灯，因为那样散射回来的光会使司机眼前一片白茫茫。

介质中任何微小的光学不均匀性都可以使光发生散射(比如晴朗天空中大气分子的散射使得天空呈现出蓝色)，称为**分子散射**。分子散射符合**瑞利散射定律**，即发生瑞利散射的散射光频率与入射光相同，且散射光的强度与波长的四次方成反比。不过**瑞利散射使用的条件**是：散射颗粒的线度比光的波长小的时候成立，若散射微粒的线度超过波长，散射光强对波长的依赖关系就不明显了。

如果微粒的半径与光波长相比不算小或者大于光波长，它引起的光散射就属于**米氏散射**。米氏散射指出较大微粒的散射取决于微粒线度与波长的比值。如果空气中有足够大的颗粒，它们将决定散射的情况。米氏散射理论在大气光学中占重要地位，它是人工降雨的理论基础。

根据以上散射规律，我们不难理解为何晴朗的天气里，天空大多是蔚蓝的(图 6-40)。这是由于太阳光穿过大气层时，会受到大气分子散射，此时大气中的尘埃杂质微粒较少，颗粒线度较小，大气透明度大大提高，此时瑞利散射的作用更明显，其中波长较短的蓝光比波长较长的红光散射强烈，于是散射光中波长较短的蓝光占优势，天空就呈现蔚蓝色。而宇航员在太空中之所以只能看到光彩夺目的太阳悬挂在漆黑的天空中，就是因为太空中没有大气，太阳光得不到大气分子的散射的缘故。

朝阳和夕阳(图 6-41)之所以是红色，这是因为此时太阳光几乎平行于地平面，穿过的大气层最厚，散射效应显著，太阳光中的短波部分几乎都向侧向散射，于是仅剩下波长较长的红光部分能够到达地面。中午时太阳穿过的大气层最薄，散射效应不明显，所以太阳呈白色。

图 6-40　蓝天与白云

图 6-41　夕阳下的古城墙

那么云雾为什么呈现白色呢？因为云是由大量的水滴组成的，水滴的半径与可见光波长相比不算小，它们引起的散射不属于瑞利散射，而属于米氏散射。因此水滴产生的散射与波长的关系不大，没有哪个波长的光优先被散射，所以呈现白色。

我们居住的环境中，空气中的污染物通常是悬浮的微粒，它们的直径从0.01mm到1mm不等。利用米氏散射理论可以解释城市天空的景象。微粒越大，散射越多，散射的效果取决于波长。散射不仅在光谱的蓝色区域强烈，而且在绿到黄色部分也很强，所以穿过了较多受过污染的空气层的太阳光强度会被大大削弱，同时看上去红一些，因为它已经失去了它的蓝、黄和绿色成分。那么，受污染的天空本身的颜色如何呢？悬浮在空中的污染物经过较长时间会聚集成层，较大的微粒在地面附近形成了较浓密层。当太阳光穿透这层时，会逐渐褪色，呈现出橘红色。散射的光失去了大量波长较短的光波，结果主要是红光得以穿透，使天空呈现暗红色。污染物微粒就这样通过天空颜色的微妙变化显示了它们的存在。焰火表演就是局部污染与微妙变化的产物。

值得一提的是与我们生活息息相关的交通信号灯，虽然交通信号灯在科学化、自动化上不断地更新、发展和完善，实现了现代化的电子定时监控，组成交通灯的颜色却仍保持红黄绿三色。这是因为在可见光区域红光的波长最长，散射较弱，通过空气的穿透能力强（在薄雾天气时优势更明显），比其他颜色的信号更引人注意，所以作为禁止通行的信号；黄色光的波长较长，穿透空气的能力较强，所以作为警告的信号；采用绿色作为通行信号，是因为红色和绿色的区别最大，易于分辨，其显示距离也较远，人眼对其也比较敏感。因为相同的道理，信号旗和信号灯常采用红色，由于红外线的穿透力比红色的可见光更强，因而更适用于远距离照相或遥感技术。

第 6 章习题

1. 有人认为自行车的尾灯仅仅是一个装饰品，你是如何认为的？自行车的尾灯里面没有灯泡也没有电源，夜间被后方的汽车灯光照到时，为何会发光？尾灯的外壳多由红色塑料制成，为何选用红色而不是蓝色？尾灯外壳的外面是平的，内部却是一个个突起的角锥体，为何制作成这种形状？
2. 请根据图中光线的聚焦位置，区分哪个是近视眼、远视眼，并选择恰当的透镜，将光线聚焦到视网膜上。

题 6-1 图　自行车尾灯

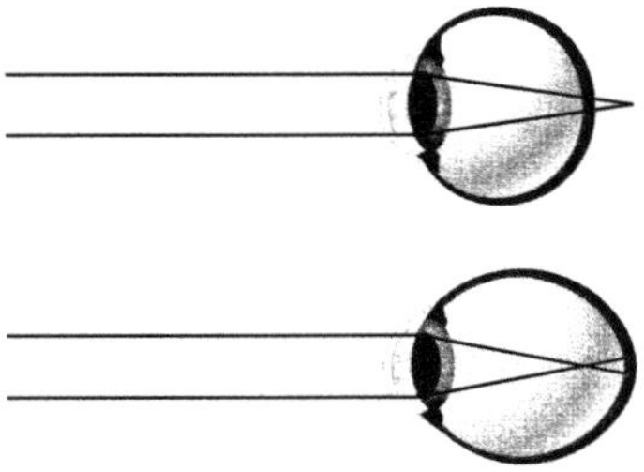

题 6-2 图　不同形状的眼球对光线的不同会聚效果

3. 试分析琥珀中的昆虫实际位置与我们看到的位置是否有差异？
4. 在杨氏双缝实验中，如果使图 6-23 中的 d 逐渐增大或者使 L 逐渐减小时，屏幕上的干涉条纹分别将如何变化？如果把 S_1 或 S_2 遮住，屏上 O 点处的光强将如何变化？
5. 在杨氏双缝实验中，如果将波长为 532nm(绿色)的半导体激光换成波长为 632.8nm(红色)的氦氖激光，屏上的条纹将如何变化？
6. 用白光垂直照射到两个相距为 0.5mm 的双缝上，已知缝与屏幕的距离为 1.00m，试求第一级彩色条纹中，红色条纹(波长为 760.0nm)和紫色条纹(波长为 400.0nm)间的距离？

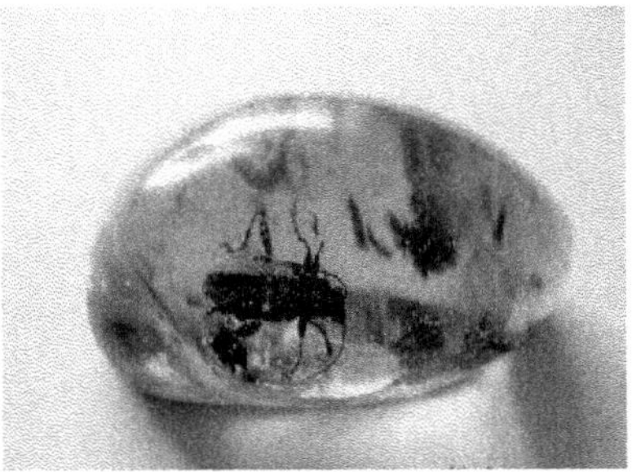

题 6-3 图　琥珀中的昆虫

7. 用白光照射空气中的肥皂水薄膜，随着泡膜的厚度变薄，膜上会出现颜色，当膜快要破裂的时候，从反射方向上看膜是暗的，为什么？
8. 在迎面驶来的汽车上，两盏前灯相距 1.2m，请问汽车与人的距离多远时，人眼恰可以分辨这两盏灯？设夜间人眼瞳孔直径为 5mm，入射光波长 500.0nm，且只考虑人眼圆型瞳孔的衍射效应。
9. 哈勃太空望远镜的主透镜直径为 2.4m，是目前太空中最大的望远镜；正在制造的韦伯太空望远镜主透镜为 6.5m，预计它将于 2015 年取代哈勃太空望远镜，试分析韦伯望远镜与哈勃望远镜相比，其分辨本领可以提高多少倍？这两个太空望远镜都可在红外频率下工作，请分别计算它们对波长为800nm的红光的最小分辨角。

10. 什么是偏振现象？为什么偏振现象能说明光是横波？
11. 光的振动方向指的是什么？自然光、完全偏振光、部分偏振光有何不同？
12. 请问光学三基色与美术三原色的差别是什么？利用光或颜料获得各种颜色的方法有何不同？试用红色灯光、绿色灯光和蓝色灯光照射不同颜色物体，看其与白色灯光下的物体颜色有何不同，并解释此现象的产生原因。

第7章 量子物理学

到19世纪末期，经典物理学大厦已经高高耸立在世人面前，大家在前几章中已经看到了它宏伟的身影。以牛顿为代表的伟大物理学家建立起来的牛顿力学体系已经非常完整，从天上的行星到地上的万物都遵循它的规律。在克劳修斯、麦克斯韦、玻尔兹曼等天才的努力下，分子运动论和统计热力学也成功地建立起来了，并直接推动了17世纪末以蒸汽机为代表的第一次工业革命。随后，法拉第、麦克斯韦等物理学家建立了电磁理论，并使工业向电气化发展，产生了第二次工业革命(电气革命)。经典力学、热学、电磁学(光属于电磁波)的理论彼此相符而相互包容，像三根牢固的支柱支撑着经典物理学的大厦。以我们当时对世界的观察能力来看，一切物理现象，包括力、热、光、电、磁等都在它的控制之中。它看上去如此坚固而完美，以致于当时的物理学家们几乎都相信物理学的发展已经达到极致，宇宙万物必然按照由精美的数学方程所表达的物理学定律永远运动下去。在刚刚跨入20世纪的第一天，英国著名的物理学家开尔文爵士(时任英国皇家学会会长)在《元旦献词》中很骄傲地将当时弥漫于整个物理学界的这种观点，即物理学的理论已经很完美，进行了总结："在已经建成的大厦中，后辈物理学家只能做一些零碎的修补工作。"

然而，人类对事物的认知总是在不断发展不断增多的。随着新的实验现象、新的理论诞生，人们对原先认识的事物(物质)会有新的认知，对原先未认识未发现的事物(物质)会了解并掌握其规律。

量子论就是人类认知过程中的一大里程碑。自20世纪初量子论创立至今已超过100年，它与相对论一起成为现代物理的两大支柱。它的诞生，不仅使得物理学得到跨越式的发展，给人类提供了有力的工具去揭示微观世界的基本规律，进一步认识了自然界，还甚至改变了整个物理世界的基本思想，在自然哲学观上带给了我们前所未有的冲击和震动。今天，我们的现代文明几乎没有哪个领域不与量子论息息相关。这一章就让我们对量子论一窥究竟。

我们先来看看量子力学给我们带来的奇妙之处吧。光学显微镜大家不陌生，但是最好的光学显微镜也不可能看到10^{-10}m直径的原子，因为从本书6.3.3节的内容可知，作为显微镜光源的可见光波长太长了，分辨率不够高。那么要观察更微小的物体，怎么办呢？根据分辨率的公式，可以加大光学元件的直径。或者是利用波长更短的波作为光源。但是从哪里找到更短的波长呢？

量子力学替我们解决了这个问题。1932 年，一台神奇的显微镜出现了，它就是透射电子显微镜（TEM）。时至今日，我们利用它已经真切地看到了物质的微观结构。在透射电子显微镜中，替代光作为"光源"的是电子，在我们的概念中，电子是微观粒子，它怎么像光一样有波长呢？电子具有波动性吗？量子力学告诉我们说：是的。除了电子显微镜以外，扫描隧道显微镜（STM）也是依据量子力学原理制成的，更奇妙的是它不但可以使我们观察到原子，还可以实现对原子的搬运，成为可直接指挥原子"行动"的仪器。图 7-1 就是 IBM 公司采用 STM 对原子进行"搬运"后得到的图片。

图 7-1　1990 年，美国加州的 IBM 研究室 D. M. Eigler 等利用 STM 在 4K 和超真空环境中，在 Ni 的表面上将 35 个氙原子排布成最小的 IBM 商标。这张放大了的照片登在《时代》周刊上，被称为当年最了不起的公司广告

量子力学带给我们的神奇礼物还有激光。激光是 20 世纪以来，继原子能、计算机、半导体之后，人类的又一重大发明，而激光正是根据量子力学理论的推导和预测而产生的。激光具有良好的单色性、方向性、相干性等特点，各种科学和技术领域应用激光形成了一系列新的交叉学科和应用技术领域，它在我们日常生活中的应用也比比皆是。有了激光，我们才有 DVD，才有光通信，才有激光切割、激光焊接、激光打孔、激光美容等等，激光已经成为人类现代生活的重要组成部分！甚至可以说是我们所处的信息时代的心脏！

如果你觉得对电子显微镜与激光还是有些陌生（毕竟不容易接触到电子显微镜，对激光虽然天天在享受它带来的好处，但是也是不知道它到底在哪里，怎么工作的），那么太阳能电池则应该是你常见到的，用太阳能供电的计算器、摇头晃脑的小玩具等也许就摆在你的面前，而它的实质就是量子力学中的光电效应。这些例子只不过是量子力学众多贡献中的几个，可以说尽管量子理论的一些基本思想至今仍不为大众所知，但它距我们的生活并不遥远。量子力学并非高不可攀，让我们揭开量子力学的面纱看一看吧。

7.1　量子力学的诞生

开尔文爵士毕竟是知识广博而见识卓越的物理学家，在元旦献词中除了陶醉于已有的物理成就中，他还敏锐地发现："动力学理论断言，热和光都是运动的方式，但现在有两朵乌云遮蔽了理论的优美和明晰……"，这两朵著名的"乌云"指的就是迈克耳孙-莫雷实验和黑体辐射实验。当时，沉浸在迎接新世纪曙光中的人们大概没有想到，这两朵乌云竟发展成了狂风暴雨，差点将经典物理大厦掀翻。第一朵乌云导致了相对论的建立，第二朵乌云则促进了量子论的形成，而这正是现代物理的两大支柱。

7.1.1　黑体辐射——经典物理灾难的来临

我们周围的一切物体都会与外界进行双向的能量交换。一方面，由于构成物体的原子、分子不停地振动，使得它不断地向外辐射电磁波，这种辐射和物体的温度有关，称为热辐射。在室温时，热辐射的主要成分是波长较长的电磁波，是不会被我们的眼睛所察觉的。当温度升高时，热辐射中的短波成分越来越强，例如铁块加热时，会依次呈现出暗红、赤红、橘红等颜色，这正是铁块向外辐射能量的一种典型表现，也说明辐射强度按波长的分布情况随物体的温度而有所不同。

另一方面，物体在任何温度下都会接收到外来的电磁波，并将其中一部分反射回外界，其余部分则被物体所吸收。大家都知道一个物体之所以看上去是白色的，是因为它几乎反射所有频率的光波；反之如果看上去是黑色的，那是因为它吸收电磁波的能力强，而反射电磁波的能力弱。

这就是说，物体在任何时候都同时进行着辐射和吸收电磁波的过程。

1. 黑体与黑体辐射

我们在第 1 章中提到，当年因为冶炼钢铁的需要，很多科学家们都从事电磁波辐射研究。根据物理学的研究方法，为了研究辐射，需要建立模型(建模)，辐射研究中建立的一个模型就是"黑体"，黑体是能在任何温度下全部吸收辐射到其上的电磁波的物体。举个例子来看，一个开有小孔的空腔可近似视为黑体，如图 7-2 所示。因为一旦光波通过小孔射入空腔后，就很难再通过小孔反射出来，这个小孔看上去就是绝对黑色的(对所有的波长的光都吸收)。黑体是一种理想的概念。

在这里，我们最关心的是黑体辐射的规律。利用分光技术和热电偶等设备，可以得到相当精确的黑体热辐射分布曲线，如图 7-3 所示。黑体辐射能量密度ρ_λ与波长λ及黑体的温度T有关。看着这个简单的实验曲线，谁会想到它将会掀起一场大风浪并将开始物理学的一个新纪元呢？

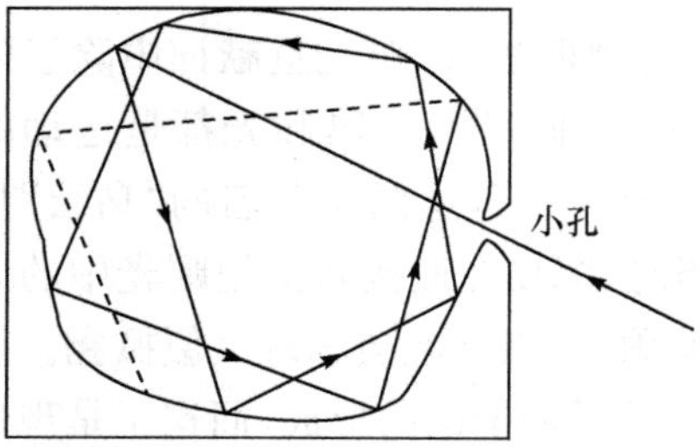

图 7-2　绝对黑体模型

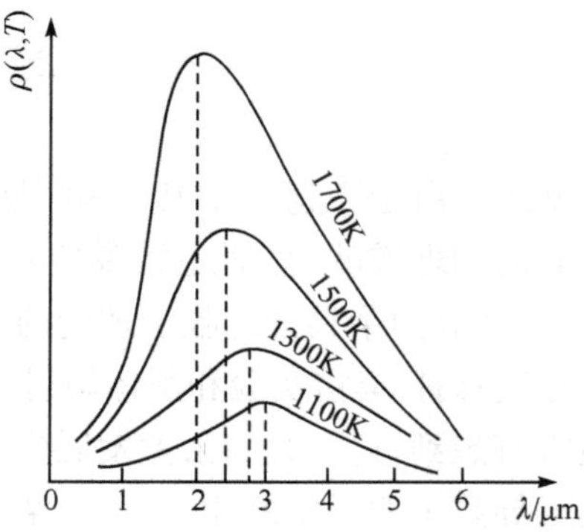

图 7-3　黑体辐射的实验规律

2. *经典解释——艰难的探索*

对于新发现的现象和规律，物理学家自然首先想到的是用已有的知识来解释和讨论。那么，怎样解释黑体辐射的实验规律呢？大家知道，物体中存在着不停运动的带电微粒，按照当时物理学的认知，每个带电微粒的振动都产生变化的磁场，从而产生电磁辐射。于是，人们很自然地要依据热学和电磁学的知识寻找黑体辐射的理论解释。只是大家没有想到的是，向来所向披靡的经典理论竟然在这里遭遇到了难以逾越的第一座大山。人们进行了各种努力，提出了许多的假设，其中最为著名的是维恩和瑞利-金斯公式。

(1) 维恩(W. Wien，1864～1928)公式(1893 年)

维恩从经典热力学的思想出发，假设黑体辐射是由振动的分子发射出来的，而这些分子在向外辐射能量的同时自身的能量也会不断的连续的降低。请大家牢牢记住“连续”这个词，这是经典物理的基础——物理量是连续变化的。以此为前提，维恩根据物理知识，经过精密的推算，提出了黑体辐射能量分布公式

$$\rho_\lambda = C_1 \lambda^{-5} e^{\frac{C_2}{\lambda T}} \tag{7-1}$$

式中 λ 是波长，T 是绝对温度，C_1 和 C_2 是常数。这就是著名的维恩分布公式。这个公式在短波区域与实验规律基本是吻合的，但在长波方面，实验曲线与维恩公式出现了较大的偏差，如图 7-4 所示。

(2) 瑞利-金斯(Rayleigh-Jeans)公式(1900～1905 年)

尽管维恩公式在长波区域与实验曲线不符，但人们并没有放弃希望。瑞利和金斯将统计物理学中的能量均分定理应用到电磁辐射上，得到了下面的公式：

$$\rho_\lambda = 2\pi hc^2 \lambda^{-5} \frac{1}{e^{\frac{hc}{k\lambda T}} - 1} \tag{7-2}$$

式中 c 是光速，k 是玻尔兹曼常量，h 是一个新引入的常量，后来称为普朗克常量。

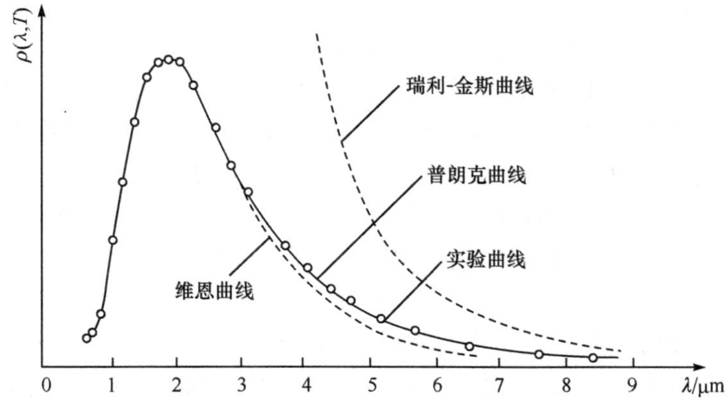

图 7-4　维恩公式和瑞利-金斯公式与实验曲线的比较

如图 7-4 所示，这个公式在长波区域与实验数据符合得很好。但遗憾的是，其在短波方面的失败却是显而易见的，当波长减小（紫外区）时辐射会急剧增加，当 λ 趋于 0 时，由公式得到的辐射能量也趋于无穷大。也就是说，黑体在短波区域会放出几乎无穷多的能量。果真如此，那就麻烦了。太阳就是一个辐射体，满足黑体的辐射规律，在短波的辐射能量巨大，用多少防晒霜防晒也是不行的，地球上将不可能有人类生存。这个荒谬的结果，在物理学史上被称为“紫外灾难”。

3. 能量子——普朗克量子论的亮相

这时一位重要人物出场了，这就是德国物理学家普朗克（M. Planck，1858～1947）。由于当时经典物理理论体系已经成熟，普朗克的导师劝他不要浪费他的天才在这个高度成熟的体系中了，幸好普朗克没有听从劝阻，否则这好心的劝阻真的就浪费了一个天才，量子力学的发现和发展也会慢上若干年。

为了通过理论推导得到同实验相符的黑体辐射公式，普朗克多方尝试无果。于是他决定利用他的数学基础特别好的优势，先得到一个可以满足实验规律的经验公式。在 1900 年，普朗克发表了他利用数学的内插法得出的公式

$$\rho_v=\frac{2\pi}{c^3}-\frac{h\nu^3}{e^{\frac{h\nu}{kT}}-1} \tag{7-3}$$

这就是普朗克公式。很妙的是，它在长波时可转化为瑞利-金斯公式，而在短波方面又表现的与维恩公式相同。

普朗克的公式对黑体辐射的各个波段的解释取得了彻底的成功。普朗克在惊喜之余也清醒地意识到这绝不会是巧合，一定有某种普适理论的支持，他决心要挖掘出这个背后的秘密。作为一个传统的物理学家，普朗克也不免试图在经典物理

的框架内解决问题。但是，经过两个月的研究，普朗克在种种尝试不断失败后发现，微观世界的某些规律，在宏观世界看来可能非常奇怪。

1900 年 12 月 14 日，普朗克终于突破心中的束缚与纠结，提出了当时看来是离经叛道的甚至是大逆不道的惊天假设：黑体辐射的分子、原子可看作谐振子，但这些谐振子的能量只能是某一能量值 ε 的整数倍。例如，可能是 $\varepsilon, 2\varepsilon, 3\varepsilon, \cdots, n\varepsilon$，$n$ 为正整数，称为量子数。当谐振子吸收或辐射能量时，也是以 ε 为单位一份一份地辐射和吸收的。这个不可再分的最小能量值 ε 称为能量子

$$\varepsilon = h\nu \tag{7-4}$$

式中 ν 是电磁波的频率，h 是普朗克常量，其值为 $h=6.626\times10^{-34}\,\mathrm{J\cdot s}$。

这个观点与有史以来一切物理学家的观念截然不同。人们习惯了经典物理过程的连续性，从来没有怀疑过。例如一个宏观的弹簧振子，把小球推离平衡位置后开始振动，能量为 E，把它推的远一点，它振动的能量会稍多一些，可能是 $1.4E$ 或 $1.45E$，等等。弹簧振子的能量不一定是某个最小值的整数倍。在弹簧振子的弹性范围内，我们可以把小球推到任何位置，它的能量也可以是任何值，能量值是连续的。但是普朗克的假设则认为微观粒子的能量是量子化的，是不连续的。这个假设引发了一场大地震，如果是这样，则经典物理学赖以生存的基础就动摇了，完美的经典物理大厦就可能倾覆甚至倒塌。

根据这个假设，普朗克推导出了自己提出的那个通过数学插值法而得到的黑体辐射能量按波长分布的公式。普朗克对这个完美的结果感到兴奋之余，更多的是对最后导出的能量不连续性感到吃惊。在以后几十年的时间里，普朗克一直努力，试图将它重新拉回到经典物理的框架中，但是失败了。因为他的假设是正确的，物理学后来的发展表明，普朗克在 1900 年把能量子引入物理学，正确地破除了“能量连续变化”的传统观念，成为新物理思想的基石之一。因此，请记住这个日子，1900 年 12 月 14 日，量子力学在这一日诞生，并开始了物理学的新纪元。

在科学发展的历程中，一种新的思想，要让人们接受，也包括让最早萌生这种思想的人自己完全接受，需要时间和更多的人对这个新的思想进行深入的解析，而对于量子力学来说，这个人就是赫赫有名的爱因斯坦和他的光量子论。

7.2　光的波粒二象性

7.2.1　光的波粒二象性——量子论的再证实

第 6 章介绍了自古以来人们对于光的思考和研究。微粒说与波动说之间的三次战争，最终以戏剧性的结果收场，光既有波动性也有粒子性，两个对头最终握手言和，它们其实是矛盾的两个方面，既对立又统一。在微粒说与波动说的的第三次战争中，光电效应起到了重要作用。在二者讲和的过程中，有个重要的调解人，就是爱因斯坦。

1. 光电效应

我们先来看看所谓的光电效应究竟是怎么一回事，看看它是怎样将光的性质之争又一次摆在人们面前的。1887 年，赫兹（H. Hertz，1857～1894）在接收器上发现了电火花的存在，证实了电磁波的存在，但他同时也发现，一旦有光照射到接收电路的间隙处时就更容易产生电火花，这就是最早的光电效应，但当时对原理并不清楚。直到 1896 年汤姆孙（J. J. Thomson，1856～1940）发现了电子，才认识到这个现象的本质：光照射到金属表面，使金属中的电子从表面逸出，这个现象称为光电效应，这个过程中产生的电子被称为光电子。

(1) 光电效应的现象

尽管当时光电效应的实验比较原始，但这种现象的基本性质还是可以清晰地呈现在我们的面前：①对于某种特定的金属来说，光能否使它表面的电子逃离出来，只与光的频率有关。只有当频率大于某一特定值时，才有可能发射光电子，我们称这个频率为临界频率。如果光的频率低于这个值，则不论光强度多大，照射时间多长，都没有光电子产生。②光电子的能量与光的频率有关，频率大的光打出的光电子的能量就越大。③光的强度只影响光电子的数目，光的强度增大，光电子的数目就增多。④光电效应具有瞬时性，当频率超过临界频率时，无论入射光怎样微弱，只要照到金属立即就会产生光电子。总而言之，对于特定的金属，能不能打出电子，由光的频率说了算，而打出多少电子，则由光的强度说了算。

(2) 经典物理的困难

正在欢庆光的波动性胜利的科学家们发现，他们居然这么快就又一次陷入困境之中，因为经典物理中的光的波动说无法解释光电效应。

我们知道电子一般是被束缚在金属中而不会大量从表面逸出的，这表明电子受到了来自金属的力，阻碍它的逃逸。电子要从金属中挣脱出来，必须克服这种阻碍做功。使电子脱离某种金属所做功的最小值，叫做逸出功，用 W_0 表示。

按照光的波动说，光是一种波，其能量是由波的强度决定的。那么，既然金属中的电子是因为光的照射才逸出的，则电子一定是从入射光中吸收了能量。如此一来，我们很容易想到：如果电子没有逸出，应该是因为外部给予的能量不够。那么只要增加光波的强度，那便是增加它的能量，超过逸出功，电子就一定会逸出了吧（逸出的电子叫做光电子）？而超过逸出功的那部分能量就变成逸出的光电子的能量了吧？可事实并非如此，光电子的产生和能量竟都与光的频率有关而不是光强。

如果再研究一下光电效应的瞬时性，光的波动说的缺陷就更加明显了。因为按照经典理论，金属中的电子从入射光波中吸收能量，而自身能量的增加是一个持续的过程。只有当电子的能量积累到一定程度（至少等于逸出功），才能逸出金属表面，显然入射光越弱，能量积累所需的时间就越长。但事实是，只要入射光的频率大于临界频率，不论光怎样弱，光电子几乎是立刻发射出来的。

经典理论所遭遇的困难呼唤着新的理论，光的本质也需重新考虑。要解决这个困境，没有最天才和敏锐的思想，没有创新精神，恐怕是无法完成的。不过幸运的是，物理学史上从来就不缺乏天才，也不缺乏创新。科学史上最天才而大胆的人之一，爱因斯坦(A. Einstein，1879～1955)恰逢其时地生活在那个生机勃勃的时代，给出光电效应完美的解释，使得光的微粒说与波动说握手言和，二者完美地结合在一起，推动了光学和物理学的发展。

2. 爱因斯坦的光子理论

1879年，爱因斯坦出生在德国乌尔姆市。孩童时的他很沉静，常常独自一人消磨时光。他语言发展有些迟缓，在阅读方面也有困难。但是，他对事物的原理却特别感兴趣，经常提出许多问题。在任工程师的叔父等人的影响下，他很小的时候就受到了科学的熏陶和启蒙。成年后，爱因斯坦就读于苏黎世联邦工学院，并以优异的成绩毕业。毕业后两年才在一家专利局找到了一个职位，工作的薪水不高，且不是他所喜欢的物理。但是生活的不如意并没有改变他对物理学的兴趣。他利用业余时间开展科学研究，在物理学三个不同领域中取得了历史性成就，其中一个是在分子动理论方面的贡献，当年他以《分子大小的新测定法》提交给苏黎世大学，并取得博士学位；另外一个就是我们马上要讲到的在光电效应方面的贡献，他提出的光子说，推动了量子力学的发展和建立；还有一个就是我们下一章要讲到的相对论。相对论的建立和量子论的提出，促进了物理学得发展，推动了物理学的革命。

爱因斯坦阅读了普朗克的那些早已被大部分权威和普朗克本人冷落的论文，掌握了其中的物理思想，凭着敏锐的直觉想到：或许对于光来说，量子化也是一种必然的选择。

在1905年发表的《关于光的产生和转化的一个启发性观点》一文中，爱因斯坦将普朗克创立的量子论大大推进了一步。他认为电磁波不仅在吸收和辐射时才显示出不连续性，而且他进一步提出假设：电磁辐射本身就是量子化的，光能量也是量子化的，光具有粒子性。想象光是一束以光速 c 运动的粒子流，这些粒子称为光量子，即光子，而每一光子的能量为 $\varepsilon=h\nu$，即不同频率的光子具有不同的能量。这就是爱因斯坦的光子论。

“光量子”理论的出现无异于石破天惊，对早已成为定论的光的波动理论提出了有力挑战，揭示了微观世界的基本特征：波动-粒子二象性。

按照爱因斯坦的理论，在光电效应中，金属中的电子吸收的是光子的能量。据此，就可以解释电子的怪癖：电子对光子能量的吸收是要么全盘接受，要么全盘否定的两个极端。如果光子能量 $h\nu$ 大于电子从金属表面逸出时所需的逸出功，则该光子会被吸收，多出来的部分就是逸出后电子的初动能 $E_k=\frac{1}{2}mv^2$，即

$$h\nu=E_k+W_0 \tag{7-5}$$

上式称为爱因斯坦光电效应方程。

有了爱因斯坦的光子理论，光电效应的解释就顺理成章了。我们来看看它的解释：首先，爱因斯坦方程告诉我们，要使光电子产生，单个光子的能量 $h\nu$ 至少要等于 $W_0(h\nu=W_0)$ 时才有光电子逸出，那么 $\nu_c=\frac{W_0}{h}$ 就是光电效应的临界频率。其次，频率高的光线包含的光子的能量也大，它们就能激发出动能 E_k 大的电子，这与光的强弱无关。再者，光较强时（即光在单位面积单位时间的总能较大），包含的光子数较多，此刻激发出的光电子数也会增加。最后，电子吸收光子的能量是瞬时完成的，光电子产生自然也是瞬时的。

例 7-1　铯的逸出功为 1.9eV，试求：(1) 铯的光电效应阈频率及阈值波长；(2) 如果要得到能量为 1.5eV 的光电子，必须使用多大波长的光照射？

解　(1) 本题是关于发生光电效应的条件的题目。由爱因斯坦光电效应公式 $\frac{1}{2}m\nu_0^2=h\nu-W_0$ 知，铯的光电效应阈值频率为

$$\nu_0=\frac{W_0}{h}=\frac{1.9\times1.6\times10^{-19}}{6.63\times10^{-34}}=4.585\times10^{14}(\mathrm{Hz})$$

阈值波长

$$\lambda_0=\frac{c}{\nu_0}=\frac{3\times10^8}{4.585\times10^{14}}=6.54\times10^{-7}(\mathrm{m})$$

(2) $h\nu=W_0+\frac{1}{2}m\nu_0^2=1.9\mathrm{eV}+1.5\mathrm{eV}=3.4\mathrm{eV}=3.4\times1.6\times10^{-19}\mathrm{J}$

故

$$\lambda=\frac{c}{\nu}=\frac{hc}{h\nu}=\frac{6.63\times10^{-34}\times3\times10^8}{3.4\times1.6\times10^{-19}}=3.656\times10^{-7}(\mathrm{m})$$

3. 光的波粒二象性

爱因斯坦提出了光量子的假说，让光电效应轻易得到了解释。然而，光量子的概念却让其他科学家有些无所适从。光不是电磁波吗？那么这个光量子又是什么呢？另一方面，由于当时的实验测量尚不精确，因此并未立即得到承认。它真正引起人们的注意是在 1915 年，而原因也很具讽刺意味。从 1907 年起，美国物理学家

密立根(R. A. Millikan,1868～1953)就开始以精湛的技术测量光电效应中的重要物理量,试图证明光量子论是错误的理论。但令他没想到的是,反复实验的结果却成为了光量子论的直接而精确的证据。

事实上,光量子是一个非常大胆的假设,它直接地向经典物理体系发起挑战,使量子论又昂首向前进了一步。爱因斯坦的光量子论逐渐被人们认可之后,关于光究竟是波还是粒子的争论再度尘嚣泛起。如果说只有光电效应,还是使光粒子论的阵营显得人单势孤的话,1923 年康普顿(A. Compton,1892～1962)效应的加入则使其队伍得到壮大。康普顿在研究 X 射线被自由电子散射实验时发现了一个奇怪的现象:X 射线的波长随散射角的增加而增加。这个现象也只有把 X 射线看成是由光子束组成才能得到圆满的解释。因为光子作为一个粒子,可以与电子发生碰撞而使自身的能量($h\nu$)下降,那么频率就会减小,波长随之增加。

然而,尽管粒子论的进攻空前的强大,但这一次波动论也并非一败涂地。人们惊奇的发现这一次不再是谁战胜谁的问题。一方面光电效应明白无误地显示了光的粒子性特征;而另一方面光的干涉和衍射条纹也不容质疑的向世人表明它的波动性。这些使人们开始认识到光可能具有粒子性和波动性两方面的特征,即具有波粒二象性。光子的能量 ε 和动量 p 可表示为

$$\varepsilon=h\nu \tag{7-6}$$

$$p=\frac{h}{\lambda} \tag{7-7}$$

它们是描述光本质的基本关系式。式中能量 ε 和动量 p 是描述物质的粒子性的重要物理量;波长 λ 和频率 ν 是描述光的波动性的典型物理量。它们通过普朗克常量 h 联系在一起。

7.3　光谱与能级

量子力学的着眼点在微观世界,量子力学发展的脚步总是伴随着我们对微观世界认识的深入。在对微观粒子结构的探索过程中,具有重要意义的研究手段是原子光谱学。

7.3.1　氢原子可见光谱

在中学时我们学过,任何元素在被加热时都会放出含有特定波长的光线,就如同这个元素的指纹,是它身份的独特象征。比如金属焰色实验中可观察到:钠盐放射出明亮的黄光,钾盐则呈紫色,铜是绿色,等等。将这些光经分光镜投射到照相底片上,底片经曝光就在特定位置上得到一条条明亮的线,即光谱线,这个特定位置与光的波长相对应。显然,光谱是原子内部特征的一种反映,所以光谱是研究原

子结构的重要手段。

早在 19 世纪后期，人们先后发现了氢原子在可见光区发出的几条不同频率的光，制成的谱图示于图 7-5，称为氢原子光谱。氢原子的光谱由一些不连续的线组成，我们把具有这种特征的光谱称为线状光谱（与此对应，如果物体可发出各种颜色的光，那么在底片上的曝光就是连续的，即连续谱）。此后，物理学家一直试图发现其中的规律。1885 年，这些看上去有些杂乱的数据被瑞士的一位数学教师巴耳末(J. Balmer，1825～1898)发现了规律，他敏锐地发现了这些谱线的波长可由经验公式表示为

$$\tilde{\nu}=\frac{1}{\lambda}=R\left(\frac{1}{2^2}-\frac{1}{n^2}\right) \tag{7-8}$$

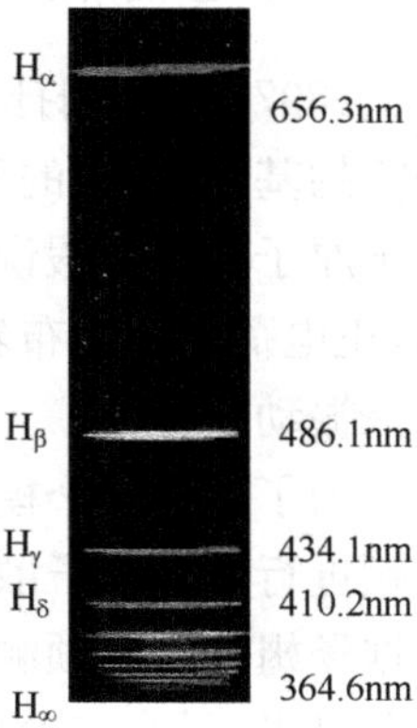

图 7-5　氢原子光谱巴耳末系的谱线

式中 $\tilde{\nu}=\frac{1}{\lambda}$ 称为波数，为波长的倒数，表示的是单位长度内所含有的波长的数目。$R=1.096776\times10^7\,\mathrm{m}^{-1}$，称为氢的里德伯常量。当 $n=3,4,5,\cdots$，时，上式给出的正是图 7-5 中的 $H_\alpha, H_\beta, H_\gamma,\cdots$，谱线的波长值。后人称这个公式为巴耳末公式，而它所表达的一组谱线称为氢原子光谱的巴耳末系。后来又发现了氢原子的其他谱线，也可得到与图 7-5 相似的图谱，并可用不同的谱线系表示为

$$\tilde{\nu}=\frac{1}{\lambda}=R\left(\frac{1}{k^2}-\frac{1}{n^2}\right) \tag{7-9}$$

式中 $k=1,2,3,\cdots$；$n=k+1,k+2,k+3,\cdots$，该式为光谱公式。氢原子各谱线名称分别为

$k=1, n=2,3,\cdots$，莱曼(T. Lyman)系，(1914)，紫外区；

$k=3, n=4,5,\cdots$，帕邢(F. Paschen)系，(1908)，红外区；

$k=4, n=5,6,\cdots$，布拉开(F. Brackett)系，(1922)，红外区；

$k=5, n=6,7,\cdots$，普丰德(H. A. Pfund)系，(1924)，红外区；

$k=6, n=7,8,\cdots$，哈弗莱(C. S. Humphreys)系，(1953)，红外区。

光谱公式(7-9)虽为经验公式，但其精确度极高。因此有理由相信这绝不是偶然，在这些公式后面一定隐藏着某种深刻的物理规律，而且这个公式分明具有量子力学的特征。

原子发光所产生的光谱是原子内部结构的反映，为了解释氢原子线状光谱产生的原因，必须要知道一下原子的内部结构。而我们很不幸地看到由经典理论支撑的原子模型，以及由它分析得到的原子光谱特征与实验事实是如此的格格不入。

7.3.2 卢瑟福的原子模型

1897年,汤姆孙在原子中发现了电子,从而打破了一直所认为的“原子是不可分割的基本粒子”的看法。在完全缺乏实验依据的情况下,汤姆孙展开想象提出了关于原子模型的假说:原子的带正电部分是一个原子那么大的、弹性的、冻胶状的球,正电荷均匀分布着,负电子嵌在球内或球上,这些电子在它们的平衡位置上做简谐振动。

为了验证这个模型,卢瑟福(E. Rutherford,1871～1937)与他的学生盖革和马斯顿进行了α粒子散射实验。利用α粒子(即He原子核)轰击一张极薄的金箔。根据汤姆孙模型预测,当α粒子穿过金箔时运动方向应无明显改变。但是结果却是不可思议的:有少数α粒子偏转角大于90°,甚至被反射。这令卢瑟福非常震惊,用他本人的话说:“这是我一生中从未有过的最难以置信的事件,它好比对一张白纸射出一发15英寸的炮弹,结果却被顶了回来打在自己身上。”

卢瑟福是汤姆孙的学生,他尊重自己的老师,但他更充分尊重实验事实。根据对实验的分析,卢瑟福认识到α粒子之所以被反射回来,必定是因为它们和金箔原子中某种极为坚硬密实且体积极小的核发生了碰撞。这个核应该是带正电,而且集中了原子的大部分的质量。于是,卢瑟福提出了新的原子的核式模型,如图7-6所示。

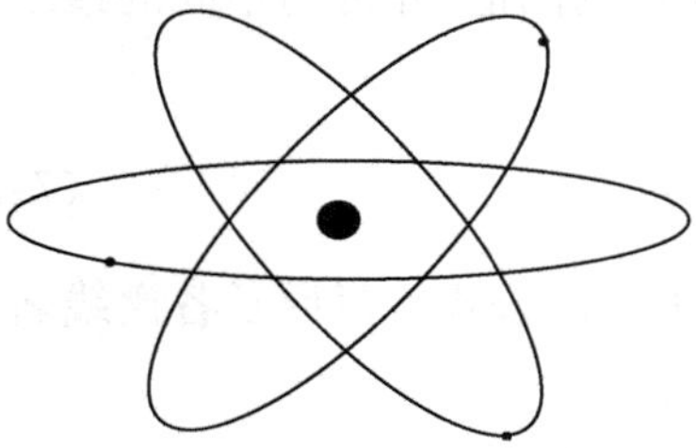

图7-6 卢瑟福模型

一切原子都有一个核,它的半径小于10^{-14}m,原子核带正电,其电荷为Ze;原子半径为10^{-10}m,电子位于以核为中心以10^{-10}m为半径的球内或球面上,为了平衡,电子必须像行星一样绕核旋转,如图7-6所示。

卢瑟福的核式模型成功的解释了α散射实验,但同时它也遇到了难以解决的甚至灾难性的困难。首先,根据原子模型和经典电磁理论,电子在原子中作绕核的转动,那么这种作加速运动的电子必会发射电磁波而放出能量,原子系统的能量将逐渐减少,电子会沿螺线运动靠近原子核,最后落在核上。也就是说卢瑟福的核式模型结构是不稳定的系统,而这种“坠落”几乎是瞬时的。想象一下,前一刻还是美好的世界,下一时刻这个完好的世界消失在你的面前而变得一片混沌,甚至连我们自己也会不知所踪。是不是很可怕,不过这个可怕的现象并没有出现,我们的世界依然美好。另外,在这种情况下电子向外发射电磁波的频率应等于电子绕核转动的频率,按照经典理论,原子能量的减少是连续的,也就是说电子向外辐射的频率也是连续的。反映在光谱图上,应该是照相底片上的任何位置均有曝光的连续谱,而绝不会是线状光谱,这显然与我们的实验事实相矛盾。唉!很为经典物理一叹,氢原子光谱又成为它难以逾越的又一座大山。

对于原子模型遭遇的稳定性问题，卢瑟福本人一清二楚。在1911年5月《哲学杂志》上，他就一方面将原子的新模型公之于众，一方面在文章中坦率地指出："关于所提的原子稳定性问题，现阶段尚未考虑进行研究……但是，我们的科学事业除了今天还有明天！"并提出了有预见性的意见："显然，原子的稳定性与原子精细结构有关，并且与其中带电粒子的运动有关。"但是，他的关于原子的模型根本没有引起人们的重视，甚至很多的物理学家对它不以为然，这使卢瑟福的满腔希望和信心深受打击。在这个关键时刻，年轻的物理学家尼尔斯·玻尔站出来用事实挽救了卢瑟福的原子模型，并对原子的结构模型中未能解决的部分提出了新的看法。

7.3.3 玻尔的量子论——量子论青年时代的到来

1911年，年轻的丹麦物理学家玻尔（N. Bohr，1885～1962）来到剑桥大学汤姆孙的实验室，在这里他接触到了卢瑟福的原子核式结构模型。但由于当时大家的不认同，也几乎没人对它进行评论和研究。而年轻人的思维总是活跃的，这个刚刚从哥本哈根大学博士毕业的26岁的年轻人喜欢挑战，喜欢探求事物背后的本质。但是，玻尔在剑桥的生活并不顺利。失望之余，他将目光投向了曼彻斯特，那里有着他所感兴趣的人——卢瑟福。玻尔对卢瑟福的原子模型很感兴趣，也为卢瑟福的热情且具有开放式思维的人格魅力所吸引。1912年，玻尔离开了剑桥来到了曼彻斯特大学，进入卢瑟福的实验室工作。在这里，他对卢瑟福模型进行了深入的研究，并试图将量子理论与之相结合。虽然，玻尔一直没有取得突破性的进展，但他的方向已经确定，并即将指引他开始一场量子力学的革命。

1912年7月，玻尔完成了在英国的学习生活，他可爱的未婚妻正在他的祖国丹麦翘首企盼着。他动身回到了祖国，在哥本哈根附近不远的小镇上结了婚。虽然在新婚期，原子模型的图像还是不时闪现在他的脑海中。不久，他又投身到研究中，为了挽救他所坚信的卢瑟福原子模型的困境，玻尔勇敢的放弃了人们所推崇的麦克斯韦的经典电磁理论。他预见到在原子层次，经典理论不再成立，需引入新的革命性思想。最初一段时间玻尔的研究工作进展缓慢，但是转机也在这时出现了。1913年初，一个年轻人向玻尔请教如何用原子模型解释当时人们发现的氢原子光谱。这使玻尔看到了黑暗中的一道光——巴耳末公式，这个公式瞬间点燃了他思维的灵感。

玻尔透过氢原子光谱和巴耳末公式，逐渐想到了问题的本质：为什么原子只能放射出频率符合某种量子规律的辐射，这说明什么问题呢？结合普朗克的能量子的公式 $E=h\nu$，原子只发射特定频率的光，也就是说原子内部的能量分布可能也有某种"特殊性"。一个大胆的假设浮现在玻尔的头脑中：原子系统能量不是连续变化的，只能是特定值；电子只能在特定的能量之间转换。也就是说，电子只能按照某些"确定的"轨道运动，而处于这些轨道上的电子必须符合一定的能量条件，从而使得电子在这些轨道间跃迁时,只能释放出符合巴耳末公式的能量。更形象地说,原子中的电子就像站在一个个具有特定能量而高度不等的"台阶"上,电子从一个台阶向另一个台阶跳跃时,高度的转换只能等于一个台阶的高度,而不能是这个高度之外的其他的值。

玻尔于1913年在《哲学杂志》上发表了量子学史上具有划时代意义的玻尔理论,它保留并支持了卢瑟福关于原子核的概念。并在此基础上提出了如下重要的假设:

(1) 定态假设——原子系统只存在一系列不连续的能量状态,其电子只能在一些特殊的圆轨道中运动,在这些轨道中运动时不辐射电磁波。这些状态称为定态,可分别用$E_1,E_2,E_3,\cdots$来表示。

(2) 频率假设——原子在不同能量状态之间可以相互转换,称为跃迁。例如,电子在E_m和E_n($E_m>E_n$)态之间跃迁时,会发射(或吸收)电磁波,其频率ν_{nm}满足关系式

$$h\nu_{nm}=E_m-E_n \tag{7-10}$$

(3) 角动量量子化假设——电子作圆轨道运动时,角动量的值也只能具有一些不连续的值

$$L=rm\nu=n\hbar, n=1,2,3,\cdots \tag{7-11}$$

对于大家来说,重要的不是这些公式,而是包含的量子信息。

7.3.4 玻尔的量子论对氢原子光谱的解释

以玻尔理论为基础,原子在特定状态时不会向外辐射电磁波,这样原子的稳定性问题可以得到保证。不但如此,氢原子光谱问题也可轻松得到解决。玻尔根据上述假设计算了氢原子在稳定态中的轨道半径和能量。他从核外电子的运动状态出发,考虑到了电子在绕核作圆周运动时的向心力就是核对电子的库仑力这一点。又根据他所提出的角动量量子化,可计算得到氢原子半径也是量子化的。其中,离核最近的第一个轨道半径可用r_1($r_1=0.53\times10^{-10}$m)来表示,其他轨道半径与它的关系为$r_n=n^2r_1$($n=1,2,3,\cdots$)。这说明氢原子核外的电子只能在特定的轨道上运动。

当电子在半径为r_n的轨道上运动时,氢原子系统的能量E_n等于原子核与轨道电子这一带电系统的静电势能和电子的动能之和。其中电子在第一条可能轨道上运动时的能量为$E_1=-\frac{me^4}{8\varepsilon_0^2h^2}=-13.6\text{eV}$,这是氢原子的最低能级,也称为基态能级。第$n$个轨道上的能量与$E_1$的关系为$E_n=\frac{E_1}{n^2}$,$n>1$的能级称为激发态能级。氢原子的能级图示如图7-7所示。

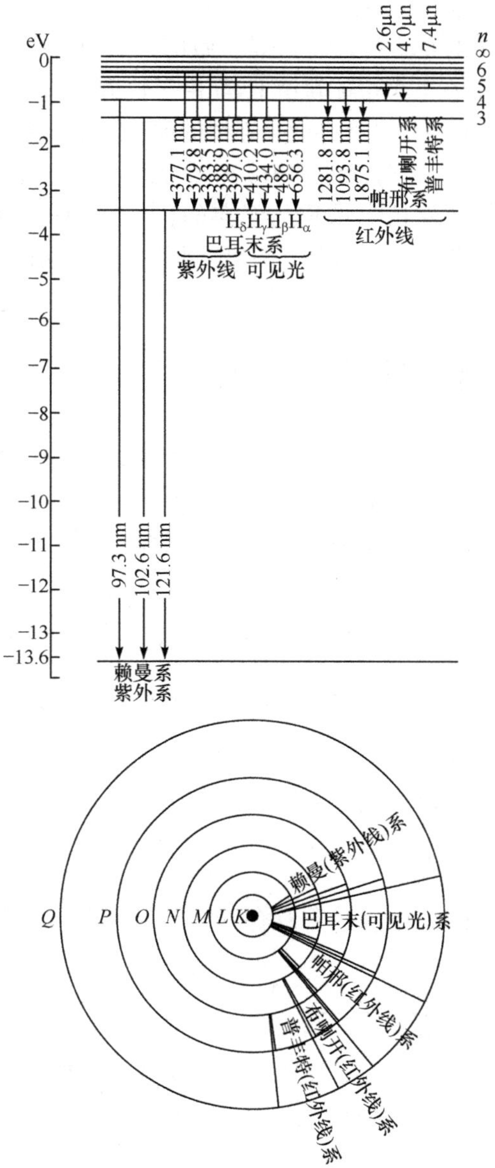

图 7-7　氢原子能级及光谱系

有了能级的认识，谱线的形成就是顺理成章的了。根据玻尔理论假设，原子从较高的激发态 E_m 向较低的激发态或基态 E_n 跃迁的过程，是以光子的形式向外辐射能量的过程，且光子的能量恰等于两能级之差，其波数为

$$\tilde{\nu}_{mn}=\frac{E_m-E_n}{hc}=R_{\text{理论}}\left(\frac{1}{n^2}-\frac{1}{m^2}\right) \tag{7-12}$$

式中，里德伯常量的理论值为 $R_{理论}=1.0973731\times10^{7}\text{m}^{-1}$，与实验值符合的很好。式(7-12)也与氢原子光谱的经验公式(7-9)是一致的。氢原子中只有一个核外电子，这个电子在某个时刻只能在某个可能轨道上，而由于轨道的不连续性，则由某轨道跃迁到另一轨道时，其能量的变化又怎么能是连续的呢？氢原子光谱问题得以解决。

这个理论宣告了一个新时代的到来。一个完整的关于量子的理论体系第一次被建立起来了，虽然它还保留了浓重的经典的色彩，但它的意义是绝不能被低估的，它进一步动摇了经典物理的根基。自此，量子力学壮丽的三部曲完成了。如果1900 年的普朗克宣告了量子的诞生，那么玻尔理论则宣告了它进入了青年时代。

例 7-2 试由氢原子里德伯常量计算基态氢原子的电离电势和第一激发电势。

解 电子经电势差为 U 的电场加速后，若它得到的动能全部被原子吸收恰能使处于基态的原子电离，则 U 称为该原子的电离电势；若它得到的动能全部被原子吸收恰能使处于基态的原子激发到第一激发态，则 U 称为该原子的第一激发电势。

对于氢原子，由 $E_n=-hcR_H\dfrac{1}{n^2}$ ，$n=1,2,\cdots$，和 $E_\infty-E_1=hcR_H=6.63\times10^{-34}\times3\times10^{8}\times1.097\times10^{7}\text{J}=13.64\text{eV}$，得电离电势为 13.64V。

由

$$E_2-E_1=hcR_H\left(1-\frac{1}{2^2}\right)=13.64\text{eV}\times\frac{3}{4}=10.23\text{eV}$$

得第一激发电势为 10.23V。

例 7-3 能量为 12.6eV 的电子射入氢原子气体中，气体将发出哪些波长的辐射？

解 由 $E_n=-hcR_H\dfrac{1}{n^2}=-\dfrac{13.6\text{eV}}{n^2}$，得

$$E_1=-13.6\text{eV},E_2=-3.4\text{eV},E_3=-1.51\text{eV},E_4=-0.85\text{eV},\cdots$$

而 $E_2-E_1=10.2\text{eV}<12.6\text{eV}$，$E_3-E_1=12.09\text{eV}<12.6\text{eV}$，但 $E_4-E_1=12.75\text{eV}>12.6\text{eV}$，所以气体将发出以下三种波长的辐射：

$$\lambda_1=\frac{hc}{E_2-E_1}=\frac{6.63\times10^{-34}\times3\times10^{8}}{10.2\times1.6\times10^{-19}}=1.2188\times10^{-7}(\text{m})$$

$$\lambda_2=\frac{hc}{E_3-E_1}=\frac{6.63\times10^{-34}\times3\times10^{8}}{12.09\times1.6\times10^{-19}}=1.028\times10^{-7}(\text{m})$$

$$\lambda_3=\frac{hc}{E_3-E_2}=\frac{6.63\times10^{-34}\times3\times10^{8}}{(3.4-1.51)\times1.6\times10^{-19}}=6.5774\times10^{-7}(\text{m})$$

7.3.5 玻尔理论的成功和困难

玻尔理论的成功之处是显而易见的。首先，它非常成功地解释了氢光谱，推导出的里德伯常量和实验值相差也仅有千分之一。它还预言了莱曼(Lyman)线系并得到了证实。结合索末菲的推广，玻尔理论又成功地解释了一价碱金属光谱。这无疑使他的理论顿时具有了坚实的基础。其次，玻尔理论提供了防止原子坍缩的方案，虽然多少有些强硬的成分。因为它引入了定态的概念，处在定态时原子不会向外辐射能量，也就不会有发生坍塌的可能。再者，这一理论也得到了其他实验的支持，1914 年法国科学家弗兰克和赫兹用电子轰击汞原子成功测定了汞原子的能级，证实原子内部能量确实是量子化的，这对玻尔理论是极大的支持。玻尔本人为此在 1922 年获得了诺贝尔物理学奖。

然而，有时我们不得不一再的面对一个现实，那就是事情往往是具有两面性的。玻尔的理论一方面是成功的，但不得不说在另一方面它又埋藏了隐患。在一些人眼里，这种与经典的电磁理论格格不入的思想是大逆不道的。更有物理学家宣称："如果这个模型居然是真实的，我将从此退出物理学界。"但是玻尔理论还是被爱因斯坦、卢瑟福等人所赞赏，尤其在玻尔理论对氢原子光谱解释成功之后，爱因斯坦心悦诚服地说："这是一个伟大的理论。"但卢瑟福在欣赏的同时，也注意到了它的缺陷："玻尔理论将普朗克思想和旧的力学理论混为一谈，使人很难理解，究竟什么是这种思想的基础呢?"是啊，关于定态的提出就是一个强硬的规定，它的理论基础究竟是什么呢? 卢瑟福的眼光是如此的锐利，这大概也是其他物理学家持反对态度的一方面原因。我们来看看玻尔理论还引起了什么不可解决的问题：

首先，它与经典理论的模糊关系预示了玻尔理论的先天不足。它在保留了原子核的同时，还保留了电子绕核的圆周运动。我们已经不只一次说过，电子在这种运动状态下必定释放出电磁辐射来，不可能保持在原轨道不变。对此玻尔自己也无可奈何，他还没有足够的理论支持去推翻整个经典电磁体系。作为弥补，玻尔只好提出他的原子体系和经典的电磁理论都是正确的，但都只在各自适用的范围内才能成立。谁都可以看出，这是一种无奈的妥协。所以不可否认玻尔引导的不是一场彻底的革命，它与经典物理还有相互依赖的关系。

其次，我们知道玻尔理论之所以被承认是因为它能成功解释氢原子光谱。可即便是这一点，它也不够彻底。从原子光谱中，我们不只可得到光谱线的频率信息，还可从曝光的强弱得到谱线的强度信息。而后一个信息从玻尔理论中则根本没有被提及。另外，就是单独看频率信息的规律，玻尔理论也是不完全的。它只能解释氢原子的光谱频率，而对其他原子则无能为力，这是一个比较致命的打击。

尽管玻尔理论的困难一时难以克服，但玻尔理论对物理学发展史的意义是不言而喻的，它也给玻尔带来巨大的荣誉。玻尔成为当时原子物理方面首屈一指的人物。玻尔出于对祖国的热爱和责任心，拒绝了铺天盖地而来的邀约。1921 年，玻尔在哥本哈根大学成立了理论物理研究所。这个研究所很快成为欧洲乃至世界物理学界一颗令人瞩目的明珠，它的光芒吸引了全欧洲最出色的年轻人到此，并因此散发出璀璨的思想光芒。哥本哈根被许多著名的物理学家誉为“物理学界的朝拜圣地”。玻尔研究所的成立是近代物理学发展史上的一件大事，也为国际物理学界创立了一种独特的学术氛围——很多人爱称它为“哥本哈根精神”。

7.4 粒子的波粒二象性

我们已经比较充分的认识了微观世界中物理量的不连续性。让我们再深入地考察一下量子力学眼中粒子的本质。

通过长时间的争论和研究，光的波粒二象性已毋庸置疑。在这里，我们将目光转向粒子，而引领我们目光的人是法国物理学家路易斯·德布罗意(Louis de Broglie，1892～1987)。1892 年 8 月 15 日，德布罗意出生于一个法国的贵族家庭。他的祖父，曾出任过法国的总理，同时也是一位出色的历史学家，《罗马教廷史》就是他的著作。在祖父的熏陶下，小德布罗意进入巴黎大学学习历史，但他在历史方面并没有取得什么成就，因为他的注意力已经被物理所吸引，这对物理学的发展可以说是一件幸运的事。他的哥哥莫里斯·德布罗意是一位著名的射线物理学家，他随哥哥参加了 1911 年的布鲁塞尔物理会议，并有机会阅读到了会议的论文，他对物理学的热情逐渐被激发出来，并立志把一生奉献给这一令人激动的事业。因此，他在同年转入了巴黎大学自然科学系学习物理。一次世界大战时，德布罗意因应征入伍而中断了学业。之后，退伍的德布罗意于 1919 年返回大学师从朗之万(P. Langevin，1872～1946)和布里渊(M. Billouin，1854～1948)攻读博士学位。而也是从这时起，我们已经站在了一个伟大时刻的前沿，新的量子力学很快就要被创建出来。这一次，它将以崭新的姿态出现在我们的面前，并超越旧的理论以及玻尔的半经典半量子的理论，它将要为我们揭开一个新世界的大幕。

7.4.1 光的波粒二象性

关于光本性的漫长的讨论中，我们得到了一个结论：光具有波粒二象性，即同时具有粒子性和波动性。光子的能量 ε 和动量 p 的表达式已经在前一节中看到。现在，我们想问的是难道只有光具有这么独特的性质？要探讨这个问题，那么我们就跟上德布罗意的脚步去看看。

7.4.2 粒子的波粒二象性

德布罗意对玻尔理论所面临的困难已经很清楚了。为了符合观测到的现实，玻尔在原子模型中引入了量子化的概念，但这个量子化的模式是强加给电子的。德布罗意一直在思考一个问题：如何赋予电子一个基本的性质，让它们自觉地表现出种种量子化现象呢？使他的思维得到突破的恰恰是光的波粒二象性，德布罗意在他的博士学位论文中大胆地把光的波粒二象性推广到实物粒子，如电子、质子等。他认为"整个世纪(19 世纪)以来，在光学上，如果说是过于忽视了粒子性的研究的话，那么在实物的理论研究中，是否发生了相反的错误呢？是不是我们把它的粒子性想得太多，而过分地忽略了它的波动性呢？"他还注意到几何光学与经典力学的相似性，根据类比的方法，提出了实物粒子也具有波动性的假设。

德布罗意认为：每一个运动的粒子都与一个对应的波相联系。质量为 m 的粒子匀速运动时，具有能量 ε 和动量 p；从波动方面看，它具有频率 ν 和波长 λ，而这些量之间的关系也像光波的波长、频率与光子的能量和动量一样，遵从如下关系：

$$E=h\nu \tag{7-13}$$

$$\lambda=\frac{h}{p} \tag{7-14}$$

式(7-14)称为德布罗意公式。人们常把这种和物质相联系的波称为德布罗意波，薛定谔在诠释波函数的物理意义时，把这种波称为物质波。

例 7-4　电子和光子各具有波长 0.20nm，它们的动量和总能量各是多少？

解　由德布罗意公式 $\lambda=h/p$，得

$$p_{电}=p_{光}=\frac{h}{\lambda}=\frac{6.63\times10^{-34}}{0.20\times10^{-9}}=3.315\times10^{-24}(\mathrm{kg\cdot m/s})$$

$$E_{光}=h\nu=\frac{hc}{\lambda}=p_{光}\,c=3.315\times10^{-24}\times3\times10^{8}=9.945\times10^{-16}(\mathrm{J})$$

$$E_{电}=\sqrt{p_{电}^{2}\,c^{2}+m_0^{2}c^{4}}=\sqrt{(3.315\times10^{-24})^{2}\times3^{2}\times10^{16}+(9.1\times10^{-31}\times3^{2}\times10^{16})^{2}}$$

$$=\sqrt{9.89\times10^{-31}+6.7076\times10^{-27}}=8.19\times10^{-14}(\mathrm{J})$$

也许是因为德布罗意的论文长度过短，使他的想法看似有些随意。粒子居然也具有波动性，这未免让人感到太不可思议。它就像光波具有粒子性一样，从以往物理学家的观点来看是无法理解的。光波的粒子性被光电效应所证实，已经不可推翻了。可是德布罗意的物质波的概念，却还是没有任何依据，似乎纯粹是通过类比得到的，实在超越了人们的想象力，以致他的导师郎之万也觉得没有什么把握。随后，郎之万将他的论文寄给了爱因斯坦，也就是提出光具有粒子性的先驱。爱因斯坦给予了充分的肯定，称德布罗意"揭开了大幕的一角"。整个物理学界在听到爱因斯坦的评论后，才开始全面关注德布罗意的工作。这不仅使德布罗意如愿获得了博士学位，也让他的理论引起了人们的重视。

7.4.3　物质波的实验验证

虽然爱因斯坦的肯定使德布罗意波的概念得到了人们的重视，但一个假说成立的唯一依靠是实验事实，否则即使是有爱因斯坦这样伟大的人物的支持，它也只能是个假说而已。如果电子是一个波就要让人看到波的特征，也就是说要如同光波一样产生干涉和衍射现象。面对置疑，德布罗意毫不犹豫地预言：电子在通过小孔时，一定会像光波那样，产生一个可观测的衍射条纹。

我们知道，光虽然具有波动性，但并不是在任何情况下都能发生明显的干涉和衍射现象。只有当狭缝或障碍物的线度与光波的波长相比拟才行。这是问题的关键，能不能找到与电子波长相比拟的狭缝或障碍物呢？这个技术上的难题已经在研究伦琴射线时得到了解决。1912 年，根据德国物理学家劳厄(M. Laue，1879～1960)的提议，利用晶体中排列规则的物质微粒作为衍射光栅，成功验证伦琴射线的波动性。证实伦琴射线就是波长为十分之几纳米的电磁波。

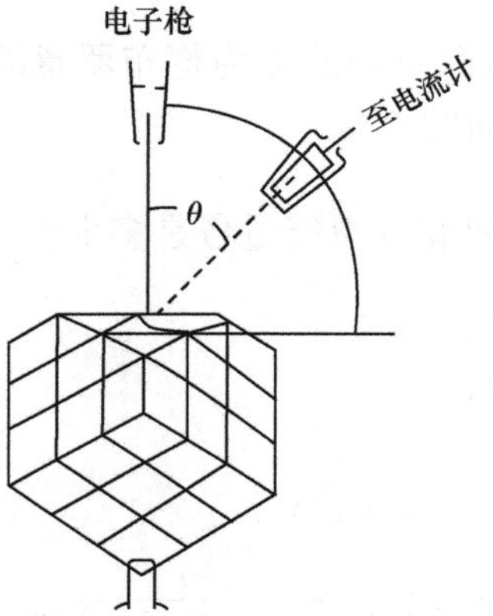

图 7-8　电子衍射实验装置

幸运有时也会不期而至，1927 年戴维孙-革末在一次偶然的事故中将镍单晶化，就是这次偶然成就了德布罗意。通过镍单晶我们观察到了电子的衍射图像，实验装置如图 7-8 所示。电子枪发射的电子束经加速电压加速后，垂直投射到镍单晶的晶面上，电子束在晶面上被散射。利用电子探测器观察被散射到 θ 角的电子束，其强度由电流计测出。散射电子束的强度随 θ 角改变，当 θ 角取某些特定值时，散射电子束的强度有极大值。这个结果与 X 射线对晶体的衍射一致。

X 射线除了能在单晶体上产生衍射现象以外，还可以在多晶体的粉末上产生衍射现象。既然电子也具波动性，那么用电子束代替 X 射线也应得到类似的衍射现象，事实确实如此，图 7-9 就是电子束对多晶体粉末的衍射图样。电子的波动性获得了实验证实之后，在其他一些实验中也观察到其他粒子，如原子、分子、中子等微观粒子也具有波动性。由此可见，一切微观粒子都具有波动性，德布罗意波的存在已是确实无疑的了。德布罗意公式也成为揭示粒子波粒二象性的统一性的基本公式。德布罗意也因此成为世界上第一个以博士论文获得诺贝尔物理学奖(1929 年)的学者。

图 7-9　电子在多晶上的衍射图像

不过，还有一个我们不能不考虑的现实问题，就是德布罗意的假设认为任何物体都应具有波动性。那么宏观物体也应该具有波动性吧，这个似乎有点悬，我们看到的物体可一点也没有表现出什么波动性。其实，这是因为宏观物体运动时的动量很大，它们对应的波长极小，实在难以察觉。例如一个质量 0.01kg，速率 $v=800\text{m/s}$ 的子弹，它的德布罗意波长 $\lambda=8.29\times10^{-35}\text{m}$，波长这么短几乎是不会显示出波动性的。也就是说，宏观物体的运动不是没有波动性，而是显示不出来。对比一个电子，经 100V 的加速电压加速后，波长约为 $1.2\times10^{-10}\text{m}$，因此有可能观测到电子的波长。由于电子的波动性的发现，戴维孙(C. J. Davisson，1881～1958)和 G. P. 汤姆孙(G. P. Thomson，1892～1975)分享了 1937 年的诺贝尔奖。有意思的是，G. P. 汤姆孙的父亲 J. J. 汤姆孙因为发现了电子而获得了诺贝尔奖，他却是因为发现了电子的波动性而获得同样的荣誉。

7.5　波函数与薛定谔方程

尽管我们可能还有些不可置信，但事实告诉我们物体竟然将波动性和粒子性这两种完全不同概念的性质集于一身。在经典物理学的观念中，粒子是有一定质量和体积，有些还带有一定电荷量的个体。它们遵从经典的决定论，即牛顿运动定律，所以只要已知粒子的初始位置和初始速度，就可以根据它的受力状态确定以后任意时刻的位置和速度，进而确定它的运动轨迹。而经典波的概念则是指某种实在的物理量的空间分布的周期性变化，是在空间弥散开来的。遵循的波动规律，具有相干叠加性。显而易见，在经典物理中，粒子和波是完全不同的两个概念。

我们的问题总是接踵而至，层出不穷。目前量子力学遇到的根本问题是：怎么理解粒子性和波动性之间的联系，又怎样描述这种奇异状态。先对比一下经典粒子状态的描述，我们可使用某一时刻的位置和速度(动量)这两个物理量来确定经典粒子的状态，而牛顿运动方程就是描述宏观物体运动的普遍方程。然而，现在物体具有了波动和粒子两种性质，那么原有的描述粒子的方式显然是不再适用了。那么什么样的物理量可以描述具有波粒二象性的微观粒子的状态呢？所对应的普遍运动方程又如何得知呢？有趣的是这两个问题中首先得到回答的却是第二个问题。这个答案就是薛定谔方程，它是描述微观粒子运动状态的普遍方程，其地位与经典物理中牛顿第二定律相同。

7.5.1　薛定谔方程

1921 年，薛定谔(E. Schrödinger，1887～1961)已是瑞士苏黎世大学一位有名望的教授，他在光学和电磁学方面很有造诣。后来，薛定谔的兴趣逐渐转移到量子力学和统计理论的研究中。他从爱因斯坦对德布罗意的高度评价中了解了德布罗意物质波的概念。在他的老师德拜(P. J. W. Debye,1884～1966)的建议下,薛定谔在1925年举行了一次关于德布罗意论文的研讨会。他在报告中,清晰地介绍了德布罗意如何将波与粒子联系起来,又如何导出玻尔的量子化条件的。在报告后,德拜作了评注:“有了波,就应有个波动方程。”这句话给了薛定谔极大的启示。仅仅用了两个月的时间,薛定谔就完成了他的震动物理学界的方程。经修改后,这个方程的非相对论形式最终呈现在我们面前

$$\mathrm{i}\hbar\frac{\partial}{\partial t}\boldsymbol{\Psi}(\boldsymbol{r},t)=\left[-\frac{\hbar^2}{2m}\nabla^2+V(\boldsymbol{r})\right]\boldsymbol{\Psi}(\boldsymbol{r},t) \tag{7-15}$$

这是薛定谔方程的最终形式,其中 $\boldsymbol{\Psi}$ 是他提出的表示物质波的波函数,m 是粒子质量,$V(\boldsymbol{r},t)$是粒子在位置 $\boldsymbol{r}$、时刻 t 的势能,数学运算符号$\nabla^2=\frac{\partial^2}{\partial x^2}+\frac{\partial^2}{\partial y^2}+\frac{\partial^2}{\partial z^2}$。我们在这里只是给大家介绍一下这个著名的方程,不必在意它的求解,事实上求解并不容易。这个方程就像牛顿运动方程一样,不能从更基本的假设中推导出来。它是量子力学的基本方程,正确与否只能靠实际的检验。

薛定谔从这个方程中得到了氢原子的能级公式,也就是说,量子化成了薛定谔方程的自然结果,而不像玻尔模型要人为地规定某些量子化条件,然而当时没有人(包括薛定谔本人)真正认识到他所提出的波函数的真正意义。

1926年1月至6月期间,薛定谔先后发表了四篇论文,题目均为《量子化的本征值问题》,从而建立了一种全新的波动力学。在这期间,他还在一篇《从微观力学到宏观力学的连续过渡》的论文中,证明了古老的经典力学只是新生的波动力学的一种特殊表现。薛定谔方程一经发表,就引起了全世界物理学家的欢呼,爱因斯坦说:“……您的想法是天才的思想”,普朗克称其为“划时代的工作”这样的赞美之词不一而足。

7.5.2 波函数及其统计解释

下面我们应该解决的是,在薛定谔方程中出现的波函数的真正意义是什么?很好笑是不是,已经知道了它满足的方程,可它如何表示微观客体的波粒二象性我们还不知道。

我们先从最简单的情况看,考虑自由粒子的状态要用怎样的波函数来描述。自由粒子的能量 E 和动量 p 都是恒量,所以自由粒子的物质波的频率和波长也都不变。如果对波的特征有所了解的话,就可以想到频率 ν 和波长 λ 不变,而且传播方向也不变的波是平面单色波,也就是说描述自由粒子的波动性可用平面波来表示。考虑沿 x 轴方向传播的平面波可以用下式表示:

$$y(x,t)=A\cos2\pi\left(\nu t-\frac{x}{\lambda}\right) \tag{7-16}$$

将这个公式写成复数形式,并将波长和频率的表达式代入,我们便可得到描写自由粒子波动性的平面波

$$\Psi(x,t)=A\mathrm{e}^{\frac{\mathrm{i}}{\hbar}(px-Et)} \tag{7-17}$$

为了和一般的波动有所区别,在式中用 Ψ 表示。这就是描述能量为 E 和动量为 p 的自由粒子的波动性的函数,我们称之为波函数。如果粒子处于随时间和位置变化的力场中,其运动状态也可以用较复杂的波函数描述。

1. *波函数的经典解释*

我们知道波函数所肩负的重大使命,要用来表示微观粒子的波粒二象性。但我们还不知道,波动性和粒子性这两个完全不相干物理概念究竟是怎样体现在一个物体上的?事实上,人们对物质粒子波动性的理解,也确实经历了一场激烈的争论。包括量子力学创始人薛定谔和德布罗意等在内的许多人,对于物质粒子波动性的早期理解,都曾深受经典概念的影响。曾经有人企图仿照经典的概念来解释德布罗意波,即认为德布罗意波也表示一定的物理量的周期性变化,但是进一步分析和实验都证明了这种企图是不成功的。

第一种企图认为粒子是由波组成的,即将粒子看成在三维空间连续分布的某种物质波包,因而呈现出波的特性。波包的大小即粒子的大小,波包的速度即粒子的运动速度。但稍加分析,这种看法就碰到了难以克服的困难。以自由粒子为例,我们知道与自由粒子相联系的波是平面波,应充满全空间。也就是说,若认为自由粒子由波组成,则一个自由粒子将占据整个空间,这太荒谬了。实验中观测到的粒子,总是处于一个小区域内。物质波包的观点显然夸大了波动性的一面,抹煞了粒子性的一面。

另一种企图认为波是由粒子组成的,将波看成是由大量粒子相互作用而在空间形成的一种疏密相间的周期分布。这个说法看上去很有道理,可是事实又如何呢?由这种观点出发很自然的想到:若波是由粒子组成,波的衍射就应该是由组成波的这些粒子的相互作用而形成的。那么,电子衍射应与组成波的粒子流强度有关。若让粒子一个一个地从电子源发出,粒子间就无相互作用产生,衍射现象也应消失。但事实证明,虽开始时底片上的感光点是无规则的,但只要时间足够长,感光点足够多,底片上仍会出现衍射花样。这说明粒子的衍射现象与粒子之间的相互作用无关,也就是波不是由粒子组成。

虽然上述两种看法失败了,但经典物理还是不甘心,又进行了多次不同方向的尝试,但无一例外败下阵来。为此,我们不得不最终承认经典物理的再一次失败,也就是说不能把德布罗意波看成经典波。那么它究竟是什么呢?

2. 波函数的统计解释

1926年，玻恩(M. Born，1882～1970)对这个问题进行了重新分析，提出了一种全新的解释。在电子的衍射实验中，一个电子只能打在照相底版上的一点，它不可能产生衍射图样，是大量电子同时实验的结果，或者是一个一个电子多次实验的结果。总之，在某处衍射图样的强度决定于到达该处粒子的多少，如图7-10所示。因此玻恩认为，德布罗意波是微观粒子运动的统计描述。另外，从实验看，每个电子通过狭缝后的落点我们是无法预测的，但由底片上各处明暗不同的条纹可推知，电子落在各处的概率(可能性)是不一样的，即电子落在明纹处的概率大，落在暗处的概率小。这就是说，电子的波动性实际上是电子在空间出现概率的反映。物质波是一种概率波，这就是微观粒子的波动性的本质。波函数应反映微观粒子的波粒二象性，那么它所反映的波动性就应该是概率波的特性。

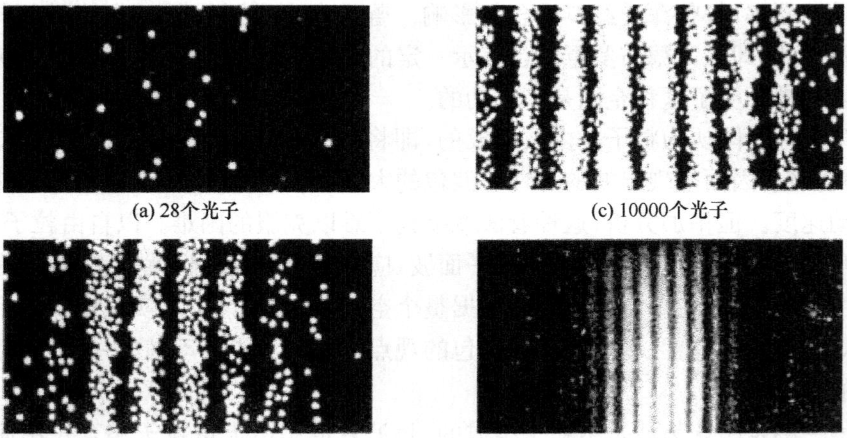
(a) 28个光子 (c) 10000个光子 (b) 1000个光子 (d) 数百万个电子

图7-10 电子的双缝干涉图像

在此基础上，玻恩提出了波函数意义的统计解释：微观粒子在空间某处出现的概率与波函数在空间某点的强度成正比，即$|\Psi(x,y,z,t)|^2 d\tau$正比于粒子在t时刻出现在(x,y,z)附近$d\tau$内的概率。

从上述的解释中，我们可以看到德布罗意波和经典波是完全不同的概念。经典波代表着实在的物理量，而德布罗意波却不是，根据玻恩的统计解释，这两类波存在着很大区别。在经典物理中，波的状态与振幅的绝对值有关。例如，对于空气中传播的声波，如果使各点的强度(振幅的平方)增加一倍，则波的能量也增加一倍，从而波的状态也改变了。但是，对于德布罗意波来说，如果各处的强度都增加一倍，则各处发现粒子的概率并不变化。

3. 迟到的诺贝尔奖

杰出的物理学家玻恩于 1926 年提出波函数的“统计解释”，不仅对量子力学的发展做出巨大贡献，而且对人们认识世界的思想方法产生深刻影响。但是，由于他的新观念背离了经典物理学的旧传统，长期受到少数权威人士的坚决反对。因此，直到 1954 年他才因为对波函数的解释获诺贝尔奖，这比公认他应该获奖的 1932 年整整推延了 20 多年。

对波函数统计解释的不同态度，反映了新思想与旧习惯之间的深刻矛盾，要想解决这个矛盾，必须牺牲某些传统观念。科学的实质就在于不断探索新领域，发现新规律，创立新理论，并用新眼光评价或更新旧观点。因此，发展科学必须摆脱传统观念的束缚，彻底解放思想，在科学的征途上，做新发现的勇敢支持者，新领域的大胆探索者。

7.5.3　四个量子数　电子的排布

通过求解薛定谔方程，可以得到能量是量子化的，了解到微观粒子的内部特征。量子力学模型引入了四个量子数来描述微观粒子的结构，分别是：主量子数 n(principal quantum number)，决定不同的电子层分布，它对粒子能量的影响是最大的；角动量量子数 l(angular quantum number)，表示电子绕核运动时角动量的大小；磁量子数 m(magnetic quantum number)，决定不同能级的轨道，仅在有外加磁场时才会在实验上表现出来；自旋磁量子数 m_s(spin magnetic quantum number)，它对应着电子的自旋的角动量的大小和方向，表明处于同一轨道的电子有两种自旋，即“↑”和“↓”两种状态，自旋是粒子的一种内禀属性，就像粒子具有质量一样。

这些量子数的取值都是量子化的，通过这些量子数，就可以判定出微观粒子的能量、状态和属性。

1925 年由奥地利物理学家 W. 泡利提出，在原子中不能容纳运动状态完全相同的电子，这称为泡利不相容原理。原子中的电子排布在核外时，需要使整个原子的能量处于最低状态，这就是能量最低原理，处于最低能量的原子叫做基态原子；当基态原子的电子吸收能量后，电子会跃迁到较高能级，变成激发态原子；电子从较高能量的激发态跃迁到较低能量的激发态乃至基态时，将释放能量。能量最低原理其实是整个自然界都遵循的规律。

电子的排布遵循泡利不相容原理和能量最低原理。

7.6 现代仪器举例

7.6.1 电子显微镜

随着技术的不断发展，人们可以制造非常精良的光学显微镜，但由于可见光的波长限制，它的分辨本领不能无限提高。最好的光学显微镜能够分辨 0.2μm 大小的物体，包括细菌。比细菌小得多的病毒，光学显微镜就无能为力了，更不用说观察原子。若想继续提高光学显微镜的分辨本领，必须缩短光的波长，唯一的办法是让光跑得更快，这是不可能的。

事情的转机发生在 1924 年，德布罗意提出了电子具有波动性。这就说明电子也能像光子一样做显微镜的“光源”。令人惊喜的是只要赋予电子适当的动量，就可使其波长比可见光波长短很多。例如，当电子被电势差达到 10 万伏的电场所加速时，电子的波长只有 0.004μm，比可见光短 100 倍左右，因而利用电子波来代替可见光制成的电子显微镜就能期望有极高的分辨本领。现有的电子显微镜不仅能直接看到如蛋白质一类的大分子，而且能分辨单个原子的尺寸，为研究分子和原子的结构提供了有利的工具。

图 7-11 第一台电子显微镜

1931 年，德国的鲁斯卡(E. Ruska，1906～1988)用冷阴极放电电子源和三个电子透镜改装了一台高压示波器，并获得了放大十几倍的图像，发明了透射电镜，证实了电子显微镜放大成像的可能性(图 7-11)。1932 年，经过鲁斯卡的改进，电子显微镜的分辨能力达到了 50 纳米(它所能分辨的相邻两点的最小间距)，约为当时光学显微镜分辨本领的十倍，突破了光学显微镜分辨极限，这使它开始受到人们的重视。现在电子显微镜最大放大倍率超过 300 万倍，而光学显微镜的最大放大倍率约为 2000 倍，所以通过电子显微镜就能直接观察到某些重金属的原子和晶体中排列整齐的原子点阵。

透射电子显微镜成像的原理与光学显微镜相似。光学显微镜利用光经过不均匀介质时的折射现象，使从一点向各方向发出的光束由透镜组重新会聚在一点，达到成像和放大的目的。电子通过不均匀电场和磁场时也会发生偏转，并且电子在这样的电磁场中的运动规律服从几何光学的规律，电子显微镜就是利用电子波通过轴对称的不均匀电场和磁场组成的静电透镜、磁透镜（类似于光学显微镜中玻璃制透镜对光的会聚作用），使电子波折射后重新聚焦成像并达到放大作用的。

透射电子显微镜需要电子透过样品，所以样品极薄才可以。对于电子束不能透过的固体样品，就不能使用这种电子显微镜来观察。近年来，一种新型的扫描电子显微镜逐步发展起来，它不需要电子束穿过样品，仅在样品表面扫描激发出次级电子。次级电子的数量与样品表面的凹凸及材料性质有关，如果使电子束在样品表面逐点扫描，就能逐点地产生代表整个样品表面形貌的次级电子信号。放在样品旁的闪烁晶体接收这些次级电子，通过放大后调制显像管的电子束强度，从而改变显像管荧光屏上的亮度。显像管的偏转线圈与样品表面上的电子束保持同步扫描，这样显像管的荧光屏就显示出样品表面的形貌图像，这与工业电视机的工作原理相类似。

由于电子显微镜具有很高的放大倍数和分辨本领，在现代的科学研究和生产生活的各个方面都有应用。例如透射式电子显微镜在生物医学方面，可以用它来研究病毒和细胞组织的精细结构（图 7-12），还可以用来研究蛋白质及其他有机物

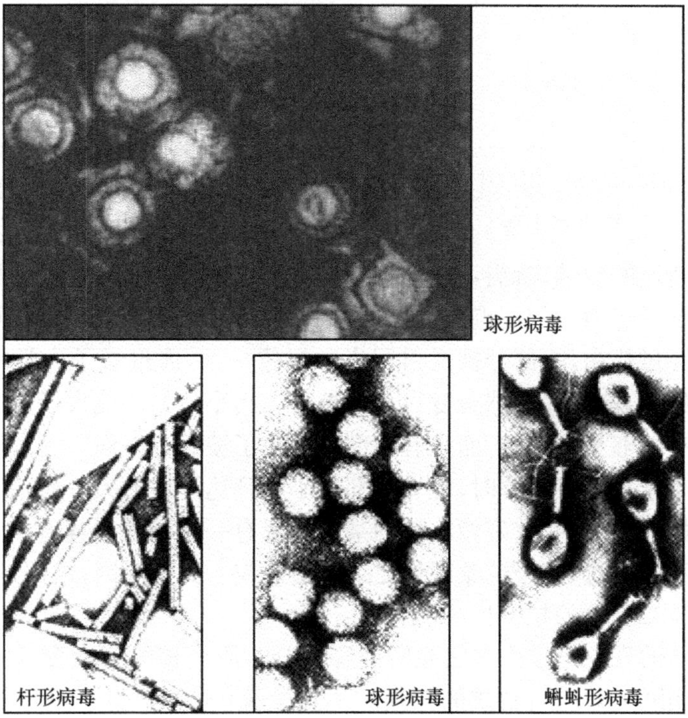

图 7-12　电子显微镜下的病毒

质的分子结构；在金属方面，电子显微镜可以用来研究各种合金材料的结构、晶体缺陷、位错和进行材料断面分析等；在地质、矿物、冶金、化学、建筑材料以及半导体材料的研究中，也有着广泛的用途。扫描式电子显微镜主要用于观察固体表面的形貌，也能与 X 射线衍射仪或电子能谱仪相结合，构成电子微探针，用于物质成分分析。由于电子显微镜的重要贡献，鲁斯卡获得了 1986 年的诺贝尔物理学奖。

7.6.2 扫描隧道显微镜

1. 隧道效应

我们先来讨论一个具体的量子力学问题：一维的方形势垒，设有能量(动能)为 E 的粒子，沿 x 轴方向射向势垒，如图 7-13 所示。

$$V(x)=\begin{cases}U_0, & 0\leqslant x\leqslant a\\ 0, & x<0, x>a\end{cases}$$

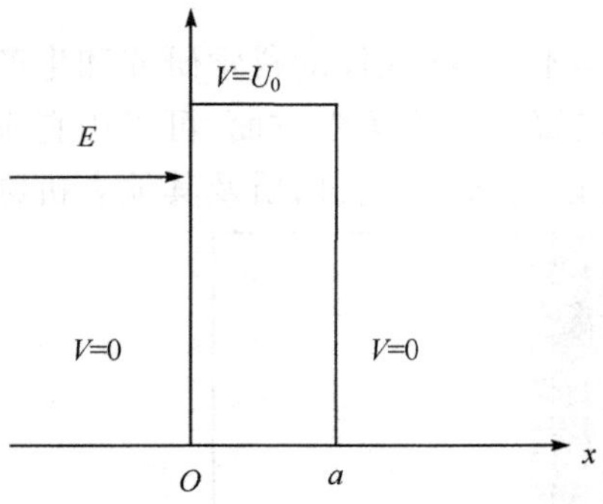

图 7-13　一维方形势垒

我们不在此讨论这个问题的具体求解。我们对比一下经典理论和量子力学对这个问题的不同结论。按照经典力学的看法，若 $E>V_0$，也就是粒子的动能大于势垒，所有粒子会越过势垒到达另一面；若 $E<V_0$，也就是粒子的动能小于势垒，粒子将全部被弹回去。想象一下，一些具有一定动能的小球从水平面开始滚向一定高度的平滑坡 h。从经典力学的角度看去，当小球的动能大于坡顶端距水平面的重力势能差的话，会看到全部小球顺利翻越；反之，这些小球一定无法到达坡的顶端，就更不用说翻过坡去。这是很明显的，不是吗？

对比一下量子力学的观点，由于粒子具有波动性，不论能量 E 为何值，粒子都有一部分会穿过势垒，一部分被反射回来。想像一下，通过量子力学的眼睛看去，我们会惊奇的发现，这些小球会变得相当神秘。当小球的动能大于重力势能差时，小球们也没有能够全部翻越，而是有一部分留在了坡的这一面。更为惊奇的是，当小球的动能小于重力势能差时，也有一部分小球到达了坡的另一面，而我们居然不能看清它是如何做到的，就好像在坡的某个位置有一条神秘的隧道，小球在我们看不到的地方穿坡而过，这个现象就称之为隧道效应。究其原因，这都是因为这些小球是具有波粒二象性的粒子！

这个奇妙的现象已被许多实验所证实，例如，原子核的 α 衰变、超导体中的隧道结等。利用隧道效应研制成的扫描隧道显微镜(STM)已成为研究材料表面结构的主要工具。

2. 扫描隧道显微镜

正如大多数科学的新发现和新发明都具有偶然性和必然性一样，20 世纪 70 年代末德裔物理学家宾尼希(G. Binning，1947～)和他的导师罗雷尔(M. Rohrer，1933～)博士在 IBM 公司设在瑞士苏黎士的实验室进行超导隧道效应的研究。一次偶然的机会，他们读到了物理学家罗伯特·杨撰写的一篇关于"形貌仪"的文章。文中有关驱动探针在样品表面扫描的方法使他们突发奇想：难道不能利用隧道效应来探测物体表面的形貌吗？事实证明，这真是一个绝妙的想法。1982 年，世界上第一台具有原子分辨率的扫描隧道显微镜终于在两人的努力下诞生了。

我们已经知道，虽然金属表面的势垒会阻碍内部的电子向外逸出，但是由于隧道效应，电子并不完全局限于金属表面内，仍有一定的概率穿过势垒到达金属的外表面，并形成一层电子云。在金属表面以外，电子云密度呈指数衰减，衰减长度约为 1nm。因此，只要将一个极细的、原子线度的金属针尖作为探针，将它与被研究样品的表面作为两个电极，当样品表面与针尖非常靠近(距离<1nm)时，两者的电子云会略有重叠，如图 7-14 所示。

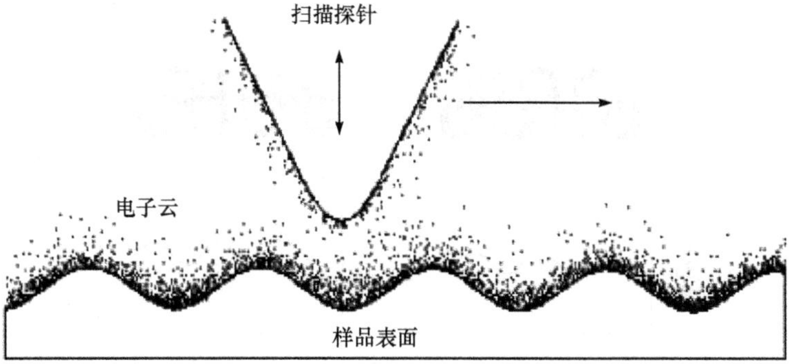

图 7-14 扫描隧道显微镜原理图

若在两极间加上微小电压，在电场作用下，电子就会穿过两个电极之间的势垒，从一极流向另一极，形成隧道电流。隧道电流对针尖与样品表面之间的距离极为敏感，当距离改变一个原子台阶的大小(0.2～0.3nm)时，电流可以有上千倍的改变。这样，可以利用这个关系得到样品表面的信息，这就是扫描隧道显微镜的工作原理。扫描隧道显微镜有两种工作方式：恒流模式和恒高模式。

利用电子反馈线路控制隧道电流的恒定(恒流模式)，针尖与样品表面之间的间距也会保持不变。利用压电陶瓷材料控制针尖在样品表面上的扫描，随着样品表面的高低起伏而作相同的起伏运动，高度的信息也就由此反映出来。这就是说，STM 得到了样品表面的三维立体信息，如图 7-15(a)所示。这种工作方式获取图像信息全面而质量高，被广泛应用。

对于表面起伏不大的样品，可以控制针尖高度恒定扫描（恒高模式）。在对样品进行扫描过程中保持针尖的绝对高度不变；于是针尖与样品表面的局域距离将发生变化，隧道电流的大小也随着发生变化；记录隧道电流的变化并转换成图像信号显示出来，即得到了显微图像，如图 7-15(b)。从 STM 的工作原理可以看到：STM 工作的特点是利用针尖扫描样品表面，通过隧道电流获取显微图像，不需要光源和透镜。这正是得名“扫描隧道显微镜”的原因。

扫描隧道显微镜与以往各种显微镜相比，其明显的优势是具有极高的分辨率。它的横向分辨率已达到 0.1nm，纵向分辨率达到 0.01nm。它可以轻易“看到”原子，这是一般显微镜甚至电子显微镜所难以达到的。我们用一个比喻来描述 STM 的分辨本领：用 STM 可以把一个原子放大到一个网球大小的尺寸，相当于把一个网球放大到我们生活的地球那么大。

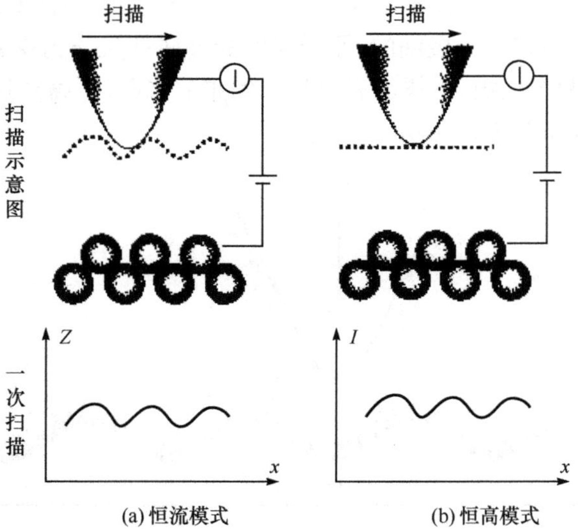

图 7-15　扫描隧道显微镜

STM 的另一个优势是使用环境宽松。电子显微镜等仪器对工作环境要求比较苛刻，样品必须安放在高真空条件下才能进行测试。而 STM 既可以在真空中工作，又可以在大气中、低温、常温、高温，甚至在溶液中使用。因此 STM 适用于各种工作环境下的科学实验。

扫描隧道显微镜的出现，使人类第一次能够实时观察单个原子在物质表面上的排列状态以及表面电子行为等有关性质。在表面科学、材料科学和生命科学等领域的研究中有着重大的意义（图 7-16）。由于这一重大的发明，1986 年诺贝尔物理学奖一半授予宾尼希和罗雷尔，另一半授予了电子显微镜的发明者鲁斯卡。

中国科学院的英文缩写

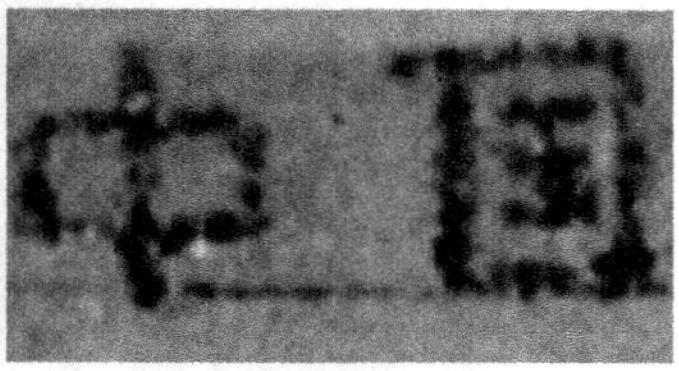

中国

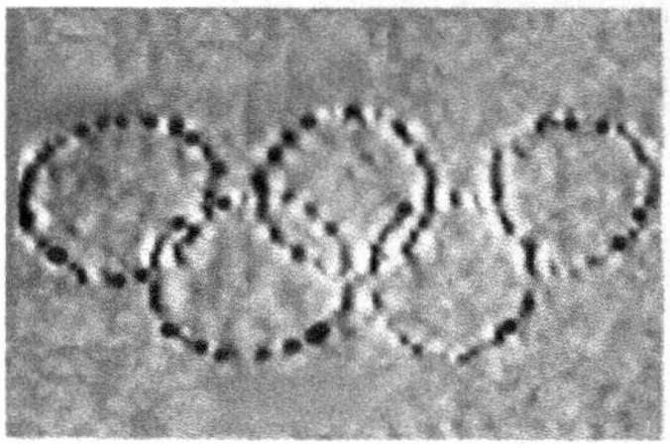
五环旗

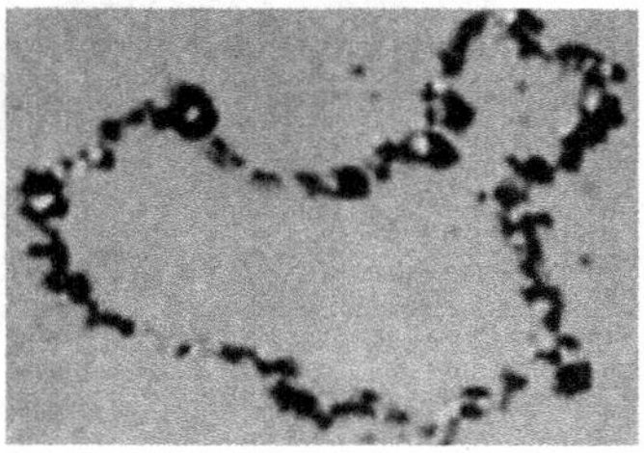
中国地图

图 7-16　中国科学院化学研究所利用自制扫描隧道显微镜在石墨表面刻蚀的图像

7.6.3　激光器

从历史来看,任何科学发明或科学发现,都不外是两条道路:一是自然界业已存在,当人们自觉或不自觉地发现以后再产生理论,并加以证明和利用,如万有引力、氧气、电磁等,这种情况称为“科学发现”;二是自然界(至少地球上的自然界)并不存在的事物,但人们先从理论上推导、预测,然后再通过努力加以证明和实现,如相对论、核裂变、核聚变等,这种情况称为“科学发明”。后者更有科学理论性和挑战性,激光的诞生过程就属于后者。激光是 20 世纪以来,继原子能、计算机、半导体之后,人类的又一重大发明。

自 1960 年 7 月世界上第一台红宝石固态激光器诞生之后,如图 7-17 所示,各种激光器相继问世,激光技术也得到了广泛的应用。激光是基于受激发射放大原理而产生的一种光辐射。因此,了解激光原理必须理解受激发射(或称受激辐射)和光放大的概念。

1. 自发辐射、受激吸收、受激辐射

1917 年,爱因斯坦在研究光讯号与原子的相互作用时,发现它们之间的相互作用可以归结为三个基本过程,即自发辐射、受激吸收和受激辐射。

处于高能态的原子如临渊而不稳,总会自发地从高能态向低能态跃迁,与此同时还会发射光子,这就是自发辐射。对于每个高能态原子来说,这种自发发射是独立地进行着的,因此发射出的光子也是彼此独立的,它们的发射方向和初位相都不相同,因此对于一个普通光源,我们可以从各个方向看到它的光。

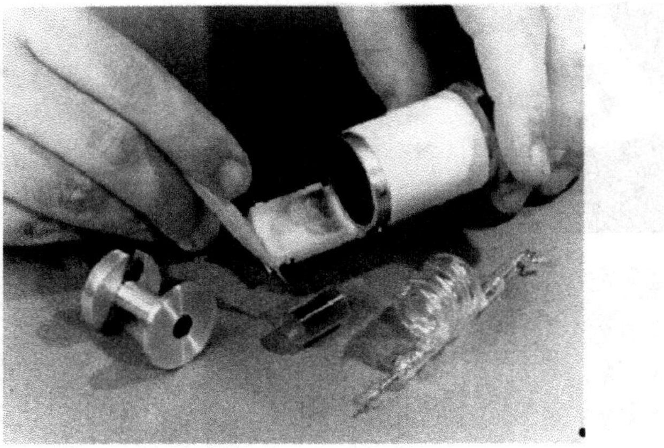

图 7-17　1960 年世界第一台红宝石激光器

如果原子处于低能态，有一外来光子趋近它，若该光子携带的能量恰好为两能级能量之差。那么原子就有可能吸收这个光子向高能态跃迁，这种过程称为受激吸收。

受激辐射是激光器中最基本的过程。如果原子在开始时处于高能态 E_2，在自发辐射以前，受到能量为 $h\nu=E_2-E_1$ 的外来光子的诱发作用，就有可能从高能态 E_2 跃迁到低能级 E_1，同时发射一个与外来光子完全一样的光子，就如同克隆一般，这就是受激辐射过程。受激辐射的结果，使原子从上能级回到了下能级，而光子数由一个变成了两个，且产生的光子在频率、相位、偏振态和传播方向上都和入射光子完全相同。如果这两个光子再引起其他原子产生受激辐射，这样继续下去，就能得到大量的特征相同的光子，这就实现了光放大。

2. 激光器的组成、特性、应用

任何激光器都是由激励能源、工作物质和谐振腔等组成，如图 7-18 所示。按工作物质来分，激光器可分为：固体激光器（如红宝石）、液体激光器（如某些染料）、气体激光器（如 He-Ne）及半导体激光器（如砷化镓）等。按光的输出方式可分为：连续激光器和脉冲激光器。

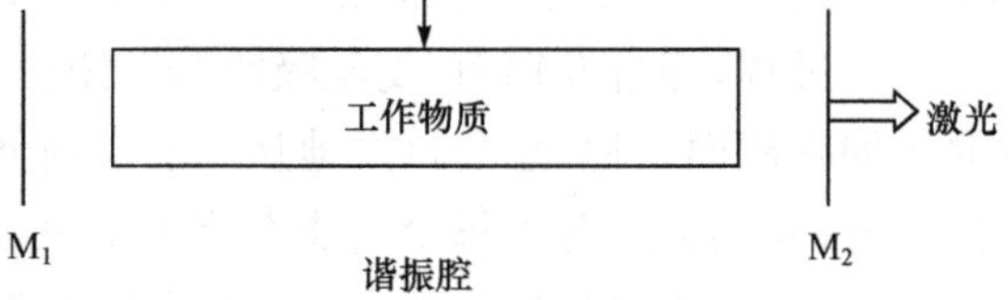

图 7-18　激光器结构示意图

激光发射原理的特殊性决定了激光具有普通光所不具有的特点：单色性好、相干性好、方向性好、能量集中。这些特征引起了现代各种光学技术的革命性进展。不仅如此，还极大地促进现代物理学、化学、天文学、宇宙科学、生物学和医学等一系列基础学科的发展。在医学领域，激光可作为切割细胞或分子的精细"手术刀"而进行外科手术。在测绘方面，可以进行地球到月球之间距离的测量和卫星大地的测量。在军事领域，可以制成摧毁敌机和导弹的激光武器。在工业领域，可使用激光进行材料加工，例如激光打孔、切割和焊接等。

3. 氦氖激光器

氦氖激光器是实验室中最常见的激光器，其中氦与氖的比例为 5∶1 至 10∶1，实际比例由腔体的结构决定。图 7-19 是 He、Ne 原子能级示意图。

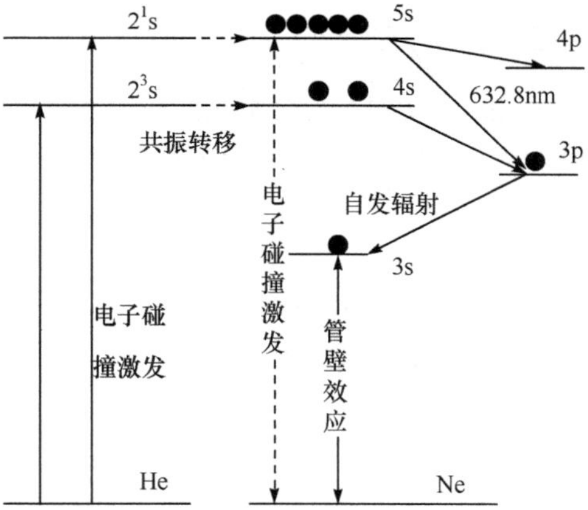

图 7-19　氦氖激光系统的能级图

在室温情况下，绝大多数 Ne 原子都处于基态，在氦氖激光器管上加一电压，产生气体放电，管中电子被电场加速而具有较大的动能，这些电子与 He 或 Ne 原子发生非弹性碰撞，将动能转为原子的内能，从而使 He 和 Ne 激发到几个较低的能态。由于 He 和电子碰撞被激发到 2^3s 和 2^1s 的可能性比激发 Ne 原子大，而且这两个能级都是寿命较长的亚稳态，很难回到基态，因此在 He 的这两个激发态上聚集了很多的原子。He 原子的这两个能级与 Ne 原子的 4s 和 5s 能态能量十分接近（仅相差 0.15eV）。当两种原子碰撞时非常容易产生能量的"共振转移"，即在碰撞中 He 把能量传递给 Ne 而回到基态，Ne 原子中的电子则被激发到 4s 或 5s 态。而处于这两个能级的 Ne 原子，自发辐射的概率是很小的，这样就实现了 Ne 原子的能级 5s 与 4p 间、5s 与 3p 间、4s 与 3p 间的粒子数反转。从这三对能级之间的跃迁，能发出波长为 632.8nm（最常用的 He-Ne 激光、红光）、3.39μm（红外线）和 1.15μm（近红外线）的三条谱线。

如图 7-20 是氦氖激光管的示意图。激光管(器)的输出镜、全反镜直接封接在放电管两端外侧的称为内腔式氦氖激光管。如果输出镜 、全反镜放在管外,则称为外腔式氦氖激光器,其放电管两端需要被磨成一特殊角度(布鲁斯特角),并用两块石英玻璃密封,两块石英玻璃称为布氏窗,可获得偏振性极好的平行偏振光。

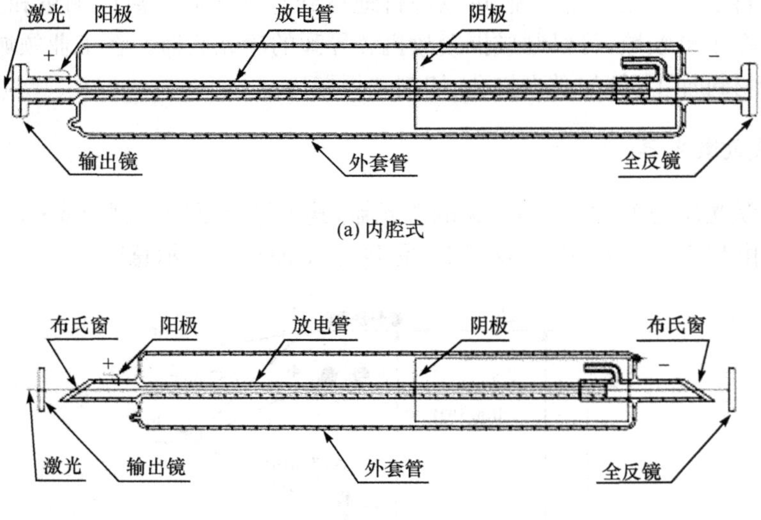

(a) 内腔式

(b) 同轴式外腔

图 7-20　氦氖激光管

第 7 章习题

1. 经典物理在解释黑体辐射现象时遇到了什么困难? 它导致了什么理论的诞生?
2. 什么是光电效应,光电效应有什么特点。
3. 什么是线状谱,什么是连续谱? 原子的发射光谱是怎样的光谱? 不同原子的发射光谱是否有可能相同。
4. 经典物理学在解释原子光谱时遇到了什么困难?
5. 玻尔的原子模型是如何解释氢原子的线状光谱的?
6. 写出德布罗意关系式,并且比较 1000eV 的质子和 10000eV 的电子的德布罗意波长。
7. 德布罗意关系式是仅用于基本粒子如电子、中子之类还是同样适用于具有内部结构的复合体系?
8. 为什么粒子的波动性在我们日常观察中不甚明显? 举例说明。
9. 量子力学适用于微观体系,而经典力学适用于宏观体系。这个说法正确吗?
10. 经典波有波函数吗? 量子波函数与经典波函数有什么异同?
11. 简述激光的结构和激光器的应用。

第 8 章　微观世界中的物理

前面已经讲过，物理学是以物质的基本结构、物质之间的相互作用、相互转化以及运动的基本规律等作为研究目标的科学。那么物质的基本结构究竟是怎样的呢？这些基本结构又是怎样相互作用，怎样结合在一起构成多姿多彩的世界万物的呢？

自人类文明出现以来，人类对这些问题的探索一直没有停止。这些话题一直伴随着物理学乃至整个人类科学文明的诞生与发展。本章，我们将根据迄今为止对物质微观结构的研究所取得的基本知识，沿着历史的足迹，着重讨论原子和原子核物理以及粒子物理的微观层次现象，最后一节简单介绍核能的应用。

8.1　古代的微观物质假说

公元前 1000 多年的殷周时期，古代中国人提出了五行说，认为万物是由金、木、水、火、土这五种常见的元素构成，它们之间相生相克。古代印度人和希腊人也提出过类似学说，指出物质是由空气 Air、火 Fire、泥土 Earth、水 Water，即“少数”(A FEW)基本单元构成的，如图 8-1 所示。

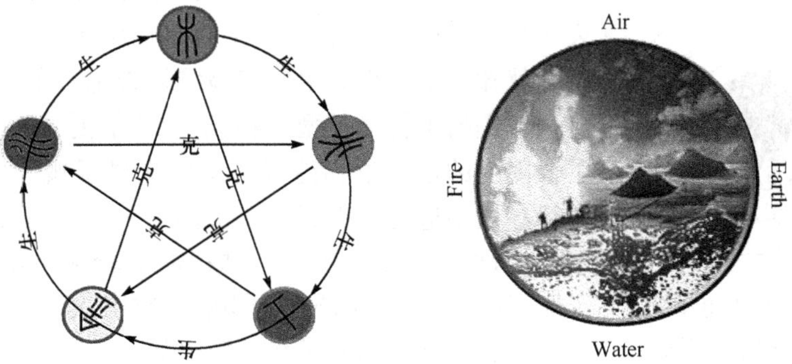

图 8-1　五行原理及 A FEW 学说

到 2000 多年前，先哲们对于物质构成的认识存在两种截然不同的观点。其一认为物质是由不可分割的最小基本单元"原子"构成的(原子的原意就是不可再分的意思);另一观点则认为物质构成是连续的、可以无限分割的,如"至大无外,谓之大一;至小无内,谓之小一"、"一尺之锤,日取其半,万世不竭"等。现在看来,这些对于物质结构的思考和认识还只是处于思辨阶段,那时的"原子",没有说清到底是什么物质,是模糊不清的概念。

步入 19 世纪末期,经典物理学已经取得了辉煌的成就,解决了当时的所有主要问题。三大力学定律、三大热学定律、四个电磁学方程完美地解释了宏观世界的各种现象并且做出了准确预测,物理学家们则成为了现实世界的魔法师,20 世纪量子力学的诞生,以及工艺技术的进步和测量技术的改善,使人类真正有机会有效地观测和研究更细小和更宏大的物质尺度现象,为探索物质的基本构成,探索微观世界的秘密,提供了有力的工具。

8.2 原子模型的发展历史

原子的概念从很早的时候就已经产生了,但现代原子理论的诞生还是经历了一个很长的过程。1661 年,波意耳 (R. Boyle,1627～1691) 认为物质是由不同的"微粒"或原子自由组合构成的;100 多年后(1789 年),拉瓦锡(A. L. Lavoisier,1743～1794)用原子来表示化学变化中最小的基本单元;又过了近 100 年(1869 年),门捷列夫(D. Mendeleev,1834～1907)发现了原子的性质呈周期性变化的规律——元素周期律。

第 7 章中提到,1897 年汤姆孙 (J. J. Thomson,1856～1940) 发现了电子以及它的亚原子特性,粉碎了原来认为原子不可再分的理论。在发现电子的基础上提出了原子的葡萄干布丁模型,这是第一个存在着亚原子结构的原子模型。

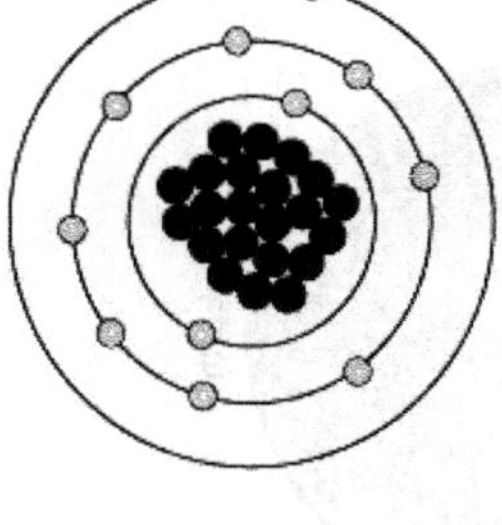

图 8-2 核外电子分层排布的原子模型

当时,还有各种各样的原子模型,大家相互争论,莫衷一是。随后,汤姆孙的学生卢瑟福出场了,此后的故事我们就知道了。卢瑟福的实验结果否定了葡萄干布丁模型。他提出了行星模型,他的学生玻尔更进一步,在接受了普朗克的量子论和爱因斯坦的光量子概念的基础上,对行星模型进行了改进,提出了核外电子分层排布的原子模型,如图 8-2 所示。卢瑟福的实验无可辩驳地论证了原子的核模型,把原子结构的研究引入了正确的轨道,因而卢瑟福被誉为原子物理学之父。

在量子力学理论基础上,原子物理得到了发展。随着物质结构往深层次的不断分割,人们已从实验上确定了层次化的物质构成,而且每个构成层次都存在各自的特点,表现出独特的相互作用和运动规律,不同层次的物质的运动规律并不是简单地重复，而是不断地出现一些新的物理内容，每一层次都有自己的新概念和新规律，研究这些更深层次的微观粒子的物理规律的科学，人们习惯称为粒子物理。

20世纪50年代，随着粒子加速器及粒子探测器的发展，科学家们通过研究高能粒子间的碰撞发现了多种微观粒子描述粒子物理的标准模型也随之建立和发展起来，该模型能够较好地在亚原子水平上解释整个原子核以及亚原子粒子之间的相互作用。粒子物理得到了蓬勃发展。

8.3　原子的组成

我们知道，原子的本意是“不可再分的粒子”。在最初研究中，人们也确实认为物质的最小组成成分是原子。然而随着研究的不断深入，人们发现原子是由比其更小的物质组成的。原子由原子核和核外电子组成，原子核又是由质子和中子(统称为核子)组成。而核子是由夸克组成的。

8.3.1　电子

电子是原子的重要组成部分，目前实验上还没有表明其存在任何下层结构，因为目前认为电子是不可再分的粒子。通常情况下电子是被束缚在原子之中的，它围绕中心的原子核旋转。

电子是1897年汤姆孙在实验中发现的。汤姆孙28岁就当选为英国皇家学会会员，并且担任了有名的卡文迪许实验室主任，是一位很有成就的物理学家。他培养出了八位诺贝尔奖获得者。

电子空间尺度$<10^{-18}$cm，带有负电，其基本带电量为1.602×10^{-19}库仑，库仑是国际单位制中的单位，大小约为6.25×10^{18}电子所带的电量。

8.3.2　核子

卢瑟福领导的团队在发现了原子核后，又发现了原子核中的质子。质子的电荷量为e，质量为1.673×10^{-27}千克。卢瑟福发现质子以后，又预言了原子核的另外一个组成成分——不带电的中子的存在。

1932年英国物理学家查德威克在实验中发现了中子。中子是电中性的粒子，其质量为1.675×10^{-27}千克，比质子的质量稍大。自由中子是不稳定的粒子，平均寿命为896秒，它将衰变成质子、电子和反中微子υ(也是一个微观粒子)。

8.3.3　夸克

相当长时期以来，人们认为电子与核子是最小的基本单元，不可再分。到了20世纪60年代，美国物理学家默里·盖尔曼和G. 茨威格各自独立提出了中子、

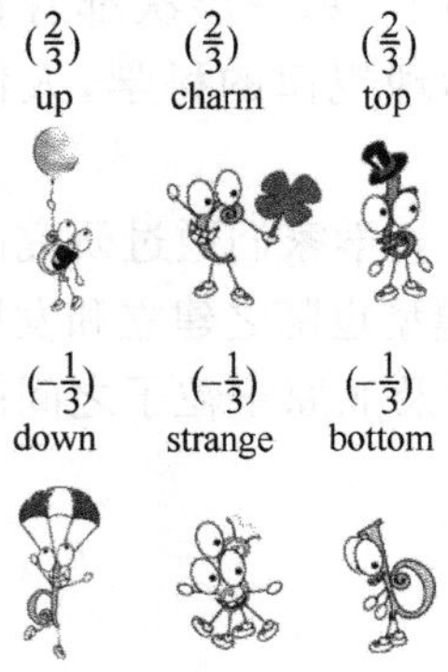

图 8-3　六"味"夸克

质子等是由更基本的单元——夸克(quark)组成的，很多中国物理学家称其为"层子"。"夸克"一词是由默里·盖尔曼从詹姆斯·乔伊斯的小说《芬尼根彻夜祭》(Finnegan's Wake)中的诗句中得来的。夸克具有分数电荷，是电子电量的$\frac{2}{3}$或$-\frac{1}{3}$倍，自旋数为$\frac{1}{2}$。夸克有六种"味"，分别是上夸克(up，用 u 表示)、下夸克(down，d)、奇异夸克 (strange，s)、粲夸克(魅夸克)(charm，c)、底夸克(bottom，b)和顶夸克(top，t)，如图 8-3 所示。上夸克、粲夸克和顶夸克具有$\frac{2}{3}$e 正电荷，下夸克、奇异夸克和底夸克则具有$\frac{1}{3}$e 负电荷。目前研究表明，所有的夸克都是被"禁闭"在粒子内部的。在粲夸克的发现过程中，华裔科学家丁肇中和 Richer 各自独立地做出了贡献。

六"味"夸克，又通常分为三"代"，代的概念是采用类似门捷列夫周期表的方法把夸克分成组：第一代为上夸克(up)和下夸克(down)，第二代为粲夸克(charm)和奇异夸克(strange)，第三代为顶夸克(top)和底夸克(bottom)。每一种夸克也都有相对应的反夸克。

在量子色动力学中，夸克除了具有"味"的特性外，还具有三种"色"的特性，分别是红、绿和蓝。这里"色"并非指夸克真的具有颜色，而是借"色"这一词形象地比喻夸克本身的一种物理属性。与电磁相互作用的作用荷——电荷类似，只不过色分红、黄、蓝三种，电荷分正、负两种。

计入 6 种味和 3 种色的属性，共有 18 种夸克，另有它们对应的 18 种反夸克。

8.3.4　几种基本微观粒子的尺度

中学曾经学过，分子是保持物质化学性质的基本单元，分子是由原子构成的，其典型空间尺度是 10^{-9}米(m)。但由于分子的种类繁多，从简单的无机分子到复杂的生物大分子，其空间尺度分布可在约 10^{-9}至 10^{-4}m 的范围内变化。

构成分子的最小基本单元 ——原子的尺度在 10^{-10}m 左右，占据原子大部分质量(99.95%以上)却仅占其极小空间的原子核在 10^{-14}m 量级。可见原子核的密度(核密度)极大，约为 10^{14} (g/cm^3，1cm^3 的体积如装满原子核，其质量将达到 10^8 ton)，即 1 亿吨。根据爱因斯坦质能公式(我们在后面将要学到)，可知原子核的能量极大。组成原子核的质子和中子(统称为核子)的尺度比原子核还要小，约为 10^{-15}m 量级。

夸克的空间尺度小于 10^{-19}m，即小于原子尺度的十亿分之一。我们将以上这些微观粒子的尺度画于图 8-4 中。

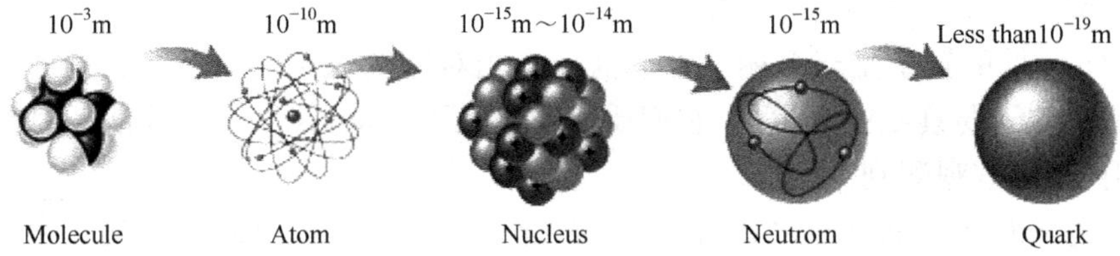

图 8-4　微观粒子的尺度

8.4　基本粒子和几种重要微观粒子

8.4.1　基本粒子

在 20 世纪，发现了大量的微观粒子，有 400 多种。这些粒子有些是从宇宙射线中发现的，有些是通过粒子加速器得到的。这些粒子都具有相应的反物质粒子，反物质粒子具有与相应的粒子相同的质量，但是它们的电荷和磁性质、量子数等相反。我们知道，世界上有很多物质，但都是由元素周期表中的基本元素构成的。于是，人们自然而然地要问，微观粒子中哪些是最基本的粒子，而其他粒子是由哪些最基本粒子构成的？微观粒子如何分类呢？

所谓基本粒子，就是组成各种物质的不可再分的微观粒子，比如我们上面讲到的电子、夸克。

20 世纪 50 年代，科学家们面对着发现的几百种微观粒子，试图进行分类。最初采用质量作为参数，质量轻的叫做轻子，包括电子、中微子等等；中等质量的叫做介子，如 π 介子、κ 介子；质量大的叫重子，如质子、中子。基本粒子中，除了夸克以外，其他的基本粒子属于轻子类。也就是说，基本粒子可以分为轻子和夸克这两类。我们宇宙中的任何物质，不论是从银河到星球，还是从山岳到分子，都是由轻子和夸克组成的。

后来，默里·盖尔曼认为，根据粒子间的相互作用（一共有四种相互作用，分别是引力相互作用、电磁相互作用、弱相互作用和强相互作用），对粒子进行分类，是最好的办法，这种分类方法得到了大家的广泛认同。

现在，我们认为已知的数以百计粒子是由 6 种夸克、6 种轻子、6 种反夸克、6 种反轻子和 4 种传播相互作用的媒介子（见下一节）这些基本粒子组成的。

8.4.2　轻子

1. 轻子的种类

一共有 6 种轻子，其中 3 种是带电的、而另外 3 种是中性的，目前认为它们都是基本粒子，而且没有内部结构。

(1) 带电的轻子有电子（简写成 e）、μ 子（简写成 μ）和 τ 子（简写成 τ），后两者带电情况与电子一样，只是质量较重一些。

(2) 中性的轻子是与上述三种带电轻子相对应的三种中微子(简写成 ν)。中微子是在粒子弱衰变中产生的，它们质量很小且不带电，几乎不与其他任何粒子发生作用，很难被观测到。

上述所有轻子都有与之相对应的反轻子，比如电子是一种轻子，其反物质为反电子，也叫做正电子。

较重的轻子如 μ 子和 τ 子的寿命很短，当它们生成之后很快就衰变成电子和其他粒子了，τ 轻子发生衰变时，它所衰变成的粒子之一就是与其对应的中微子，其他的粒子可能是夸克和反夸克，或别的轻子及其反中微子。而电子和中微子是稳定的。

2. 轻子数守恒

物理学家们通过大量的实验观测发现，在轻子参与的所有相互作用中，总有一个守恒量是不变的，我们称其为“轻子数”，正粒子具有“+1”的轻子数，反粒子具有“−1”的轻子数。轻子数不守恒的物理过程是不能发生的。然而还有一些物理过程其轻子数是守恒的，但仍然不能发生，为了解释这一现象，物理学家们把轻子分成三个轻子家族，从而把轻子数进行细分为三“代”轻子数：第一代为电子和电子中微子，具有电子数；第二代为 μ 子和 μ 中微子，具有 μ 子数；第三代为 τ 子和 τ 中微子，具有 τ 子数。在物理过程中，不仅要求轻子数必须守恒不变，而且每代轻子数也必须守恒不变，每代轻子数守恒是比轻子数守恒更加严格的守恒定律。目前实验上还没有发现轻子数不守恒的物理过程，轻子数守恒定律是粒子物理学里非常重要的基本定律之一。

3. 强子

夸克总是和其他的夸克成群结队地出现，从未发现有单个存在的夸克。虽然每个夸克具有分数的电荷量，但是它们组合形成的粒子具有整数电荷。由于夸克构成的粒子全都可以参与强相互作用，故一般统称其为强子。目前实验上只是观测到两类强子，它们是重子和介子。重子是由任意三个夸克所组成的强子。例如，上述已经提到质子是由两个上夸克和一个下夸克所组成，可以写成 uud，中子是由一个上夸克和两下夸克所组成(udd)。介子是由一个夸克和一个反夸克组成的强子，例如 π^+ 介子，它是由一个上夸克和一个下反夸克构成。

4. 另一种角度的分类：费米子与玻色子

在第 7 章中，我们提到，有一个量子数叫做自旋量子数，它反映了微观粒子的自旋。物质世界的所有粒子依自旋的不同，均可归为费米子或玻色子的范畴。费米子是自旋为半整数的粒子，玻色子则是自旋为整数的粒子。重子属于费米子，而介子则属于玻色子。所有的夸克和轻子自旋都是1/2，所以它们都是费米子。电子、质子和中子——构成普通物质的三种"建筑材料"都是费米子。

为什么这两类基本粒子以这两个物理学家的名字命名？那是因为他们对物理学作出了非凡的贡献。

费米(E. Fermi，1901～1954)于1901年出生在意大利罗马，是第一台核反应堆的设计师，100号化学元素镄就是为纪念他而命名的。26岁时他在罗马大学当上了正教授，当时他发表的论文，论述了物理学中的一个深奥的分支——量子统计学。1933年费米提出了β衰变(一种放射)学说，对当今物理学中的两个重要课题——中微子和弱相互作用首次作了定量分析。由于对中子吸收做了重要的研究，费米于1938年获得诺贝尔物理奖。1939年3月，费米与美国海军界接触，希望引起他们对发展原子武器的兴趣。但是直到几个月后爱因斯坦就此课题给罗斯福总统写了一封信以后，美国政府才对原子弹给予重视，费米成为世界第一台核反应堆攻关小组组长。1942年12月2日，在芝加哥，费米指导下设计和制造出来的核反应堆首次运转成功，这是原子时代的真正开端。随着这项实验的成功，美国全速开展了研制原子弹的哈曼顿工程。

玻色(S. N. Bose，1894～1974)出生于印度，是玻色-爱因斯坦量子统计理论和玻色-爱因斯坦凝聚态理论的奠基人，其相关工作对量子力学的发展产生了一定的影响。玻色研究工作的主要方向是在理论物理方面，他利用相对论和量子论解决不同状态下的分子或原子体系问题。1926年8月，以严谨著称的理论物理学家狄拉克发表了一篇论文，完善了量子统计的费米-狄拉克理论，在这篇论文中，狄拉克把服从玻色-爱因斯坦统计的粒子命名为"玻色子"，这是对玻色的工作最好的褒奖。

8.5　微观粒子的相互作用标准模型以及传递相互作用的媒介子

8.5.1　四种相互作用

我们现在知道了基本粒子和一些微观粒子，但它们之间是怎样相互作用、相互联系在一起并构成世界万物的呢？

在宏观世界里，两个物体之间是通过力场进行力的作用与能量交换的。对于带电体，它们的相互作用是通过电磁场的。微观粒子呢？它们之间的相互作用是如何实现的呢？

现在科学家们已经认识到的所有物体之间的相互作用可归纳为四个类型：引力相互作用、弱相互作用、电磁相互作用和强相互作用，它们之间的相对作用强度之比约为$10^{-39}:10^{-5}:10^{-2}:1$。引力和电磁力都是长程力，可以在宏观尺度上表现出来。弱相互作用和强相互作用都是短程力，只在很短的空间尺度上表现出来。其中强相互作用的作用距离为 10^{-15} m，弱相互作用只在 10^{-18} m 的距离内表现出来。

有质量的物质之间具有引力相互作用，质量可以理解为引力作用的“荷”，有电荷的物质之间具有电磁相互作用，电荷是电磁相互作用的“荷”。强相互作用的“荷”是色荷，所以强相互作用又称为色相互作用，色相互作用具有“禁闭”的性质，表现为随夸克之间距离的增加，强作用力急剧加强，所以若想把单个夸克分离出来，必须提供无限大的能量以抵消色相互作用力的势能。

物质之间的上述四种相互作用的传播（能量的传播交换等），是通过某种介质发生的，我们把这种介质称为传播子或媒介子。比如，电磁相互作用的媒介子是光子，强相互作用时的媒介子为介子或胶子，弱相互作用的媒介子为中间玻色子，万有引力的媒介子为引力子，见图 8-5。

相互作用类型	作用强度	媒介子	作用力程(m)
强相互作用	~1	胶子	$\sim10^{-15}$
电磁相互作用	$\sim10^{-3}$	光子	无穷远
弱相互作用	$\sim10^{-5}$	$W^{+/-}$,Z^0	$\sim10^{-18}$
引力相互作用	$\sim10^{-38}$	引力子(?)	无穷远

图 8-5　四种相互作用强度以及媒介子的交换

轻子只参与弱相互作用、电磁相互作用和引力相互作用，不参与强相互作用。强子不仅参加电磁相互作用和弱相互作用，而且还参加强相互作用。

在微观尺度上，由于引力相互作用太弱，通常不予考虑，只需要考虑另外三种相互作用。在原子和分子层次，电磁相互作用是占主导地位的；而在核子层次上，则是强相互作用占主导地位，虽然核子之间也存在电磁相互作用，但比强相互作用强度要小 2 至 3 个数量级，弱相互作用则更小，都不是占主导地位的相互作用；夸克之间的相互作用也是强相互作用。

8.5.2　粒子物理的标准模型

为了研究微观粒子物理规律，科学家们在大量实验基础上，构造了很多模型，目前公认的最成功的一种模型是粒子物理学的标准模型，它是由夸克模型、弱电统一理论和量子色动力学三个部分构成。

标准模型构建了一套完整的描述强相互作用、弱相互作用和电磁相互作用这三种基本相互作用力以及组成所有物质的基本粒子的理论。标准模型把组成物质世界的基本粒子分为三类，即轻子、夸克以及传播相互作用的媒介子。媒介子都是玻色子。

标准模型成功预言了 Z^0 粒子、$W^{\pm}$ 粒子和 τ 轻子以及顶夸克等。不过，虽然目前世界上所有的物理实验，包括核物理实验、高能物理实验以及天文观测等在其测量精度内全都证明标准模型理论是正确可靠的，但人们一般认为标准模型理论只是一个近似的或者不完整的理论，因为标准模型中还有很多不尽如人意的地方。所以理论物理学家们提出了各种各样超越标准模型的理论，用以解决标准模型中的疑难问题。实验物理学家们则通过进行各种各样的实验，在更高精度或更高能量两个方面寻找可能的超出标准模型预言的新物理或新现象。不过，现有的实验结果在实验误差范围内仍然是符合标准模型预言的。

8.6 放　射　性

8.6.1　三大发现

在研究粒子物理的过程中，有三大发现起着重要的作用，它们分别是 X 射线、放射性和电子的发现，这三大发现都是在研究原子物理的过程中，于 19 世纪末、20 世纪初发现的。

上一节我们提到，电子是 1897 年汤姆孙发现的，是第一个被发现的基本粒子，电子的发现，打破了原子不可再分的经典物质观，开辟了原子物理学的新领域，打开了通向基本粒子物理学的大门，电子的问世还开辟了电子科学与技术的新时代。此后人们还发现了电子的波动性，为量子物理提供了直接的实验依据。电子的发现改变了人们的科学思想观念和科学研究方法，改变了人类的生活方式。

对于 X 射线，我们现在都不陌生，在医院进行透视时，都需要拍摄 X 照片。X 射线是 1895 年德国物理学家伦琴(W. C. Rontgen)发现的，当时他在进行阴极射线的研究，无意中发现了一种新的现象，因为阴极射线不能穿透玻璃，但是实验中发现玻璃被穿透了，他想可能是有一种新的射线。接着的七周，伦琴吃住在实验室，一鼓作气进行研究，终于确信这是一种神奇的具有极强穿透能力的射线，并命名为 X 射线。他的论文一经发表，就得到了迅速的关注和反响，3 个月后，维也纳医院中就开始用 X 射线对人体进行拍片；半年后，一种关于 X 射线应用的专业杂志《X 射线临床摄影资料》就诞生了；1896 年一年，关于 X 射线研究的论文就达到 1000 篇。X 射线的发现使得人类首次进入了微观世界，为此，首届诺贝尔物理学奖授给了伦琴。

其实，在伦琴发现 X 射线之前，阴极射线的研究已经有了 30 年的历史，应该有不少科学家发现过类似的 X 射线穿透现象，比如英国科学家克鲁克、美国科学家古茨彼得都曾经发现实验用的照片底片出了问题(现在我们知道是因为 X 射线的原因)，随手将底片扔掉了；勒纳德在实验中发现了和伦琴发现的实验现象完全相同的一幕，即玻璃被射线穿透了，可是却没有太多注意。

伦琴还具有高尚的人格，他将诺贝尔奖金全部捐献出去，也没有因为 X 射线的商机而申请任何专利。

除了电子、X 射线以外，另外一个重要发现就是放射性。

8.6.2 放射性的发现，居里夫妇的贡献

X 射线发现后，法国物理学家贝可勒尔(H. Becquerel)也开始进行这方面的研究工作。在研究过程中，他发现铀盐可以放出一种肉眼看不到的射线，使得照相底片曝光，而这种射线不是 X 射线，是一种穿透很强的能够使空气电离的神秘射线。可惜的是，贝可勒尔并没有将放射性的研究深入下去，他后来回忆说，当时放射性是从铀中发现的，自己的思想受到禁锢，没有想到放射性是一种普遍现象。而法国的居里夫妇(皮埃尔 · 居里，P Curie，玛丽 · 居里，M Curie)将放射性的研究推进了一大步。

玛丽 · 居里出生于波兰华沙一个家境贫寒的物理老师家庭。16 岁中学毕业后无钱深造，只好当一个家庭教师。24 岁时，利用多年的积蓄买了一张车票，到巴黎大学理学院学习，28 岁时与皮埃尔 · 居里结婚，婚后，她听从皮埃尔的建议选择放射性作为她的博士论文选题。在研究中，她将研究物质从铀盐拓展到其他所能够找到的各类矿石，同时注重研究中测量的精度，就是因为这两点，使得她在放射性的研究中取得重大成就，导致放射性研究得到了飞跃。

1989 年初，居里夫妇发现，在天然存在的元素中，除铀以外，钍也具有类似强度的放射性。放射性这个词也是当时居里夫人提出的。同年 7 月，他们在沥青油矿的矿石中，分离出了一种比铀和钍的放射性强几百倍的一种新元素，并命名为“钋”，以纪念她的祖国波兰。1898 年 12 月，又发现了比铀的放射性强 100 万倍的新元素“镭”。为了得到纯净的镭并测出它的原子量，居里夫妇耗时四年，克服了重重困难，测出了镭的原子质量为 22.35。为此，居里夫妇与贝可勒尔一起获得了 1903 年诺贝尔物理学奖。虽然放射性尤其是镭在医学上具有治病的疗效，居里夫妇也没有为自己的发现申请专利，居里夫人说：“不能因为我们的发现偶有商业前途而从中牟利，……我们不能申请专利，那是违背科学精神的。”

居里夫人还因为镭和钋的发现，及对它们化学性质的研究，获得了 1911 年诺贝尔化学奖。她是第一位获得两次诺贝尔奖的科学家。

8.6.3　α,β,γ 三种射线

放射线的发现,同样吸引了各国科学家的关注。英国剑桥大学卡文迪许实验室的卢瑟福(就是提出原子核模型的那一位)和其他科研工作者也投入了研究,发现了各种放射性元素发出的射线中包括 α、β、γ 三种射线,其中 α、β 两种射线是卢瑟福发现并命名的。α 射线是带两个正电荷的氦核流,非常容易被物质吸收,连一张纸也透不过;β 射线是带负电的电子流,具有较强的穿透本领;γ 射线是电中性的电磁辐射,具有非常强的贯穿能力,在电磁场中不偏转,比 X 射线的波长还短,γ 射线是法国科学家维拉德 1900 年发现、由卢瑟福 1902 年命名的。

放射性实际上是一种原子核的衰变,在衰变过程中伴随着三种射线的射出,三种射线对应着 α、β、γ 三种衰变。

α 衰变是原子核自发地放射出 α 粒子而发生的转变。如镭的放射性就是放射出 α 粒子流(α 射线)并衰变成氡的过程。

β 衰变是原子核自发地放射出 β 粒子或者俘获一个轨道电子而产生的,其中,原子核衰变时放出电子叫做 β^- 衰变,放出正电子叫做 β^+ 衰变,俘获一个轨道电子叫做轨道电子俘获(EC)。不管电子和正电子统称为 β 粒子。考古上常用的 ^{14}C 的 β^- 衰变过程就是放出一个负电子的过程。

γ 衰变是处在激发态的子核回到低能态,发出 γ 射线的过程。钴就是常用的一种 γ 射线源。

8.6.4　放射性的衰变规律

1903 年,卢瑟福及其同事在大量实验基础上,发现了放射性的衰变是有规律的。假设在 $t=0$ 时刻,有 N_0 个具有放射性的原子核素,经过时间 t 后,由于衰变,最后留下的原子核的数目为

$$N(t)=N_0 e^{-\lambda t} \tag{8-1}$$

式中 λ 是反应衰变快慢的一个量,叫做衰变常量,λ 越大,留下的原子核素越少。

放射性核素的数目衰减到一半的时间,叫做半衰期 $T_{1/2}$,由上式可以计算出

$$N_0/2=N_0 e^{-\lambda T_{1/2}} \tag{8-2}$$

则

$$T_{1/2}=\frac{\ln 2}{\lambda} \tag{8-3}$$

在考古学上,^{14}C 是非常有用的,它是 β 衰变,半衰期 $T_{1/2}=5730$ 年。

在实际应用中,还引入了一个概念——放射性活度。活度是在 t 时刻,放射性核素的衰变率,它随时间而变化,是一个可以通过实验测量到的量,其单位是贝可

(Bq)。引入活度 $A(t)$ 后，有

$$A(t)=\lambda N(t) \tag{8-4}$$

$t=0$ 时的活度

$$A_0=\lambda N_0 \tag{8-5}$$

放射性活度从 A_0 经过时间 t，变化到 $A(t)$，满足

$$t=\frac{1}{\lambda}\ln\frac{A_0}{A(t)} \tag{8-6}$$

例 8-1 发现某生物体的 1g 碳中的 ^{14}C 活度为 0.121Bq，问该生物距今多少年？

解 由(8-3)可以得到

$$\lambda=\frac{\ln 2}{T_{1/2}}=\frac{\ln 2}{5730\times 365\times 24\times 3600\text{s}}=3.82\times 10^{-12}/\text{s}$$

1 摩尔(12g)碳中的 ^{12}C 原子数为 $N_A=6.02\times 10^{23}$ 个，则 1g 碳的原子数为 $N_A/12=5.02\times 10^{22}$ 个。在大气中，^{14}C 和 ^{12}C 之比近似为一个常数 1.20×10^{-12}，所以，^{14}C 的原子数目为：$5.02\times 10^{22}\times 1.20\times 10^{-12}=6.02\times 10^{10}$ 个。由(8-5)，得到

$$A_0=\lambda N_0=3.82\times 10^{-12}/\text{s}\times 6.02\times 10^{10}=0.231\text{Bq}$$

由(8-6)得到

$$t=\frac{1}{\lambda}\ln\frac{A_0}{A(t)}=\frac{1}{3.83\times 10^{-12}}\ln\left(\frac{0.231}{0.121}\right)=5340(\text{年})$$

该生物距今 5340 年。

8.7 质能关系与核能

今天我们对原子弹、氢弹、核电等概念都耳熟能详。他们的出现应归功于相对论、量子力学和粒子物理的发展，还有一个重要理论，就是爱因斯坦提出的质能关系式。

8.7.1 质能关系式

爱因斯坦的名字在物理学的星空中以一种明亮神奇的姿态闪耀着，而随着他的名字同时闪耀的还有他的那个著名而优美的公式

$$E=mc^2$$

这就是揭示了质量 m 与能量 E 之间密切关系的公式，称为**质能关系式**，式中 c 是光速。这个简洁的公式可以说改变了人类历史的进程。因为有了它，才有了原

子弹，才有了核能发电。

质能关系式告诉我们：有质量必有能量，有能量必有质量。任何物体，如果它的质量为 m，则这个物体所包含的相对论总能量为 mc^2。物体纵使静止也具静止质量 m_0 和有对应的静止能 m_0c^2，这些静止能也可转化为无序的动能（热能）。尽管物质具有如此巨大的能量，但很遗憾的是将这些能量取出却不是易事。

我们通常使用能源的方式多属于热化学反应方式（如燃烧煤炭），但这种方式中涉及到的静质量变化极其微小。因为这些反应中的参与者只是原子核外的少数电子，占原子绝大部分质量的原子核没有参与反应。

原子核反应时可以改变质子和中子组成原子核的状态，反应前后的总质量不同，大量原子核反应时放出的热量比化学反应大得多，小小的原子核内蕴藏着巨大的能量。真正实现核能利用的是核裂变和核聚变过程。

8.7.2　核裂变

目前应用最多的核能利用方式是核裂变。核裂变，是指一些质量非常大的放射性原子像铀、钍、钚等的原子核，在吸收一个中子以后分裂成两个或更多个质量较小的原子核，同时放出 2 个到 3 个中子和很大的能量。裂变前的原子核的质量，比裂变后物质的质量大，根据质能关系式有

$$(m_1c^2)_{裂变前}=(m_2c^2)_{裂变后}+Q_{释放}\quad (m_1,m_2\text{ 分别是反应前后系统的静止质量})$$

最早发现核裂变的是奥地利的莉斯·梅特纳（Lise Meitner）、德国的奥托·哈恩、弗里兹·斯特拉丝曼。他们的实验表明，铀核受中子轰击后可以裂成钡和氪，同时放出三个中子，并放出能量。梅纳特计算出在核分裂时会放出的巨大能量达到 2 亿电子伏特。梅特纳是一个杰出的女物理学家，出生于 1878 年 11 月，当时社会对女性很歧视，不得进入大学学习，所以，梅纳特只好进入了一所师范大学学习法语，直到她 23 岁，她才能够进入维也纳大学，毕业后前往柏林大学留学，并费尽周折才进入柏林化学研究所工作，当时的研究所的大楼是没有女厕所的。1922 年，梅纳特成为柏林大学授课的第一位女性，1926 年成为柏林大学杰出教授。梅特纳因为具有犹太血统，在奥地利被德国侵占后，她逃往瑞典。1944 年，哈恩因为发现重核裂变被独自授予诺贝尔化学奖，而梅纳特则被排除在外。不过科学界给予了她很多荣誉，她获得了多种奖励，1982 年为纪念梅纳特，序号为 109 号的元素被命名为 Meitnerium。

上述所说的核裂变过程持续进行下去，称作链式反应，从而可以获得巨大的能量（称为原子核能，俗称原子能）。原子弹以及裂变核能发电厂的能量来源都是核裂变，两者机制上的差异主要在于链式反应速度是否受到控制。核电站的关键设备是核反应堆，它相当于火电站的锅炉，链式反应是受控的，而原子弹的链式反应是不受控的。核反应堆有多种类型，其中铀裂变在核电厂最常见。1 吨铀 235 的

全部核裂变能产生 20000 兆瓦小时的能量，与燃烧 300 万吨煤释放的能量一样多。自 1954 年苏联建立第一座核电站至今已经有三百多座原子能发电站在运行。

8.7.3　原子弹

在铀核裂变的过程中能放出多于 2 个的中子，若在一定条件下全部被别的铀核吸收，又可引起新的裂变，这样，裂变的数目将按指数规律增大，从而形成不可控的链式反应，这就是原子弹爆炸的原理。图 8-6 为原子弹说明示意图。

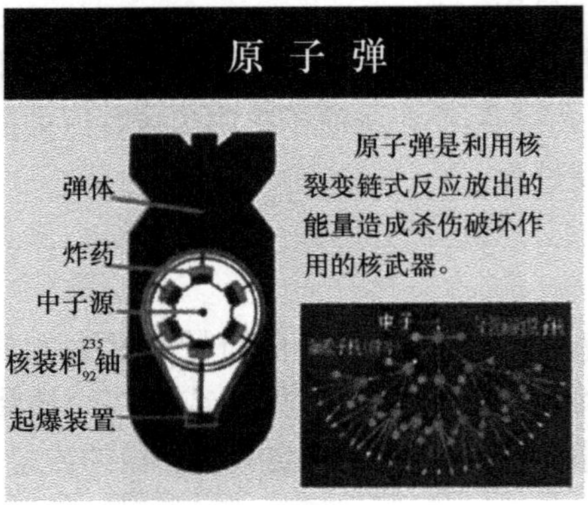

图 8-6　原子弹

到目前为止，能大量得到并可以用作原子弹的还只限于铀 235、钚 239 和铀 233 三种裂变物质(称为核燃料)。铀 235 应用最多。天然铀 235 的含量很少，大约 140 个铀原子中只含有 1 个铀 235 原子，而其余 139 个都是铀 235 的同位素铀 238 原子。因此制备原子弹首先要分离得到高浓度的铀 235，这是关键且难度很高的工作。因为铀 235 和铀 238 是同一种元素的同位素，它们的化学性质几乎没有什么差别，它们之间的质量也很接近。用普通的化学方法是无法分离它们的，即使是分离轻元素同位素的方法也无济于事。目前，气体扩散法是实现工业应用的唯一方法，但是其投资很高，耗电量很大。很多国家都在研发新的方法，如离心法、喷嘴法、冠醚化学分离法、激光分离法等等。

核燃料的体积或质量低于一定的临界值时，是不会发生裂变爆炸的。利用这一点，可以控制原子弹的爆炸。在原子弹中，会把核燃料分为多块放置，而每块的体积均小于临界体积。当通过专门的可控引爆装置将这些分散的小块合拢成整块时，会超过临界体积，从而立即产生原子弹爆炸。

原子弹最早是美国研制成功的。1942 年，费米指导下的核反应堆运转成功后，美国开始了研制原子弹的曼哈顿工程，由著名核物理学家、“原子弹之父”奥本海默牵头。1945 年 7 月 16 日，世界上第一颗原子弹在新墨西哥州试爆成功。1945 年 8 月，美国投到日本广岛的那颗原子弹(代号叫“小男孩”)，弹重约 4100 公斤，直径约 71 厘米，长约 305 厘米。核燃料为铀 235，爆炸威力约为 14000 吨 TNT 炸药当量。我国在 1964 年 10 月 16 日成功爆炸了第一颗原子弹。目前世界上美、俄、英、法、中、印度、巴基斯坦等都拥有了原子弹。

8.7.4　核聚变

核聚变是两个较轻的原子核(主要是指氘或氚)，在一定条件下(如超高温和高压),发生原子核互相聚合作用,聚合为一个较重的原子核,并释放出能量的核反应过程。据爱因斯坦质能方程 $E=mc^2$,原子核发生聚变时,有一部分静止能释放出来。它所释放的能量约为等量的铀 235 释放能量的 4 倍。而且,跟核裂变对原料的苛刻要求不同,聚变核反应的原料十分丰富,氘在地球海水中储量丰富,1L 海水中就有 1.03×10^{22} 个氘原子,目前地球上蕴藏的石油总储量大约是 13600 亿桶,1000m^3 海水中氘原子所具有的潜在能量相当于燃烧 3600 亿桶原油的能量。如果把海水中的氘全部用于聚变反应,释放出的能量足够人类使用几百亿年,而且反应产物是无放射性污染的氦。由于核聚变需要极高温度,一旦某一环节出现问题,燃料温度下降,聚变反应就会自动中止。因此,聚变能是一种无限的、清洁的、安全的新能源。既然核聚变能可以说是取之不尽、用之不竭的能源,那么我们现在为什么不大规模地开发利用呢? 原来要使轻核聚变,存在着一系列技术上的难题。

首先,氘核是带电的。为了它们能聚合在一起,就必须克服库仑斥力,以达到核力作用为 10^{-15}m 的范围。要使氘核接近到这个距离,每个氘核需要有很大的动能,要使核具有足够的动能,必须把它们加热到很高的温度(几百万摄氏度以上)。因此,核聚变反应又叫热核反应。原子弹爆炸产生的高温可引起热核反应,氢弹就是用原子弹点爆的。

除了用原子弹来引爆核聚变,还可以通过其他方法实现核聚变,比如"托卡马克"型磁场约束法,它是利用通过强大电流时所产生的强大磁场,把等离子体约束在很小范围内以使氘核具有很大的动能,托克马克是公认的解决聚变反应堆工程最有效的途径。目前,全世界仅有俄、日、法、中四国拥有托卡马克。不过虽然在实验室条件下已接近于成功,但要达到工业应用还差得很远。另一种实现核聚变的方法是惯性约束法,惯性约束核聚变是把几毫克的氘和氚的混合气体或固体,装入直径约几毫米的小球内。从外面均匀射入激光束或粒子束,小球内气体的压力将升高,并伴随着温度的急剧升高,当达到一定温度(点火温度,大概需要几十亿度)时,小球内气体便发生爆炸,并产生大量热能。原理上虽然简单,但是现有的激光束或粒子束所能达到的功率,离需要的还差几十倍。虽然实现受控核聚变的路程很艰难,但其美好的前景,吸引着各国科学家奋力攀登。

8.7.5　氢弹

氢弹是利用原子弹爆炸的能量来点燃氢的同位素氘等轻原子核,产生聚变反应,瞬时释放出巨大能量的核武器。氢弹的结构比原子弹复杂一些,它的弹壳内填充的聚变原料一般会是氘、氚,还有分开放置的铀块作为氢弹的引爆物,另外还有普通炸药作为原子弹的引爆物。当信管引起普通炸药爆炸时,将分散的铀块迅速压拢到一起从而引发链式反应,瞬间释放大量的能量并产生高温高压,使聚变条件得以满足,从而发生剧烈的合成氦的热核反应,引起了氢弹的爆炸。整个过程瞬间

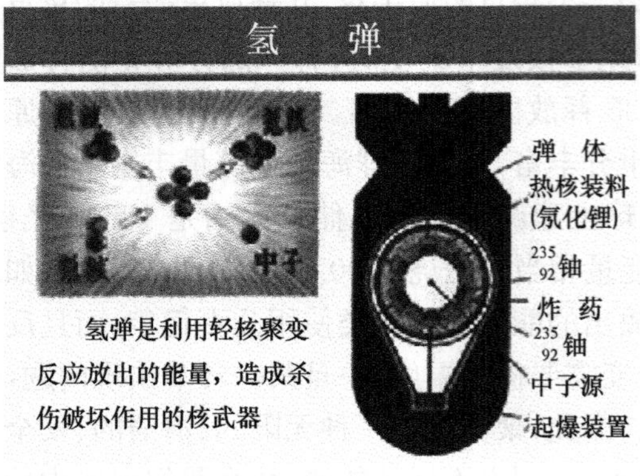

图 8-7 氢弹

完成，图 8-7 为氢弹说明示意图。

由于聚变与裂变不同，没有原料临界体积的限制，所以氢弹原则上可以做得很大。全靠裂变的原子弹的当量一般为几万吨炸药爆炸的 TNT 当量，而氢弹则可达百万吨甚至千万吨级，氢弹的威力比原子弹大得多。还可通过设计增强或减弱其某些杀伤破坏因素，其战术技术性能比原子弹更好，用途也更广泛。

爱德华·特勒被称作是氢弹之父，他于 1908 年 1 月 15 日出生于匈牙利，1935 年，移居美国执教于乔治华盛顿大学，1939 年开始投入原子弹研究。1943 年，特勒加入了奥本海默制造原子弹的“曼哈顿计划”，并成为该计划的主要研究人员之一。1949 年，苏联研制成功原子弹之后，特勒力促杜鲁门总统加快氢弹的研究，并亲自负责氢弹的研制工作。1952 年 10 月 31 日，美国进行了世界上首次氢弹原理试验，巨大的水柱有 10000 米多高，周围的驱逐舰被炸得粉身碎骨。不过这个氢弹重 65 吨，体积十分庞大，没有实战价值。直到 1954 年用固态的氘化锂替代液态的氘氚作为热核燃料，大大缩小了体积和减轻了重量，氢弹才可以用于实战中。从 20 世纪 50 年代初至 60 年代后期，美、苏、英、中、法都相继研制成功氢弹，并装备了部队。

苏联曾经引爆过一个叫做“大伊万”的威力超强的氢弹，这颗氢弹的当量是 5800 万吨级，爆炸过后的蘑菇云高达几千米，留下了 100 多米的大坑，400 公里外的房子被冲击波打得粉碎，冲击波绕地球转 3 圈，连美国都受到这枚超级氢弹的影响。

8.7.6 太阳能——引力约束聚变

大自然为我们设计了天然的聚变反应堆——太阳。太阳和其他众多的恒星都是巨大的能源，它们每时每刻都在向太空发射大得惊人的能量。现已公认，它们之所以能发射出如此巨大的能量，就是因为在这些星球上每时每刻都进行着核聚变反应。

太阳中包含了大量的核聚变所需要的燃料(氢核)。太阳的质量巨大，这就使太阳产生了巨大的引力，从而实现了高温等离子的约束。另一方面，由于太阳的不断燃烧，太阳的表面温度可达约 6000 摄氏度，中心温度高达 1500 万摄氏度，压力也极大，这使得由氢聚变为氦的热核反应得以发生，从而释放出极大的能量。这些能量再通过辐射层和对流层中物质的传递，才得以传送到达太阳光球的表面，并通过光球向外辐射出去。太阳中聚变反应速率很低，这样才能保证太阳的质量在几百亿年内不会有显著的变化，也才能在长时间内保持巨大的引力场。

8.8　核能的和平应用

进入 20 世纪以来，随着能源消耗量的激增，特别是 70 年代爆发的“石油危机”更凸显出人类对能源需求的这种日益紧迫的局面。我国也在 20 世纪末由原油出口国变成了进口国，而且是目前唯一一个以原煤作为主要能源的国家。将煤、石油、天然气这些宝贵的不可再生的原料当作普通燃料燃烧掉，这本身就是一种巨大的资源浪费。因此，调整能源结构、寻找、开发和利用新能源是我们迫在眉睫的问题。

由相对论质能关系可知，物质蕴含着巨大的静止能，通过核裂变与核聚变可以把其中的一部分(一般小于 1%)转化为动能释放出来，这部分能量非常巨大，约是质量相当的化学燃料所能释放化学能的一百万倍。当然，利用正反物质湮灭可使几乎 100%的静止能转化为动能，然而寻找自然存在的反物质前途渺茫，而目前人工制造的反物质又难以批量生产，因此，现阶段对核能的利用比较现实的就是核裂变与核聚变。

从 1954 年苏联建成运行第一座核电站开始，到 1995 年底，全世界已有 33 个国家有核电站 432 座，总发电能力 34.0347 万 MW，目前核电已占世界耗电量的 17%左右。而某些国家的核能发电量则更多，如立陶宛约的核能发电占总电量的 76%，法国约占 75%，比利时约占 56%。可见核能的发展是相当迅速的。

我国自行设计建造的第一座核电站——秦山核电站已于 1991 年建成，发电功率 30 万 kW，1993 年从法国引进的两座 90 万 kW 的核电站(建于广东大亚湾)也开始运行。

世界上可供开发的核能燃料资源，可提供的能量是化石燃料的十多万倍。核能应用作为缓和世界能源危机的一种有效措施具有诸多优点。第一个优点是核燃料具有许多特性，如体积小而能量大，核能比化学能大几百万倍；1000 克铀 235 释放的能量相当于 2500 吨标准煤释放的能量；一座 100 万千瓦的大型烧煤电站，每年需原煤 300 万～400 万吨，这些煤的运输需要 2760 列火车，相当于每天 8 列火车，同时还要运走大量灰渣，而同功率的压水堆核电站，一年仅耗铀含量为 3%的低浓缩铀燃料 28 吨；每一磅铀的成本，约为 130 元人民币，换算成 1 千瓦发电经费不足 1 分钱，这和目前的传统发电成本比较，便宜许多；而且，由于核燃料的运输量小，所以核电站就可建在最需要的工业区附近。核电站的基本建设投资一般是同等火电站的一倍半到两倍，不过它的燃料费用却要比火电站便宜得多，运行维修费用也比火电站少。如果掌握了核聚变反应技术，使用从海水中提取的核燃料，则更是取之不尽，用之不竭。核电站的第二个优点是核能污染少。火电站不断地向大气里排放二氧化硫和氧化氮等有害物质，同时煤里的少量铀、钛和镭等放射性物质，也会随着烟尘飘落到火电站的周围，污染环境。而核电站设置了层层屏障，基本上不排放污染环境的物质，就是放射性污染也比烧煤电站少得多。据统计，核电站正常运行的时候,一年时间带给周围居民的放射性影响,还不到一次医学 X 光透视所受的剂量。第三个优点是安全性强。自第一座核电站建成运行以来,近 60 年间全世界投入使用的 400 多座核电站基本上是安全正常的。虽然有 1979 年美国三里岛压水堆核电站事故、1986 年苏联切尔诺贝利石墨沸水堆核电站事故以及 2011 年日本福岛核电站事故,但前两次事故均由于人为因素造成,后一次是地震海啸引起。这些事故发生后,促使人们更好地改进核能技术和核安全技术,以使得核电站更加安全。

8.9 核辐射防护的一些基本知识

核能的利用与开发,催生了对辐射的防护的研究。2011 年日本地震引发的核泄漏,更是让大家心存恐慌。辐射防护是原子能科学技术的一个重要分支,它研究的是人类免受或少受电离辐射危害的一门综合性边缘学科。其基本任务是保护从事放射性工作的人员、公众及其后代的健康与安全,保护环境,促进原子能事业的发展等。普通大众理应对核辐射基本知识有一定的了解,包括人体可能受到的辐射,辐射的生物效应,剂量单位和防护的基本措施等。

8.9.1 天然辐射

我们在一片什么也没有的开阔地上,没有树木没有溪流,没有任何动植物,是否就没有任何辐射呢? 答案是否定的。

无论身在何处,我们都要受到天然辐射,天然辐射主要由宇宙射线和地球上存在的天然放射性核素所构成。其主要来源有下列三种;

(1) 进入地球大气层的高能宇宙射线,包括质子、中子、介子等;

(2) 宇宙线与大气中的原子核相互作用而产生放射性核素,主要成分为^{3}He,^{7}Be,^{14}C,^{22}Na。它对人体产生的剂量随地磁纬度而变化,并且随海拔高度而显著增加。在海平面高度测量的宇宙射线本底(大部分是 μ 子),约为 1 个粒子每分钟每平方厘米每球面度($1\text{min}^{-1}\ \text{cm}^{-2}\ \text{sr}^{-1}$);

(3) 从地球开始形成的时候就存在于地壳的放射性核素,主要有^{40}K,^{87}Rb,^{238}U 系(其中包括^{226}Rn 和^{222}Rn),^{232}Th 系(其中包括^{228}Ra 和^{220}Rn)。

这些放射性核素可以照射于人体表面组织和深部组织(外照射),也可以存在于空气、水和食物中,被摄入人体内而产生内照射。天然钾中有 0.0118% 是放射性元素^{40}K,人体每公斤体重约含天然钾 2 克。水果以香蕉含钾最丰富,所以吃香蕉之前受到外辐射,香蕉进到肚子里后又受到内辐射。我们虽然吃了香蕉和其他食物,也每天受到天然辐射,但是也没有得什么病,可见正常范围内的辐射对人体健康是没有影响的。

8.9.2　吸收剂量

除了上面讲到的天然辐射以外，现在世界上还存在各种辐射源，如 X 射线机、核反应堆、核燃料、加速器等。这些辐射源比较大，如果距离过近，辐射时间过长，辐射频度过高，则会对人体造成一定的伤害。

经过研究，辐射对人体等介质产生的效应的强弱可以用物体吸收辐射的剂量来度量，即以在单位质量内沉积的能量来度量其强度大小。吸收剂量的国际单位是戈瑞(Gy, gray)，1 戈瑞为辐射在 1 千克物质内沉积了 1 焦耳能量。由于戈瑞单位较大，有些场合用拉德(rad)做为单位，1Gy=100 rad。

1Gy 的能量相当于物体温度升高 2.4×10^{-4}℃(水的比热容是 4.2×10^{3}J/kg℃)可以看出其温度升高是一个较小的量，但对于人体来说却是一个较大的量。对于一般哺乳动物的致命剂量为～5 Gy，仅相当于身体的温度升高～10^{-3}℃(千分之一度)。

1. 有效剂量当量(Effective Dose)

在吸收剂量相等的情况下，不同类型的射线对人体各个不同器官的危害程度是不同的。它们与辐射的种类和能量有关，还随着人体器官组织对射线的灵敏度不同而不同，通常用有效剂量当量来表示，有效剂量当量的国际单位是希沃特(又译西弗，Sievert 缩写 Sv，得名于瑞典生物物理学家 Rolf Maximilian Sievert)。1 希沃特=1 焦耳(辐射能量)/千克。

2. 各种辐射的权重因子与人体器官组织对辐射的灵敏度

有效剂量当量与辐射的种类有关，可用权重因子 W_R来定量描述。各种辐射的权重因子见表 8-1，权重越大表明辐射造成的伤害就越严重。

表 8-1　各种辐射的权重因子

辐射类型		W_R
各种能量的 γ, X 射线		1
各种能量的 e,μ 射线		1
中子	<10keV	5
	10～100keV	10
	>100keV～2MeV	20
	2～20MeV	10
	>20MeV	5
质子>2MeV		5
α,裂变碎片和重核		20

人体的不同部位器官受到辐射的伤害也是不同,见表 8-2。参数 w_T 越大表明受到同样剂量的辐射,器官伤害也就越严重。

表 8-2 人体器官组织对射线的灵敏度

器官	w_T
生殖腺	0.20
红骨髓	0.12
大肠	0.12
肺	0.12
胃	0.12
膀胱	0.05
乳房	0.05
肝	0.05
食道	0.05
甲状腺	0.05
皮肤	0.01
骨头	0.01
其他器官	0.05

3. 人体日常受到各种辐射的剂量

人们在日常生活中,每天都要受到一定量的辐射剂量,表 8-3 给出了一般情况下一个人在一年内所受到的来自于各种辐射源的辐射剂量。

表 8-3 人体受到各种辐射的剂量当量

国家规定一般公众的安全剂量	5mSv/年
宇宙线	0.45mSv/年
食物	0.2mSv/年
砖制房屋	0.4mSv/年
吸烟 20 支/天	1mSv/年
泥土、空气	0.5mSv/年
CT	大于 3mSv/次
胸部透视	大于 0.1mSv/次

目前世界上大多数地区,人体受到各种辐射的剂量当量约为(0.4～4)mSv,属于安全范围。对于从事某些与放射性接触比较多的特殊行业工作的,不得不经常接触放射性废料、X 射线源、核反应堆、加速器等设备的,如 X 射线和 CT 检查技

师、核电站少部分工作人员，以及那些抽烟较多的人，其辐射剂量多一些。我国目前规定对职业放射性工作人员的全身均匀照射的年剂量当量限值为 20mSv。

8.9.3　辐射的防护

辐射在人体组织中引起的物理过程比较复杂，辐射中的中子在人体中将主要与氢原子核发生弹性散射，同时还会与体内的原子核发生非弹性散射和核反应，发生这些反应后，人体会释放出“高”能量的带电粒子，X 射线以及次级中子。而光子主要与人体发生光电效应、康普顿效应，光生电子对和光核反应，产生高能电子和次级光子。辐射中的带电粒子与人体的反应，主要取决于该粒子的能量，对低能粒子，主要是库仑相互作用。

从生物学上讲，辐射会导致生物体内物质的电离，会把一些重要的生物分子(如 DNA)的化学键打碎，或在细胞内的水分子生成一些化学基，而攻击生物分子，形成对活体组织的伤害。一般来说，这些伤害是可以修复的，但若损伤太大，就可能不能修复。因此为了安全，就需要采取适当的措施选取屏蔽材料，将辐射遮挡住，尽量少地让辐射进入人体。针对不同的辐射类型，可以选取不同的防护材料，见表 8-4。

表 8-4　辐射类型与屏蔽材料

辐射类型	采取的屏蔽材料
γ 射线	原子序数大的高原子序数 Z 材料如铅、钢
电子	低 Z 材料
强电子源	采用双层屏蔽：内层用低 Z 材料，如聚乙烯，有机玻璃；外层用高 Z 材料
正电子	高 Z 材料
带电粒子	高密度材料
中子	采用双层屏蔽：内层用含氢物质如水、石蜡；外层用高 Z 材料以吸收由中子俘获反应发出的光子

为了减少辐射，我们记住以下最基本的几点：所有的辐射装置都要有一定的屏蔽；少抽或不抽烟；在进行过放射性物质操作(如实验、胸透等)后一定要洗手甚至洗澡；进入辐照区，一定佩带剂量计。

第 8 章习题

1. 加速器在研究粒子物理中起到了巨大作用，目前世界上大约有多少加速器？查阅并给出 1～2个加速器的相关资料。
2. 质子是由什么更下一层结构组成的？电子呢？

3. 四种相互作用中,哪一种相互作用最强?哪一种最弱?在原子层次,哪些作用可以忽略?
4. 关于四种相互作用的统一理论目前进展如何?
5. 如何利用^{14}C进行古代生物距今年代的估算?如果某生物距今100000年,则其体内1g碳中的^{14}C活度应该是多少?
6. 核裂变与核聚变的区别是什么?
7. 查阅相关资料,请回答:目前世界上有多少核弹(原子弹与氢弹)?分布在哪些国家?中子弹的原理是什么?
8. 核能与常规能源相比,有什么优缺点?
9. 天然辐射对人体的影响如何?如何进行有效的辐射防护?

第9章　天体物理和宇宙

我们每个人都曾经仰望星空，我们每个人都曾经听过牛郎织女的美丽传说，看着那天上的明月繁星，产生过无限感慨和幻想。天空到底是怎样的？天上的星星和月亮，是什么组成的？它们为什么发光？宇宙中真的有牛郎织女，有神仙或者有智慧生命吗？宇宙到底有多大？

宇宙这个词出自战国时《庄子·齐物论》："旁日月，挟宇宙"，"四方上下曰宇，古往今来曰宙"，宇宙是天地万物的总称。不过用在天文学上，"宇宙"则指总的星系，是人类的观测活动所涉及的最大物质体系。

人类对宇宙奥秘的探索和向往世代不息。中国古代的道教认为：宇宙间万物都是从"无"演化出来的，"无"指既没有时间，也没有空间，更没有质量和能量。2千多年前的古希腊，已经形成了天体物理的雏形，现在的大爆炸理论认为我们的宇宙是150亿至200亿年前从一个无限小的点爆炸形成的。时间、空间、质量和能量都是从那时开始形成，目前我们的宇宙还在膨胀，近年大量科学观测已经证明了宇宙的膨胀。

对宇宙和天体物理的探索与研究，离不开物理学，物理学上每一次重大的突破，对天体物理的发展都起到巨大的作用。

在本章中，我们将首先介绍相对论，相对论在天体物理中具有重要的应用，尤其是广义相对论。其次，将从大爆炸理论出发介绍宇宙的演化过程，地球所在的太阳系及宇宙中的星系等基本概念。最后介绍观测天体常用的光学仪器。在介绍宇宙的演化中，涉及对空间、时间和引力的认识。本章从空间、时间和引力的理论开始说起。

9.1　相对论的创立

1905年，爱因斯坦发表了一篇论文，虽然只有35页，但却成为科学史上最重要的文献之一，这就是狭义相对论。相对论的一些理论令人难以置信，但却被实验所证实。狭义相对论是一种时空理论，是关于时间、空间、质量和运动的学说。10年后，爱因斯坦又发表了广义相对论，提出了有关引力、物质与能量之间的关系等全新论点。相对论是我们探索宇宙的有力武器。

9.1.1 牛顿的绝对时空观

回忆第 2 章讨论机械运动的做法,会感受到牛顿力学是怎么看待空间、时间及运动的。在那里,我们是在空间、时间中描写物体运动的,但空间被看成是能容纳物质的容器,时间则被认为是从过去到现在的延续性表达。并据此造出了度量空间的尺和度量时间的钟。空间和时间是各自独立的,与运动或观察者无关的。我们把这种与观察者或参照坐标系无关的时间和空间称为绝对的时空,与观察者或参照坐标系有关的则称为是相对的时空。那么在牛顿看来,空间、时间是绝对的。举例来说,同一把尺静止时的长度与运动时长度是一样的,静止的钟和运动的钟度量的时间是一样的,坐高铁从北京到天津的乘客在火车站与迎接她的女儿相见,看看表说“花了半小时”,女儿看看自己的表说“是啊,花了 30 分钟”。牛顿在表述绝对时空观时写道:“绝对的、真的及数学的时间,是自身在那里流逝,而其性质……不与外界任何对象有关系。”又说“绝对空间,其性质与外界任何事物无关……且不动。”

不仅如此,在牛顿的绝对时空观里,物体的质量及力学规律也是绝对的,对任何静止或匀速直线运动的观察者(惯性参照坐标系)来说,力学定律的表达是相同的。例如:在一密闭的匀速行驶的火车(惯性系)上,所有的力学现象都与在地面(另一惯性系)上所发生的现象没有任何区别:扔出去的小球还是只能达到你平常能达到的距离;下落的物体也只能落到火车上正下方的位置。这些现象,并没有由于火车以一定速度行驶而有所改变。另外,我们在火车上做力学实验,验证牛顿第二定律,测量重力加速度,所得到的结论也与地面上完全相同。就是说我们无法从力学实验上判断出火车是否运动。这就是所谓的伽利略的相对性原理。但是在这个绝对的时空观中速度却是相对的,当观察者在不同参照坐标系观察时,可看到物体运动的速度是不同的,同一地点也是相对的。

绝对时空观和伽利略相对性原理与我们所观察的低速运动中的力学现象一致,我们对牛顿力学充满了敬佩和信心。然而,当把信心十足的绝对时空观用到光学现象或高速运动时却遇到了挫折。伟大的物理学家麦克斯韦(J. Maxwell,1831～1879)把电磁运动规律总结为麦氏方程组中的四个方程,接着又推出了一个波动方程。利用这些他预言了电磁波的存在,并可得到电磁波与光具有相同的速度。另外,对不同匀速直线运动的观察者(不同惯性系)来说,电磁波(包括光)在真空中的速度也相同。看到这个结论,人们感到很吃惊,绝对时空观得到的不同惯性系之间速度的变换公式失效了!

9.1.2　迈克耳孙-莫雷实验

第 7 章中我们讲到，开尔文爵士在 1900 年的新年献词中提到两朵乌云，其中一朵是黑体辐射引发的“紫外灾难”，这朵乌云直接导致了量子力学的诞生，另一朵乌云就是迈克耳孙-莫雷实验，它出乎意料的结果又会带给我们什么呢？

在 19 世纪，光的波动说已经占据了绝对主导地位。人们根据机械波的知识，想当然地认为光(电磁波)也应当像其他波一样需要一种介质才能传播，于是设想了一种称为“以太”的介质。认为“以太”是无处不在且绝对静止的。如果以太真的存在，就可以找到一个能确定绝对速度的优越惯性系。如果以太真的存在，那么地球以每秒 30 公里的速度绕太阳运动时，就必然会遇到每秒 30 公里的“以太风”迎面吹来，同时，它也必定对光的传播产生影响。但是我们没能感到以太风的存在，那么以太真的存在吗？

水中机械波传播的介质是水，空气中声波传播的介质是空气，这些介质都可以被测量到。那么光波的传播介质“以太”也应该可以观测到，但是寻找以太的道路却是曲折而艰难的。

许多科学家进行了大量的工作，迈克耳孙(A. Michelson，1852～1931)和莫雷(E. Marley，1838～1923)在承认绝对时空观正确和以太存在的前提下，利用光学干涉仪设计了验证实验，干涉仪是一种精度非常高的实验仪器，当时所用干涉仪的精确度为 0.01％，即能测到 1/100 条干涉条纹移动。根据理论推导，如果存在“以太”，则会有光的干涉条纹移动，但经过长时间的实验却没有发现任何条纹的移动。这个结果震撼了物理学界。实验结果表明，要么以太是随着地球运动的，但如此一来以太就不能被看做是绝对静止的惯性系；要么就根本不存在以太，究竟该怎么解释迈克耳孙-莫雷实验的结果呢？

1905 年，爱因斯坦抛弃了以太假设，跳出了牛顿力学的绝对时空观，建立了狭义相对论。

9.1.3　狭义相对论原理

1922 年，爱因斯坦在日本京都大学做了演讲，题为《我是怎样创立狭义相对论的?》，从中我们可以追溯他走过的道路。早在 16 岁时，爱因斯坦就开始思考一个问题：“如果我以速度 c(真空中的光速)追随光的运动，我是否应当看到这条光线会像一个在空中振荡着而停滞不前的电磁场。但是无论是依据经验，还是按照麦克斯韦方程，看来都不会有这样的事情”。这是一个悖论，实际上包含了狭义相对论的萌芽。

爱因斯坦对这个问题的思考，也经历了很长的过程。他回忆说：“最初我并不怀疑以太的存在，不怀疑地球相对以太的运动”。但是，迈克耳孙-莫雷实验使他认识到地球相对于以太运动的想法是错误的，也逐渐让我们看到无论在什么样的惯性参考系中，光的传播速度都是相同的，这是走向狭义相对论的第一步。

爱因斯坦将伽利略相对性原理与麦克斯韦电磁理论一起考虑时发现：若两者同时正确，那么麦克斯韦理论中的那个光速，就必须满足绝对时空观导致的速度相对性。但是，爱因斯坦研究发现要保持麦克斯韦方程在不同惯性参考系中同样有效，必然导致光速不变性的结论，而光速的不变性明显地与绝对时空观下的速度相对性相抵触。

那么，究竟如何解决这些矛盾呢？经过整整 10 年的思考，爱因斯坦毅然告别了牛顿的绝对时空观，在 1905 年 9 月，爱因斯坦将历史性文献《论动体的电动力学》发表在著名的德文杂志《物理学年鉴》上。在这篇论文中，他提出了下面两条基本假设：

(A) 光速不变原理：在真空中任何惯性参考系内的光速是不变的，各向同性的，与光源和观察者的速度无关，等于 3×10^8m/s。

(B) 相对性原理：对于描述一切物理过程的规律，所有惯性系都是等价的。在不同惯性系中，物理定律的表达形式是相同的。

相对论不是说任何东西都是相对的，上面这两条基本原理就是绝对的。抛弃以太假设，利用光速不变原理，可以成功地解释迈克耳孙-莫雷实验的结果，麦克斯韦理论所得波动方程中真空光速与惯性系无关也就是很自然的事了。爱因斯坦的相对性原理继承和发展了伽利略相对性原理，将在密闭且匀速运动的火车车厢中做“力学实验”来判断列车运动的做法，改用“光学实验”或电磁实验。从而得到一个结论：在惯性系内部的任何物理实验都无法判断该系统是静止还是匀速直线运动。不存在绝对静止的优越参考系。

在这两条绝对性的原理下，牛顿力学认为的绝对的空间、时间和质量等都成了相对的，时间空间也不再独立。爱因斯坦根据相对论原理推导出了运动物体的“长度收缩”、运动的“时钟变慢”、同时性的相对性以及不同惯性系之间新的速度变换法则等，形成了一套崭新的时空观。

9.1.4 相对论的时空观

爱因斯坦指出：时间是最骗人的。只要承认光速不变，就会看到时间的快慢竟然与观察者(惯性参考系)有关，也就是说时间是相对的。这些由相对论导出的结果与我们的日常生活经验似乎很不一致，从根本上改变了牛顿的绝对时空观。

1. 同时的相对性

在牛顿的世界里，同时性是绝对的。也就是说在一个惯性系里不同地点同时发生的两个事件，在另一个惯性系里看来也是同时的。这种认识符合我们的日常生活经验，或者说，这种生活经验受制于我们所赖以生存的地球环境，因为我们生活在一个（相对于光速）低速的世界里。

但如果脱离低速的环境，这个“同时”就不那么靠得住了。爱因斯坦认为在一个惯性系中不同地点“同时”发生的两个事件，在另一个与之有相对运动的惯性系中看来，这两个事件并不是同时发生的。也就是说，同时的概念是相对的。那么什么是同时呢？当人们说两个事件同时发生，必定是指他们通过某种方式同时“观察”到了它们。也就是说，或者是同时听到了两个事件发出的声音，或者是同时看到了两个事件发出的光线。

我们举个例子说明所谓同时的相对性问题，想象在一列以速度 $\boldsymbol{u}$ 匀速行驶的火车中部打开一只闪光灯，它向车头和车尾分别发出一道闪光，如图 9-1 所示。现在，你站在灯的位置观察闪光到达车头和车尾的情况。由于你处在列车的中部，离开车头和车尾的距离相等，按光速不变原理可知两道闪光速度相同，你不用犹豫就可得出结论：“两道闪光到达车头和车尾这两个事件是同时的。”

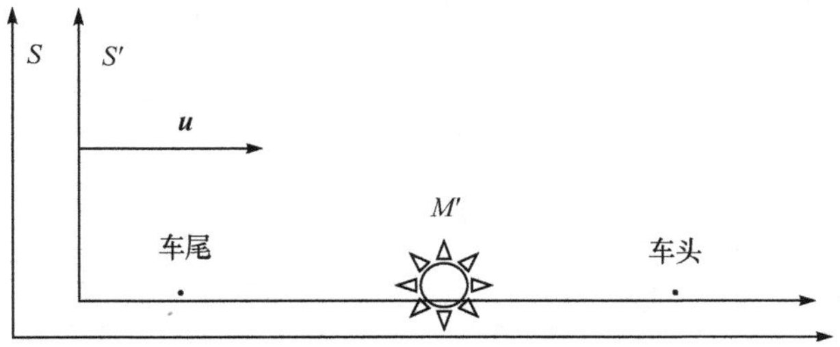

图 9-1　同时的相对性

那么，若有一个人站在地面上观察，又会是一种什么样的结果呢？在闪光向车头和车尾传播的过程中，由于列车是向前移动的，在这个人看来，车尾向着闪光而来，缩短了闪光与车尾之间的距离；车头远离闪光而去，增加了闪光与车尾之间的距离。而光传播速度却不因观察者所在的参考系的不同而不同，则光到达车尾的时间短，该事件先发生；光到达车头的事件后发生。两道闪光到达车头和车尾这两个事件不是同时的。这就是同时性的相对性。

时间虽然是相对的，但它不会改变事件发生的因果关系。例如一个箭手射靶，射箭是因，箭打中靶是果，这个因和果的联系是通过箭射出后飞到靶上来体现的。不论在哪个参考系中来看，都是箭射出在先，箭中靶在后。不可能找到一个参考系，在其中看来是箭先中靶，然后箭再射出。在任何参考系中看，都是“因”在前，“果”在后，不会在某个参考系中“倒因为果”，这就是因果关系的绝对性，也称为因果律。

2. 时间延缓

现在我们已经看到，“同时”原来不那么可靠。那么时间的间隔是不是也与参

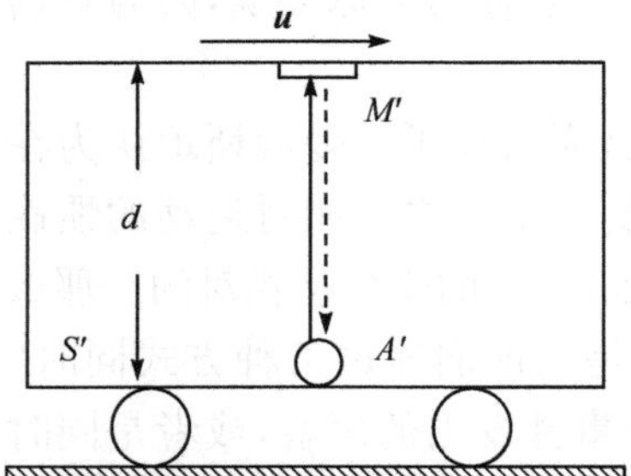

图 9-2　在车厢的参考系中观察

考系有关呢？我们做一个理想的实验。如图 9-2 所示，还是那辆以速度 $\boldsymbol{u}$ 匀速行进的火车，在车厢地板上安装一个闪光灯 A'，在它正上方天花板上安一块平面镜 M'，灯到镜的距离为 d。准备好这一切，我们神奇的实验开始了，让闪光灯发出一次闪光，闪光向上传播达到镜面时即被反射，又回到闪光灯。在车厢内观察，这一过程所需的时间为 $\Delta t'=2d/c$，这也就是闪光从 A' 发出和它又回到 A' 这两个事件的时间间隔。

如果我们站在道路旁（S 系）观察，闪光灯发出的闪光向镜面传播的同时，车厢也在行进，所以光到达平面镜时，它已不在原来的位置，而是向前移了一段距离。当光反射回闪光灯时，闪光灯也向前移动了一段距离。这样光的行进路线是图 9-3中看到的斜线 l，而光速是不会变的（一切不同皆源于此），那么地面上测得的两件事的间隔是 $\Delta t=2l/c$。这样两事件的间隔被拉长了。

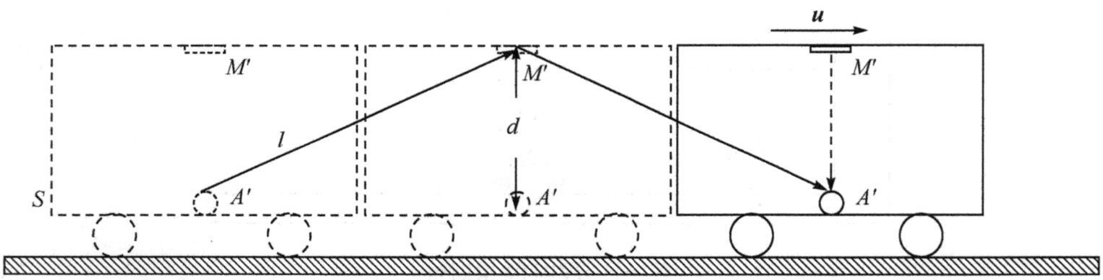

图 9-3　在地面参考系中观察

在车厢（S' 系）内测得的时间间隔是光从 A' 发出到再回到 A' 所经历的时间，也就是说先后两件事是在同一地点处发生的，这段时间叫“固有时”。在地面参考系（S 系）中这两件事则是在不同地点发生的。由上面的论述可得出结论：在两件事发生在同一地点的参考系内测得的这两件事的时间间隔最短，即固有时最短。如果此时车厢中有只钟的话，我们会看到运动的这只钟指出的时间比地面上静止的钟指出的时间短。这表示这只运动的钟走得慢了，因此这种时间测量的相对性也可叫做动钟变慢或动钟时间延缓效应。

3. 长度收缩

在狭义相对论中，运动物体的长度在不同参考系中测量时也会各不相同。沿运动方向长度收缩成为由狭义相对论导出的另一个奇异风景。

如图 9-4 所示，还是那辆以速度 $\boldsymbol{u}$ 高速运动的火车，车上有一根杆，它放置的方向和运动方向平行时，地面上的人测得的杆长就会小于火车上的人测得的长。

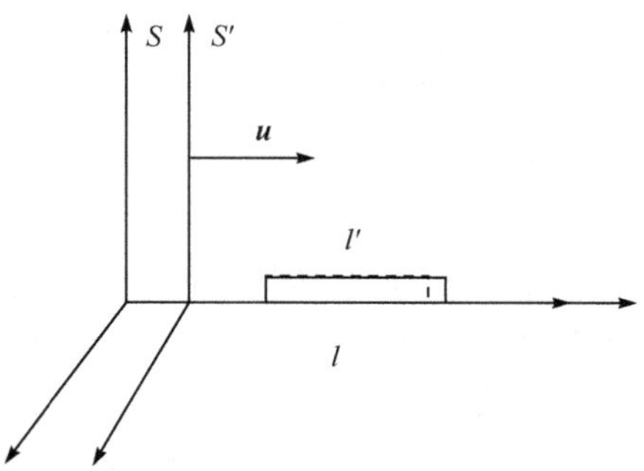

图 9-4　运动的尺子缩短(l 表示虚线部分)

在火车上的人看来，杆是静止的，他只要利用固定在火车上的坐标轴，测出杆两端坐标之差就是杆长 l'。然而，地面上的人要测出杆长就没那么简单了。要使这种测量有意义，必须利用固定在地面上的坐标轴同时测出杆两端的位置坐标。记住必须"同时"，因为如果在某一刻测出杆一端的位置坐标，在另一刻再去测另一端的位置坐标，杆已经向前行进了一段距离，坐标之差也就不能代表杆长了。用这样方式测出的运动的杆长 l 与 l' 相比，会发现 $l'>l$，这就是运动的尺子收缩的相对论效应。

相对论之所以被称为"相对"论，就是因为这个理论指出，空间时间的度量都是相对观察者(参考系)的。这里可以考察两个相向运动的飞船，甲飞船里的人，发现乙飞船缩短了。这个缩短，是相对于甲飞船而言的，并不是绝对地缩短了。同样，乙飞船里的人，也发现甲飞船缩短了。到底哪个缩短了呢？两个观察者(惯性参考系)没有共同的尺度缩短，共同的地方是：相对本参考系运动的物体在运动方向长度缩短。

这些效应究竟是表观的还是真实的？运动着的物体沿运动方向缩短和运动着的时钟变慢并不是表观的假象，它们都是时空性质的物理效应，并且可以有直接观察的效果。

我们可以设想一对孪生兄弟，哥哥告别弟弟登上宇宙飞船访问太空。地上的弟弟会看到哥哥的生理节奏变慢了。归来时，阿哥仍是风度翩翩一少年，而前来迎接他的胞弟却是老翁了。这真应了古代神话里"天上一日，地上一年"的说法！可是相反的，飞船上的哥哥看到弟弟的生理节奏也应该是变慢的。那么，他们究竟谁会更年轻呢？这便是所说的"孪生子佯谬 "。

从逻辑上看，这佯谬并不存在，因为"宇宙飞船"和"地"两个参考系是不对称的。从原则上讲，"地"可以是一个惯性参考系，而"宇宙飞船"却不是。否则它将一去不复返，兄弟永别了，谁也不再有机会直接看到对方的年龄。"宇宙飞船"之所以能返回，必定逐渐减速停止，再反向加速最后回到地球。这就超出狭义相对论的理论范围，需要用广义相对论去讨论。广义相对论对上述被看做"佯谬"的效应是肯定的，认为这种现象能够发生。用仪器模拟的"孪生子"实验已成为可能。1971 年已观测到宇宙飞船中的原子钟的变慢；高速飞行的 μ 子衰变寿命也比静止时的长，运动的过程或钟变慢是可以用实验证实的。在 GPS 定位系统中对这种相对论效应是非修正不可的。

总而言之，在彼此作相对运动的不同惯性参考系中测得的长度和时间间隔是不同的。因为时间和长度都是相对于一定的参考系来说的,不存在绝对的时间和空间。狭义相对论的这些结论已为实验特别是关于基本粒子物理的实验所证实。

然而,牛顿力学时空观仍然是相对真理。对于我们日常接触到的物体,其运动速度远小于光速(光速可视为无穷大),仍可应用牛顿时空观。物理学的发展常呈现出这样一种局面,即某一种理论为更完美的新理论开辟道路,而这个理论又可作为新理论的极限而存在,并包含于新理论之中。牛顿时空观是狭义相对论时空观在低速下的极限情况。

狭义相对论建立以后,对物理学起到了巨大的推动作用。并且深入到量子力学的范围,成为研究高速粒子不可缺少的理论,取得了丰硕的成果。

9.1.5 广义相对性原理

1. 广义相对论

1905 年爱因斯坦建立的狭义相对论,开创了物理学的新纪元。但狭义相对论所讨论的参考系只限于惯性系,它也没有涉及引力问题。所以爱因斯坦在 1905 年之后思考的问题是:相对论可否进一步扩展到有加速度的非惯性系中去。从 1907 年到 1915 年历时 8 年,爱因斯坦确立了广义相对论,其出发点是把引力的存在与时空的几何性质统一起来。广义相对论对于时空性质和引力的描述完全不同于牛顿的引力论,它把引力场归结为物体周围的时空弯曲,并将物体受引力作用而运动归结为物体在弯曲时空中沿最短路线的自由运动。因此,广义相对论亦称时空几何动力学,即把引力归结为时空的几何特性。这个理论是建立在等效原理及广义协变原理这两个基本假设之上的。

等效原理认为一个均匀的引力场与一个做匀加速运动的参考系等价,即不可区分加速系统与引力。想象一个全封闭的宇宙飞船,宇航员跟外界没有任何联系。他通过舱内的实验发现了一条规律:舱内一切物体都会自由下落,下落的加速度与物体的固有属性无关,该如何解释这个现象呢?首先一种可能是,他的舱是一个惯性系,而舱内物体的自由下落是舱下面的星球的引力场造成的。其次,还有一种可能是他的舱下面没有星球所造成的引力场,舱内物体的自由下落反映的是舱在太空中加速地向上飞行,即下落是惯性力造成的。

广义相对论的另一原理是广义协变原理,即所有非惯性系和有引力场存在的惯性系对于描述物理现象都是等价的。狭义相对论认为在描述物理规律中,所有惯性系是等价的,但惯性系和非惯性系是不等价的。但是,爱因斯坦坚信自然规律是客观的,应该与所选参考系无关,也与是否是惯性系无关。

2. 时空的弯曲

有引力场的时间-空间是弯曲的。作为等效原理的推论,爱因斯坦认为一般引力场应当由四维时空来描述。从物理概念上讲，这意味着引力场的存在可通过时空的弯曲来体现。只有当引力场很弱，即时空弯曲很小时，引力场才可以用在平直时空上叠加一个经典场来描述，牛顿引力定律就是这种情况。

对于引力场与时空的认识，爱因斯坦和牛顿是完全不同的。牛顿第一定律认为，不管是否处于引力影响之下，物体都会在时空上沿最短路线移动，此路线为最短程线。在平直的表面，最短程线即为一直线。爱因斯坦则认为只有当引力场不存在时，时空才是平直时空。平直时空中的直线运动对应于匀速运动，即静止的物体会保持静止，或者，以匀速进行直线运动的物体将继续沿同一直线进行匀速运动，此时牛顿第一定律符合广义相对论。但是当有引力场存在时，时空将弯曲，最短程不是直线，如同在球体中一样，球面两点间的最短程是通过两点的大圆的圆弧线，如图 9-5 所示。物体在弯曲时空中沿最短程移动时，即沿弯曲路线运动，该物体会加速。因为加速，故有一种力作用在其上，此力即为爱因斯坦引力。

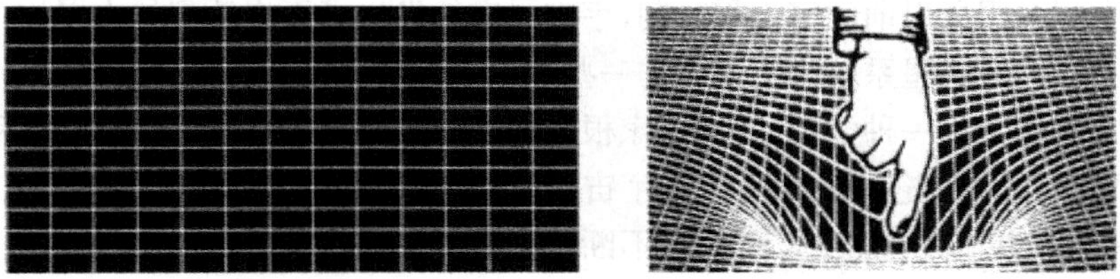

(a) 橡胶布上画着整齐的格子（平直二维空间）　　(b) 用手压橡胶布，格子变形（弯曲二维空间）

图 9-5　仔细体会两图的区别有助于对空间弯曲的认识

广义相对论论证了时空的弯曲是引力场的体现。引力场的分布与物质密切相关，因此时空不再是与物质无关的背景。反之，时空的性质应当完全由物质决定，或者说是由物质的质量决定（因为引力场与物质的质量有关），即质量会引起时空弯曲。浓缩的质量会使时空发生相当大的弯曲。离质量大的物体越近，弯曲程度越大，引力也越大。反之，引力越小。在弱引力上，爱因斯坦引力和牛顿引力几乎相等。

广义相对论提出以来，预言了水星近日点反常进动、光频引力红移、光线引力偏折等现象，这些都被天文观测或实验所证实。20 世纪 60 年代，又发现了强引力天体（中子星），使广义相对论的研究蓬勃发展起来。广义相对论对于研究天体结构和演化以及宇宙的结构和演化具有重要意义。中子星的形成和结构、黑洞物理和黑洞探测、引力辐射理论和引力波探测、大爆炸宇宙学、量子引力以及大尺度时空的拓扑结构等问题的研究正在深入，广义相对论已成为物理研究的重要理论基础。

9.2 宇宙的演化

9.2.1 宇宙大爆炸

天文学家哈勃(E. Hubble,1889～1953)观察研究发现,宇宙中的星系都在以巨大的速度彼此互相分离,并且分离的速度与它们的距离成正比。这揭示了宇宙膨胀的秘密,我们逆着时间的长河而上,追溯得越久,古老的宇宙就应越小。如果继续追溯到最初的某个时刻,宇宙将近似到一个点那样大且呈超高密超高温状态。1922年,前苏联数学家弗里德曼在爱因斯坦广义相对论的场方程基础上,指出了宇宙膨胀的可能性,他的理论方程纠正了爱因斯坦静态宇宙的错误,得出了一个动态宇宙的解。1927年比利时天文学家梅勒特(L. Georges,1894～1966),也提出了类似的膨胀宇宙学说。他形象地把过去某一时刻,相当小且超高密的宇宙称为"宇宙蛋"。他认为在很久很久以前的宇宙零时刻,宇宙蛋突然发生了天崩地裂的大爆炸,宇宙从此诞生了。今天的星系就是宇宙蛋的一些碎片;而它们相互退行就是那次爆炸的回波。宇宙大爆炸是一种学说,是科学家根据天文观测研究后对宇宙起源的一种设想。

宇宙大爆炸理论的主要观点是宇宙曾有一段从热到冷的演化史。在这个时期里,宇宙体系并不是静止的,而是在不断地膨胀,并使物质从密到稀地演化。根据宇宙大爆炸学的观点,宇宙起源于150～200亿年前的一次大爆炸。在大爆炸后的早期,温度极高,在100亿度以上。物质密度也相当大,整个宇宙体系达到平衡。宇宙间只有中子、质子、电子、光子和中微子等一些基本粒子形态的物质。但是因为整个体系在不断膨胀,致使温度很快下降。当温度降到10亿度左右时,中子开始失去自由存在的条件,它要么发生衰变,要么与质子结合成重氢、氦等元素,化学元素就是从这一时期开始形成的。温度进一步下降到100万度时,早期形成化学元素的过程结束,宇宙间的物质主要是质子、电子、光子和一些比较轻的原子核。当温度降到几千度时,辐射减退,此时宇宙间主要是气态物质,这样的气体逐渐凝聚成气云,再进一步形成各种各样的恒星体系,成为我们今天看到的宇宙。大爆炸的理论还进一步认为,宇宙可能永远膨胀下去,也可能膨胀一段时间后还会收缩。如果这样,宇宙的生命也就是有限的了。

9.2.2 宇宙大爆炸学的科学依据

关于宇宙的形成有很多假设,其中大爆炸学说被许多人所接受,这是因为有很多证据说明曾发生过大爆炸,我们这里给出一些证据。

1. 微波背景辐射

根据大爆炸理论,当宇宙年龄约为 4×10^5 年时,温度降到约3000K,氢原子已在宇宙气体中占 90%，称为原子的复合时期。此时，宇宙中的光子能量只有 0.3eV，由于能量太低，光子与氢原子已不能发生作用，于是宇宙对辐射来说是透明的，因而被称为背景光子，或背景辐射场。

对宇宙背景的预测在 1948 年就已得到，伽莫夫(G. Gamow，1904～1968)和他的同事预言了宇宙背景辐射的存在，并指出目前的宇宙背景应在 5K 左右，但一直没有得到证实。这种背景辐射的发现，完全出于偶然的机遇。1964 年，美国贝尔电话公司的彭齐亚斯(A. Penzias，1933～)和威尔逊(R. Wilson，1936～)在调试一台巨大的喇叭形天线时接收到一种无线电干扰噪声。这是一种各向同性(就是说不随天线方向而改变)的残余噪声，经过几个月的观察并采取了各种改善措施，噪声依然存在。他们计算认为，这些来自宇宙的噪声相当于 3.5K。1965 年，他们又订正为 3K，并将这一发现发表在《天体物理学》杂志上。这篇文章问世后，皮布尔斯等人从宇宙学的角度对残余微波辐射作了解释，并指出这就是宇宙的背景辐射。这个发现被认为 20 世纪 60 年代宇宙学的最重大发现之一。为此，彭齐亚斯和威尔逊荣获了 1978 年的诺贝尔物理学奖。

微波背景辐射的发现是宇宙大爆炸理论的最为有力的证据。

2. 恒星和星系物质中的氦丰度

宇宙中绝大多数恒星中都有氦的存在，而且氦的丰度都大致相同。约占宇宙物质质量的 25%。那么这些氦是何时产生的呢？我们知道恒星之所以发光主要是由于氢核的聚变反应，而氢聚变会成氦。那么这些氦是否就是宇宙 150 亿年的演化史中核聚变的结果呢？这恐怕不太可能。因为这么多的氢聚变成氦，而且由此产生的能量以可见光的形式从星系中释放的话，那么这些星系应当要比现在所观测到的亮得多。既然这种可能性不存在，那么这些氦就可能来自宇宙早期，而恒星产生的仅占次要部分。原子核物理计算也预言，在大爆炸后的 3 分钟后，氢核约占 75%，氦核约占 25%，所以宇宙物质中的氦丰度，是宇宙大爆炸模型的又一佐证。

3. 宇宙的年龄

由宇宙大爆炸理论可以推知宇宙已经诞生了约 150 亿年。宇宙中一切天体的年龄都不应超出这个“宇宙龄”所界定的上限。人们已经对地球上最古老的岩石、月球上的岩石以及星际空间掉落的陨石进行了测定，发现它们的年龄不超过 50 亿年。恒星的年龄可以从恒星演化理论来估计，可得到银河系中最古老的恒星的年龄为 100 亿～150 亿年。用这些各不相同的方法得到的天体年龄均与“宇宙龄”相当一致。这个结果也有力地支持了宇宙大爆炸理论。

9.2.3 宇宙大爆炸理论的缺陷

科学家融合了20世纪最伟大的两种物理学理论——相对论和量子理论，建立并阐述了“大爆炸”理论。根据这一理论，宇宙由一个超高温、超高密度的奇点爆炸而成，它应该集中了宇宙所有的物质。科学家们对这一奇异点的物理参数进行了计算得出：温度为10^{31}K，潜藏的能量密度为10^{98}erg/cm^3(作为比较，恒星内部最高温度为10^8K，而中子星的物质密度为10^{14}g/cm^3)。具有这样参数的奇异点时期的宇宙到底是什么样，我们实在很难想象。我们也许可以从一种被称为微型黑洞的天体中得到一些端倪：这些黑洞的体积还没有一个原子核大，但其质量却相当于一个小行星。大爆炸理论认为这种微型黑洞遍及整个宇宙。不过这样的黑洞至今没有被发现。

若说“大爆炸”理论的最大的缺陷，可能就是无法解释为什么有这个“奇点”，也无法解释这个“奇点”从哪里来。这一理论的发展竟然有可能把人们对宇宙诞生和灭亡的认识不可避免地引向神创说。

9.2.4 宇宙的演化进程

宇宙对人类自古以来都是一个谜。按经典物理的观点，认为宇宙处于“静态”，无所谓演化。但是，随着科学的发展、技术的进步，尤其是广义相对论和粒子物理的发展以及射电天文和空间技术的进步，人类对宇宙的认识发生了巨大的变化，认为宇宙处于“动态”。由宇宙大爆炸时刻开始，它就不断地发展和演化。

大爆炸使宇宙迅速膨胀，密度和温度迅速降低。大爆炸后的10^{-44}s前，自然界的四种基本作用力，即引力、强力、弱力和电磁力，在这个时期是不可区分的。大爆炸10^{-44}s后，发生了超统一相变，引力作用首先被分离出来，这时候粒子开始产生了。大爆炸后10^{-36}s，强作用与电、弱作用分离。10^{-10}s以后，弱电相变发生，弱作用和电磁作用分离，于是完成了四种相互作用的逐一分化。

宇宙年龄达到约10^{-6}s时，温度降至约10^{13}K，核子与反核子相碰而湮灭，例如质子与反质子湮灭为光子和轻子。在宇宙时的1s，氦和氘核开始合成，宇宙变成了物质为主的世界。此时宇宙中充满因大爆炸而产生的光，但是光被任意飞舞的电子撞来撞去，无法直线行进而呈散射状态。此时的宇宙处于类似灯光照入雾中一样的不透明状态。宇宙时约70万年，宇宙变为透明，星系形成的开始。宇宙时的40亿年，银河系前身坍缩、第一代恒星形成了。宇宙时的50亿年，类星体诞生。为了方便理解，以下按照距离现在的时间计算。距今46亿年时，我们的地球形成了。距今43亿年，地球强烈的喷火。距今39亿年，最老的地岩形成，这个时期被称为太古时代。距今约30亿年，微生物形成。距今20亿年，富氧大气发展，这时期被称为远古时代。距今约10亿年，宏观生命形成了，这就是古生物时代的来临。

距今4.5亿年，产生了早期的陆生植物；距今4亿年，有了鱼类；距今3亿年，有了沼泽。距今2.5亿年，针叶树、山脉形成，被称为中生代的时期；距今2亿年，产生了恐龙，这一时期就是“新生代”。距今5千万年，有了最初的哺乳动物；距今2百万年，人类便产生了。

9.3 太阳系与宇宙

太阳系是由一团星云在自身引力的作用下逐渐凝聚而成的，它是由多个天体按一定规律排列组成的天体系统。生机盎然的地球是太阳系中最为特殊的天体。太阳系有八大行星，其与太阳的位置排列图见图9-6所示。

图9-6 太阳系八大行星与太阳的位置排列图
从左到右：太阳、水星、金星、地球、火星、木星、土星、天王星和海王星

9.3.1 地球——人类的家园

人类所居住的地球是太阳系八大行星之一（图9-7），它的赤道半径为6378.2公里，其大小在行星中列第五位。它与太阳的平均距离约为1.5亿公里（1天文单位），在行星中排第三位，地球从原始的太阳星云中积聚形成。地球的年龄约为45亿年。

地球不是一个正球体，而是两极稍扁，赤道略鼓的不规则球体。之所以形成这样的形状，是因为地球自转时会产生离心力，这会使得地球由两极向赤道逐渐膨胀，地球的极半径比赤道半径短约21千米。

图9-7 美丽的地球

地球围绕太阳公转，同时又自西向东自转。地球公转一圈约为365天，自转一圈约为1天。地球自转与公转运动的结合使其产生了地球上

的四季变化和昼夜交替。另外,由于受到太阳、月球和附近行星的引力作用以及地球大气、海洋和地球内部物质等因素的影响,地球自转轴的方向在不断的变化。

地球是唯一地质活动仍在持续进行并拥有生命的行星。地球的大气也与其他的行星完全不同,被存活在这儿的生物改造成含有21%的氧气。地球是由物质分布不均匀的同心球层构成,它包括地壳、地幔和地核。地球还包括大气圈、水圈和生物圈。这三个圈层之间没有明显的界线,它们彼此渗透,相互影响,在太阳和人类生活的参与下,使整个地球生机盎然。

9.3.2 太阳及太阳系

太阳是太阳系的中心,它对它所在的体系具有巨大影响并占着支配地位。太阳看起来很平静,但它实际上无时无刻不在发生剧烈的活动,其中心区不停地进行热核反应,所产生的能量以辐射方式向宇宙空间发射,其中二十二亿分之一的能量辐射到地球,成为地球上光和热的主要来源。在茫茫宇宙中,太阳只是一颗非常普通的恒星,仅银河系中就大约有2000亿颗恒星。太阳的亮度、大小和物质密度都处于中等水平。只是因为它离地球较近,所以看上去是天空中最大最亮的天体。其他恒星距离我们更加遥远,即使是最近的恒星,也比太阳远27万倍,所以它们看上去只是一个个闪烁的光点。之所以会闪烁,是因为大气不稳定,至于为什么只是光点,其实用我们在光学中学到的分辨率的知识就可以解释了。这个留给读者作为作业。

太阳系是一个大家庭,它的成员包括1颗恒星、8颗大行星、63颗已知卫星、据估计还有100万颗小行星以及无数颗彗星。这个由众多的天体集合而成的天体系统,它所占据的空间范围虽然就宇宙的尺度而言应该说是相当小的,但是实际上我们的太阳系本身还是非常庞大的。从太阳发出的光射到地球上要花8分钟的时间,而要到达冥王星就得花费5个多小时,路程长达59亿公里。

9.3.3 银河系

银河系(图9-8)是太阳系所在的恒星系统,包括大约2000亿颗恒星和大量的星团、星云,还有各种类型的星际气体和星际尘埃。它的总质量是太阳质量的1400亿倍。银河系是一个漩涡星系,具有漩涡结构,其各部分的旋转速度和周期,因距银河中心的远近而不同。太阳距银心约2.3万光年,以220~250千米/秒的速度绕银心运转,运转的周期约为2.4亿年。在银河系里物质的主要部分组成一个薄薄的圆盘,叫做银盘,银盘中心恒星高度密集,其中心有

图9-8　银河系

一个很小的致密区，称银核，四周则是“银盘”。在银盘外面有一个更大的球形，那里星少，密度小，称为“银晕”，直径为 7 万光年（光年即光行走一年的距离，约九万四千六百零八亿公里）。

9.3.4　银河系的近邻

银河系在浩瀚宇宙中只像沙漠中的一粒沙。到目前为止，仅仅人类可观察到的星系就已经达到了 1200 亿个。

据我们最近的星系是仙女座星系(M31)，又称仙女座大星云，距地球约 220 万光年。它的直径达 16 万光年（所谓光年，是一个描述距离的量，1 光年为以光速运行一年的距离），含有 2 亿颗以上的恒星，是本星系群（本星系群是包括地球所处之银河系在内的一群星系）中最大的一个。一般认为银河系的外观与仙女座大星系十分相像，两者共同主宰着本星系群。仙女座大星系弥漫的光线是由数千亿颗恒星成员共同贡献而成的。仙女座大星云是秋夜星空中最美丽的天体，也是肉眼可以看见的最遥远的天体。仙女座大星云和银河系一样是一个非常典型的漩涡星系，当人们尚不知道它是漩涡星系的时候把它与气体星云混淆在一起而取了这个名字，至今人们仍然喜欢这样称呼它。

9.3.5　哈勃定律与宇宙的膨胀

我们在宇宙中是如此的渺小，而由宇宙大爆炸理论可推测，我们的宇宙还可能在不断的膨胀过程中。这一点也可根据哈勃的观察得到。

20 世纪 10 至 20 年代，美国天文学家斯莱弗（V. M. Slipher，1875～1969）、哈马逊（M. L. Humason，1891～1972）和哈勃先后致力于星系的视向速度（指该星云在观测者的视线方向上的运动速度）的测量，而哈勃还同时测量星系的距离。1929 年，哈勃根据测量结果，分析了 24 个星系的运动和距离之间关系的资料，发现这些天体存在谱线红移现象，即它们发出的电磁波波长会变长。如果将这种红移解释为一种多普勒频移，则可进而推知天体的运行速度。

将各个星系的视向速度 V 和它们到地球的距离 D 一一列出，哈勃发现两者存在一个线性关系，即哈勃定律

$$V=HD$$

式中的比例常数 H 称哈勃常数。在天文学中，视向速度常用千米/秒为单位。星系的距离常用百万秒差距（1 百万秒差距是指天体的视差仅为百万分之一秒时的距离，1 百万秒差距 $=3.26\times10^6$ 光年）为单位。此时哈勃常数 H 的单位为千米/(秒 · 百万秒差距)。

哈勃定律中的视向速度 V 也可称为退行速度。哈勃定律是观测宇宙学的一项重大成果，它的物理含义是我们的宇宙处于不断膨胀之中。该定律表明，星系都

在远离我们而去，而且越远的星系以越快的速度远离我们。

9.3.6 恒星的演化

恒星是宇宙中的发光体，是能量和光的来源。但它们不会永远这样明亮，它们正在不断发生演化并最终走向自己生命的终点。

1. 太阳的演化

太阳的质量占整个太阳系的99.8%，直径长达1.4万公里，是地球直径的100多倍。整个太阳都是由炙热的气体组成的，其中氢大约占75%，氦大约占25%。还有一些微量的重元素如氧和氮等，共占0.1%。与其他恒星一样，太阳的核心就像一个巨大的热核反应堆。那里的温度高达1.5×10^7摄氏度，氢原子互相碰撞而发生聚变并形成氦，这一反应每秒钟要消耗500万吨的物质，转换成的能量以光子的形式释放出来。这些光子从太阳的中心转移到太阳表面要花100万年以上。

尽管太阳目前还是处于中年时期，它的未来还是可以预见的。为了能够利用其内部剩余的氢燃料，它会变得越来越热，燃烧的速度也越来越快，这就导致太阳以每11亿年增亮10%的速度不断变亮。在今后的50亿年左右的时间里，太阳还将继续以现在的速率产生能量而光芒四射，直到最后核心的氢全部耗尽为止。在此过程中，太阳内部的元素逐渐由轻元素转变为重元素 $H\rightarrow He\rightarrow C\rightarrow\cdots S\rightarrow Fe$。随着表面温度的下降，它将开始由主序星向红巨星演变，演化成为一个膨胀得很大而温度比原来低得多的天体。太阳的外缘最终将达到金星的轨道之外。在红巨星阶段度过10亿年后，太阳向外抛出其残余的气体，余下的物质向内坍缩，外层物质在巨大引力下收缩。重元素Fe外层有许多电子，在高温高压下，这些电子将全部电离为自由电子。因此，当核燃料烧尽都成为铁元素时，恒星实际上可以看成是由自由电子致密气体组成的。这些自由电子(费米子)之间存在着一种排斥力，这种排斥力是一种特有的量子现象，我们称这种排斥力为电子的简并压强。此时，太阳将变成靠“电子简并压”支持的死亡恒星，其密度将高达约$6\times10^7\,g/cm^3$，这就是白矮星。这还不是它的最终归宿，白矮星还会因向外辐射能量而使自身不断的冷却，他们会变得越来越暗，成为一堆恒星灰烬，这就是黑矮星。凡是质量小于太阳质量的1.4倍的恒星最终都将与太阳有相同的归宿。

2. 恒星的演化与黑洞的形成

同为恒星，但它们的命运可不大相同。它们的演化和最终结果与它们的质量有关。

若恒星的质量$1.3M_{太阳}<M<3.2M_{太阳}$，那么当恒星的核反应结束后，电子的简并压强就不足以抵抗自身引力，星球还会继续坍缩而使密度变得更大，产生的高

温高压可以将电子全部压入原子核内。电子进入原子核后，会同质子结合生成中子。中子也是费米子，它也具有简并压强，而且比电子的简并压强要大得多。经过计算得知，当星球质量为 $1.3M_{太阳}<M<3.2M_{太阳}$ 范围内时，只有中子的简并压强能与自引力抗衡，从而形成一个新的、稳定的中子星。中子星的中心核密度可达水密度的千亿倍。

若恒星的质量为 $M>3.2M_{太阳}$，当核反应结束时，就没有任何力能抵抗它的收缩，它会一直收缩到消失，遗留下来的东西称为黑洞。黑洞以贪婪的、永不满足的方式吞噬着任何物体，就连光也不例外。物体一旦掉进黑洞就永远从宇宙中消失，它的许多特性再也检测不到。英国剑桥大学的物理学家霍金在理论上证明了宇宙中存在黑洞是可能的。科学家们普遍认为，天文观察中的超新星大爆发是产生黑洞的重要途径之一。超新星大爆发时，其中心部分由于受到极高的压力而产生极高的温度，当质量满足条件时就会在自引力作用下坍缩为黑洞。超新星在古代中国被称为客星，它是一种在星空中突然出现，经过一段时间又突然消失的且用肉眼可以观察到的新星。由于它来去无踪，故称客星，像是远方来客，住一段时间，又回远方去了。这些客星出现的时间不等，长达半年以上者，则称为超新星。据观察统计，在宇宙中每个星系大约数百年出现一个超新星。

除此之外，由许多星系组成的星系团在引力作用下也会产生坍缩，许多星团的物质向其中心坍缩形成巨大黑洞。

9.4　星云、星系

9.4.1　星云

星际空间的气体和尘埃结合成的云雾状天体就组成星云。它们的主要成分是氢，其次是氦，还含有一定比例的金属元素和非金属元素。星云的体积十分庞大，方圆达几十光年。星云和恒星有着密切的关系。恒星抛出的气体会成为星云的一部分，而星云物质在引力作用下则可坍缩为恒星。也就是说在一定条件下，星云和恒星是能够互相转化的。

人们对星云的探索和研究起源于 18 世纪。18 世纪后半叶，搜索彗星成为一种时尚，在此过程中观测者发现天空中有许多云雾状斑块，它们并不是彗星，后来称之为“星云”。图 9-9 是距地球 3000 光年的猫眼状漩涡星云的照片。天文学家梅西耶进行观测后编制了梅西耶(Messier，1730～1817)星云表。后来经天文学家研究，知道一些星云是恒星的诞生地，例

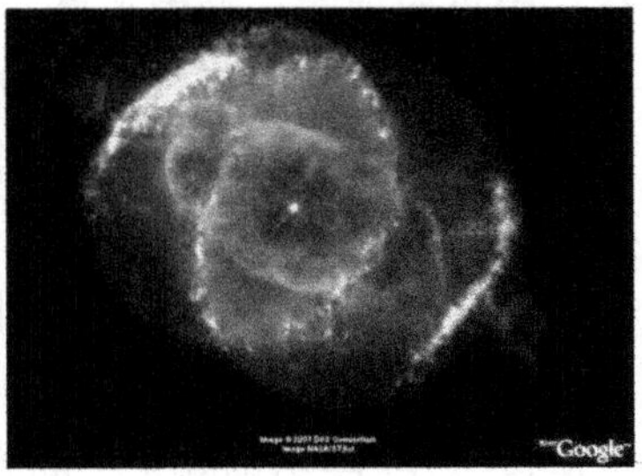

图 9-9　距地球 3000 光年的猫眼状漩涡星云

如 M42 猎户座大星云;而另一些则是恒星的墓地,那中间埋葬着恒星的残骸,例如 M1 金牛座蟹状星云。从此,这多姿多彩的星云的世界逐渐展现在我们的眼前。

星云按发光性质划分可分为:发射星云、反射星云和暗星云。

发射星云之所以发光,是由于其附近的恒星激发而形成的。发射星云的颜色以红色为主,这是因为大部分的发射星云都有 90%的氢,恒星的紫外线会使星云中的氢气电离而发红光。也有发射星云的颜色会呈现出其他的颜色,这是因为星云中除了氢之外,还有氦、氧、氮等其他的元素,如果星云中有更高的能量能造成氢以外的其他元素电离,那么星云也会呈现出蓝色或绿色。南半球最好看的则是在猎户星云和礁湖星云;在北半球,最著名的则是北美洲星云和网状星云。

反射星云是靠反射和散射近旁恒星的光而变得明亮可见的星云。反射星云与呈红色的发射星云不同,反射星云是靠反射附近恒星的光,因此一般呈蓝色。

暗星云是指密度大到足以使远方恒星的光度显著变暗的星际尘埃和气体。暗星云自身不会发光,又没有其他恒星的光供它反射,因此它们是黑暗的。但暗星云的密度足以遮蔽来自背景的发射星云或反射星云的光,或是遮蔽背景的恒星。

星云的形态是多姿多彩的,从形态上可分为:弥漫星云、超新星遗迹和行星状星云。

弥漫星云没有规则的形状,也没有明显的边界,就像天空中的云彩,它们一般都得使用望远镜才能观测到。弥漫星云的平均直径大约有几十光年,密度极低(比实验室里得到的真空要低得多),大多数弥漫星云的质量在 10 个太阳质量左右。比较著名的弥漫星云有猎户座大星云、马头星云等。

超新星遗迹是一类与普通星云性质完全不同的星云,它们是超新星爆发后抛出的气体形成的。超新星爆发时,它的外层向周围空间抛出大量物质,这些物质在膨胀过程中和星际物质互相作用,形成丝状气体云和气壳,遗留在空间,这就是超新星遗迹。这类星云的体积一般都在不断膨胀之中,最后会趋于消散。最有名的蟹状星云就是超新星遗迹。它是由一颗在 1054 年爆发的超新星留下的遗迹,在这个星云中央发现有一颗中子星。

行星状星云呈圆形、扁圆形或环形,有些与大行星很相像,因而得名。行星状星云通常是黯淡的天体,没有一个是肉眼能够看到的。第一个被发现的行星状星云是位于狐狸座的 M27 哑铃星,它的形状十分独特。行星状星云是多数恒星演化至末期的状态,因而往往有一颗很亮的恒星在行星状星云的中央,称为中央星,是正在演化成白矮星的恒星。中央星不断向外抛射物质,形成星云。这类星云与超新星遗迹一样,体积也处于不断膨胀之中,最后也趋于消散。

9.4.2　星系

由千百亿颗恒星及分布在它们之间的星际气体、宇宙尘埃等物质构成的，且占据成千上万亿光年空间距离的天体系统叫做星系。银河系就是一个星系，它并不是宇宙中唯一的星系。一般把银河以外的星系称为“河外星系”。星系在早期曾被归到星云中，直到 1924 年测定了仙女座星系后，星系的存在才正式确立。

1. 星系的演化

按照宇宙大爆炸理论，当宇宙在猛烈的爆发中产生时，大量的物质被抛射到空间中，形成宇宙中的气体云。随着宇宙的逐渐冷却，引力开始发挥作用。大量质子、中子和电子逐渐凝聚，质子和中子会结合形成氦原子核。大约又经过三十万年，氢原子核和氦原子核又会进一步俘获电子而形成原子。在引力作用下，这些原子缓慢地聚集成巨大的纤维状的云。氢云和氦云会进一步集结成云团，这样初生的原始星系就开始形成了。云团各自的运动加上它们之间的相互作用，会使原始星系缓慢的自转。云团本身也会在引力的作用下发生收缩。在原始星系的收缩过程中，其中心位置收缩快，密度高，在这些区域也是第一代恒星形成率最高的地方，并形成漩涡星系的星系核或漩涡星系整体。星系的自转离心力会阻止赤道的收缩，星系自转速度的不同又会造成星系扁度的不同。一些自转较快的云团形成了盘状；其余的成为椭球形。这时的宇宙面貌与今天已经差不多了。这样的星系团和星系际气体伸展成纤维状的结构，长度可达到数亿光年。

2. 星系的分类

1926 年，哈勃在一篇论文中提出了星系可按照形状来划分，共分为三类：椭圆星系、漩涡星系和不规则星系。

椭圆星系以符号 E 表示。哈勃根据椭圆星系椭率的不同，分为 E0 到 E7 共 8 个次型。其中 E0 为正圆星系，椭率等于零；E7 则椭率最大，这类星系是非常瘦长的。这些星系不论视线的角度如何，都有着椭圆形的外观。椭圆星系看似没有结构，星际物质的成分也很少。宇宙中大部分的星系都是椭圆星系，许多椭圆星系是由星系的交互作用、碰撞或合并而产生的。它们可以长成极大的体积，巨大的椭圆星系经常出现在星系群的中心区域（图 9-10）。

图 9-10　NGC3115（椭圆星系）

漩涡星系又可分为两族，正常漩涡星系（以符号 S 表示）和棒旋星系（以符号 SB 表示）。棒旋星系与正常漩涡星系不同的是，其中间有一棒状结构物，它的

图 9-11 银河系的卫星系“大麦哲伦云”，属不规则星系

悬臂由“棒”的两端向外延伸。两族的交叉点上是无臂的漩涡星系，它被定名为 SO 型，哈勃当时认为它是多少带有假设性的类型，但后人发现了许多这样的星云，并称之为透镜状星系。

不规则星系以符号 Irr 表示，其形状不规则，没有明显的核和旋臂，没有盘状对称结构，也看不出有旋转对称性。按星系分类法，不规则星系分为 Irr Ⅰ型和 Irr Ⅱ型两类。Ⅰ型是典型的不规则星系，除具有不规则星系的特征外，有的还会出现不很规则的棒状结构。Ⅱ型具有无定型的外貌，往往有明显的尘埃带，恒星和星团等组成成分也不易分辨。一部分Ⅱ型不规则星系受伴星系的引力扰动而扭曲，而另一些则可能属于正在爆发或爆发后的星系。所以Ⅰ型和Ⅱ型不规则星系的起源可能完全不同。不规则星系在最亮的星系中只占少数，不足 5%。大麦哲伦星系就属于这类星系(图 9-11)。

哈勃对河外星系的分类只是对正常星系的一种分类。后来，人们发现了许多特殊星系，它们不能归入哈勃的星系形态分类法中。例如 1934 年美国天文学家基南发现了一对奇特的星系，它们中间存在着联系。这种互相之间存在扰动和物质交流的星系，叫做互绕星系。有的星系存在着明显的激烈活动，例如 1943 年美国天文学家塞佛特发现，有一种星系的光谱中有高度电离气体的发射线，被命名为塞佛特星系，它是一种活动星系。此后，人们发现了更多种类的活动星系。一般星系的射电辐射并不强，但有的星系射电辐射特别强，称为射电星系。

星系有聚集成团的倾向，有一半以上的星系构成双重星系或多重星系，例如：大麦哲伦星系和小麦哲伦星系是一个双重星系，它们彼此间的距离很近，然后又与银河系共同构成三重星系，银河系与大小麦哲伦星系的距离分别只有 16 万光年和 20 万光年。许多星系往往彼此聚集成团，这种彼此有力学联系的星系组成所谓的星系团，每个星系团内有几十个甚至上千个星系，其平均直径约 1600 万光年。比星系团更高一级的星系集团称为超星系团，超星系团内一般含有几个星系团，它有扁长的外形，长径约 2 亿至 3 亿光年，短径往往不足 1 亿光年。也有少数由多达数十个星系团构成的巨大超星系团，称为本朝星系团。

9.5 天体观测中常用的天文望远镜

在广阔的宇宙中有数不尽的天体，由于绝大多数天体离我们极其遥远，尽管它们发出大量的光辐射，但在我们看来却十分暗弱，肉眼能看到的恒星大约只有

6000 颗左右。如果想观测更多的恒星和其他天体，单靠肉眼是不行的，而必须借助天文望远镜。

天文望远镜一般可归为两类：光学望远镜和射电望远镜。

9.5.1　光学天文望远镜

光学天文望远镜按物镜的不同可分为三种：折射望远镜、反射望远镜和折反射望远镜。

1. 折射望远镜

折射望远镜采用透镜作为主镜，光线通过镜头折射来会聚远方物体的光而显现出天体实像。折射望远镜具有宽广的视野，高对比度和良好的清晰度。

世界上第一架天文望远镜是伽利略制造的，就属于折射望远镜。早在 16 世纪初，他用平凸透镜作为物镜，凹透镜作为目镜，制作了一架口径 4.2 厘米，长约 12 厘米，放大率为 32 倍的望远镜。伽利略用这架望远镜发现了木星的 4 颗大卫星、月亮上的环形山、金星的盈亏现象等。

1611 年，德国天文学家开普勒(J. Kepler，1571～1630)改善了伽利略的设计。他用两片双凸透镜作为物镜和目镜，使放大倍数有了明显的提高，人们将这种光学系统称为开普勒式望远镜。现今所有的折射式望远镜都是这种类型，它成像上下左右颠倒，但这对天体观测是没有影响的。19 世纪末，随着制造技术的提高，制造较大口径的折射望远镜成为可能，随之就出现了一个制造大口径折射望远镜的高潮。其中最有代表性的是 1897 年建成的口径 102 厘米的叶凯士望远镜和 1886 年建成的口径 91 厘米的里克望远镜。

折射望远镜同时适合天体测量和地面观测。它的优点是焦距长，对镜筒弯曲不敏感，但是它总是有残余的色差。大口径的折射望远镜所需要的镜片还存在沉陷的问题，这是重力使玻璃变形的结果，而且，铸造出大块完美无缺的光学玻璃也十分困难，这会导致望远镜失去明亮而细的焦点。

2. 反射望远镜

反射望远镜是使用曲面和平面的面镜组合来反射光线，并形成影像的光学望远镜。反射式望远镜所用物镜为凹面镜，有球面和非球面之分；比较常见的反射式望远镜的光学系统有牛顿式反射望远镜(图 9-12)与卡塞格林式反射望远镜。

折射望远镜产生的色差，主要是因为每一种颜色光的折射率各不相同造成的。而如果制成反射望远镜则没有色差问题，这是因为所有色光的反射角都等于入射角，光反射之后不会色散。为此，英国的物理学家牛顿首先提出用反射镜把平行光

图 9-12 牛顿的反射式望远镜

线会聚在一起而聚焦成像。1668 年牛顿用青铜磨制了一块凹球面镜。镜面直径为 2.5 厘米，并在主镜的焦点前面放置了反射镜，使经主镜反射后的会聚光再由反射镜反射出镜筒后到达目镜，然后可以看到天体的像，这种系统称为牛顿式反射望远镜。这种望远镜外形短粗，产生的物像可以被放大 40 倍。牛顿的反射望远镜不仅可以消除色差，而且制作和使用都很方便，很快引起了人们的关注。后来牛顿又制作了物镜口径为 5 厘米的反射望远镜，并于 1672 年 1 月 11 日送给皇家学会，这架反射望远镜目前仍保存得很好。

牛顿的反射望远镜成功之后，又有许多天文学家投入到反射望远镜的研究和制作中。如 1663 年英国天文学家詹姆斯·格雷果里(J. Gregory，1638～1675)、1672 年法国人 N·卡塞格林都各自提出了新的反望镜远镜设计方案。

在众多的反射镜制造者中，首屈一指的无疑是英国天文学家威廉·赫歇尔(W. Herschel，1738～1822)。他也是制造望远镜最多的天文学家。赫歇尔生于德国的汉诺威，后迁居英国，靠演奏乐器和教授音乐为生，但他对天文学更加感兴趣。为此他曾租了一架格雷果里式望远镜来观测浩翰的宇宙，但效果不好。经济条件的窘困又使他根本不敢奢想去购买更好的望远镜。为了实现自己的愿望，他决心自己磨制望远镜。1772 年，他请妹妹卡罗琳来英国照料他的生活，自己开始了工作。他磨制第一块镜子时非常刻苦顽强，有时持续工作竟达十几个小时。凭着坚强的毅力，他终于完成自己的第一架望远镜，这是一架可放大 40 倍的牛顿式反射望远镜。他用这架望远镜观看了猎户座大星云，还清楚的看到了美丽的土星光环。在 1781 年 3 月，赫歇尔发现了一颗远离太阳 28 亿千米的新行星，这就是天王星。天王星的发现使赫歇尔名声大振，被选为英国皇家学会会员，获得了科普利奖。

赫歇尔利用全部业余时间制作望远镜，成为制造望远镜的一代宗师，他一生磨制的反射镜面达四百多块。最大的是一架口径 1.22 米，镜筒长达 12 米的大型金属反射望远镜，它所设计的光路称为赫式望远镜。他使用这个庞然大物的第一夜，就发现了土星的两颗新卫星，以后观测银河系也取得很大成功。大天文学家赫歇尔给天文学史上做出了不可磨灭的重大贡献。

在反射式望远镜研究的风风雨雨中，作出贡献的科学家还有很多，随着科学技术水平的不断提高，人们在制作大口径反射望远镜方面也不断有所提高。前苏联科学院磨制的口径 6 米的反射望远镜，1976 年安装在俄罗斯高加索山上的泽连丘克斯卡亚。进入90年代美国又在夏威夷英纳克亚建成了10米口径大型反射望远镜。我国口径最大的2.16米反射望远镜是1988年在北京天文台河北兴隆观测站落成的。

3. 折反射式望远镜

折反射式望远镜是将折射系统与反射系统相结合的一种光学系统，光线先透过透镜产生折射，再经反射镜将光反射聚焦，这种结合折射与反射的光学系统就称为折反射式望远镜。

折反射式望远镜最早出现于1814年。但真正得到广泛应用的是施密特式折反射望远镜。1931年，德国光学家施密特(B. Schmidt)用一块接近于平行板的非球面薄透镜作为改正镜，与球面反射镜配合，制成了施密特式折反射望远镜，这种望远镜光像强、视场大、成像清晰，适合于拍摄大面积的天区照片，尤其是对暗弱星云的拍照效果非常突出。施密特望远镜已经成了天文观测的重要工具。

9.5.2　射电望远镜

如图9-13所示，射电望远镜明显不同于光学望远镜，它没有物镜和目镜，而是与接收雷达很相像。它主要由天线和接收系统两部分组成，用来研究和观测天体的射电波，可以测量射电波的强度、偏振和频谱等。射电望远镜的历史并不长，只有七十多年的历史，它的诞生和发展完全依赖于无线电技术的发展水平。

图9-13　射电望远镜

1931年，美国新泽西州贝尔电话实验室的卡尔·詹斯基(Jansky，1905～1950)用天线阵接收到了无线电波，后经证实这个无线电波来自于银河系。这为射电望远镜的发展拉开了序幕。8年后，第一张射电天图被绘制出来，这也宣布了射电天文学的诞生。这是由美国人格罗特·雷伯(G. Reber，1911～2002)利用一架更为先进的射电望远镜来完成的，这台射电望远镜口径约为9米。从此格罗特也成为了射电天文学的先驱之一。第二次世界大战中，英国的军用雷达接收到了太阳发出的强烈无线电“噪音”，这表明雷达所用的超高频设备也可以接受太阳和其他天体的无线电信号。战后，这批雷达专家把掌握的雷达测量技术应用到天文观测上。由于射电望远镜的应用，在20世纪60年代完成了四大天文发现——类星体、脉冲星、星际有机分子和宇宙微波背景辐射。射电天文学对人类的贡献是十分重要的。

射电望远镜的天线一般做成抛物反射面，用金属或者用金属线织成网状。由于不像光学望远镜那么精细，所以可以做得很大。1946 年，英国曼彻斯特大学建造了直径为 66.5 米的固定式抛物面射电望远镜。到了 60 年代，美国就已经建成了直径达 305 米的抛物面射电望远镜，位于波多黎各阿雷西博镇，这是世界上最大的单孔径射电望远镜。目前世界上最大的可转动射电望远镜是绿岸射电望远镜，直径达 110 米，于 2000 年建成。

20 世纪 60 年代产生了两种新型的非连续孔径射电望远镜——甚长基线干涉仪和综合孔径射电望远镜，前者具有极高的空间分辨率，后者能获得清晰的射电图像。世界上最大的可跟踪型经典式射电望远镜其抛物面天线直径长达 100 米，安装在德国马克斯·普朗克射电天文研究所；世界上最大的非连续孔径射电望远镜是甚大天线阵，安装在美国国立射电天文台。上世纪 80 年代以来，欧洲的 VLBI 网、美国的 VLBA 阵、日本的空间 VLBI 相继投入使用，这是新一代射电望远镜的代表，它们的灵敏度、分辨率和观测波段上都大大超过了以往的望远镜。其中，美国的超常基线阵列（VLBA）由 10 个抛物天线组成，横跨从夏威夷到圣科洛伊克斯 8000 千米的距离，其精度是哈勃太空望远镜的 500 倍，是人眼的 60 万倍。它所达到的分辨率相当于可以让一个人站在纽约看洛杉矶的报纸。

今天射电的分辨率高于其他波段几千倍，能更清晰地揭示射电天体的内核；综合孔径技术的研制成功使射电望远镜具备了方便的成像能力，综合孔径射电望远镜相当于工作在射电波段的照相机。

天文望远镜是观测天体的重要手段，可以毫不夸大地说，没有望远镜的诞生和发展，就没有现代天文学。随着望远镜在各方面性能的改进和提高，天文学也正经历着巨大的飞跃，迅速推进着人类对宇宙的认识。

第 9 章习题

1. 爱因斯坦创立狭义相对论的基本思考线索是什么？
2. 说明伽利略相对性原理与狭义相对论的相对性原理之间的异同。
3. 假设光子在某惯性系中的速度等于 c，那么是否存在这样一个惯性系，光子在这个惯性系中的速度不等于 c？
4. 简述相对论时空观与牛顿时空观的不同。
5. 爱因斯坦广义相对论的两个基本原理是什么？
6. 最近的恒星，也比太阳远 27 万倍，所以它们看上去只是一个个闪烁的光点。根据前面学到的光学中最小分辨率的知识，证明为什么看上去是一个光点。可以自己查找资料，得到有关数据(太阳到观察者的距离、人眼的瞳孔、人眼晶状体的焦距等)后进行计算。

7. 计算 1 光年的长度是多少公里？查阅资料，目前发现的离地球最远的恒星为多少光年，合多少公里？
8. 简述恒星的演化和黑洞的形成过程。
9. 简述宇宙大爆炸理论的成功之处与困难。
10. 查阅资料，介绍哈勃望远镜的组成、尺寸及其在天文观测中的作用。

参考文献

别莱利曼. 2008. 趣味物理学. 5 版. 符其珣译. 北京:中国青年出版社

德国物理学会. 2005. 新世纪物理学. 中国物理学会译. 济南:山东教育出版社

高崇寿,谢柏青. 2004. 今日物理. 北京:高等教育出版社

金庆华,周宗文,郭儒. 2003. 大学物理学. 下册. 天津:南开大学出版社

罗会仟.【水煮物理】(19):是粒子,还是波? 都是传说!. http://luohuiqian.kepu.cn/archives/55

马文蔚,周雨青,解希顺. 2006. 物理学教程. 上、下册. 2 版. 北京:高等教育出版社

施大宁. 2010. 物理与艺术. 2 版. 北京:科学出版社

宋峰,张小兵,吴雪. 2008. 大学物理学基础教程. 下册. 北京:高等教育出版社

吴百诗. 2007. 大学物理基础. 上、下册. 北京:科学出版社

吴超宇,吴真贞. 2009. 物理的玄机. 天津:天津科学技术出版社

姚启钧. 1981. 光学教程. 3 版. 华东师大光学教材编写组改编. 北京:高等教育出版社

张磊,宋维芳,张德胜. 2004. 身边的物理学. 上海:上海科学技术文献出版社

张小兵,宋峰,吴雪. 2008. 大学物理学基础教程. 上册. 北京:高等教育出版社

中国物理学会. 2005. 推动人类文明与进步的物理学-纪念世界物理年系列图片

王昉. 1998. 量子力与经典物理学的矛盾——卢瑟福与玻尔. 国外建材译丛,3:9~15

柯克兰德 K. 2008. 光与光学. 文清,元旭津,蒲实译. 上海:上海科学技术文献出版社

王昉. 1998. 量子力学发展过程中的黑暗之路——玻尔-索末非理论的弱点,国外建材译丛,3:16~24

沃克 H R. 2005. 物理学基础. 张三慧,李椿,滕小瑛,等译. 北京:机械工业出版社

沃克 H R. 2009. 哈里德大学物理学. 张三慧,李椿,滕小瑛等译. 滕小瑛,马廷钧,李椿改编. 北京:机械工业出版社

宣焕灿. 2006. 星系研究 250 年. 科学(中文版),3:20~27

张凤珍,因心合. 1998. 十九世纪物理学科的发展. 国外建材译丛,2:32~45

赵凯华,钟锡华. 1984. 光学. 北京:北京大学出版社

http://baike.baidu.com 百度百科

http://wenku.baidu.com/view/e2672a768e9951e79b892711.html,近代光学发展史

http://www.google.com.hk

http://www.hudong.com 互动百科

Young H D, Freedman. R A. 2011. Sears and Zemansky's University physics: with modern physics(西尔斯当代大学物理),北京:机械工业出版社